| Gas Turbine Engine |

가스터빈엔진

(제트엔진)에 도전하다

이강희

How a jet engine works ?

비행연구원

| Jet Engine |

이강희

청주대학교 영문과, (학점제) 심리학, 육군3사관학교, 장교영어반, (미)항공고등군사반 수료, 육군항공학교 헬리콥터 이론 및 비행교관, FAA 이론 및 비행교관(비행기), 비행연구원 설립 및 집필활동(1996~현재). 저서 및 역서『운항학 개론』,『계기비행』,『계기절차 지침서』,『항공우주용어사전』,『제트엔진』,『항공기 I』,『항법개론』,『항공상식』,『항공교육』,『항공기상』,『항공정보지침서(AIM)』,『조종사 입문서』,『헬리콥터 비행과 역학』,『항공무선통신』,『가스터빈엔진(제트엔진)에 도전하다』,『드론기술 Q&A와 전문용어』,『VFR 항공도 범례집』,『IFR 항로도와 계기접근차트 범례집』『비행착각』『여객기와 전투기 터보팬 엔진』『조종사의 책무』 기타 문제집

▪ 도서명: 가스터빈엔진(제트엔진)에 도전하다

발행일자 2022년 6월 17일(초판)
2쇄발행 2024년 3월 29일
저자 이강희
펴낸곳 비행연구원
정가 19,000원
등록번호 1996년 6월 12일 제17-174호
홈페이지/e-mail www.flightin.com / flight-in@hanmail.net
YouTube 비행연구원
ISBN 978-89-87015-76-7 93550

| 머리말 |

제트엔진(가스터빈엔진) 항공기는 글로벌 운송수단으로 그리고 영공 수호와 국민의 생명과 재산을 지켜야 하는 제공권의 책무를 수행하고 있다. 가스터빈엔진은 현대 항공기의 주요 동력원이고 새로운 개념의 동력장치가 개발되지 않는 한 차세대 항공기를 위한 지속적인 성능개량이 계속될 것이다. 미래 항공산업은 초정밀도, 반도체 및 나노기술, 디스플레이, 신소재 그리고 전기 전자를 포함한 디지털 기술이 항공기의 가치를 평가하는 중요 척도가 될 것이다. 이러한 면에서 항공 선진국들이 국내 기술력과 협력을 원하는 것은 결코 우연은 아니다.

왕복엔진은 오랫동안 많이 알려졌고 쉽게 관찰할 수 있지만, 제트엔진 또는 가스터빈엔진은 주변에서 쉽게 접할 수 없어 더 어렵게 느껴진다. 이 책은 이러한 점을 고려하여 많은 사진과 그림으로 내용을 이해시키는 데 심혈을 기울였다. 이 한 권의 책으로 가스터빈엔진을 완전하게 다룰 수는 없지만, 터빈엔진 운용과 정비 지식 그리고 성능개량을 위한 기초 지식을 제공할 것이다.

가스터빈엔진은 선택이 아닌 필수가 되었다. 초기 제트엔진의 작동은 수 시간에 불과했지만, 현대 제트엔진은 안전성과 성능 면에서 경이적인 발전을 계속해 왔다. 이 같은 성능의 향상에도 불구하고 아직도 해결해야 하는 기술적 과제와 연구는 계속될 것이다. 아울러 "여객기 전투기 터보팬 엔진" 그리고 "고속 및 초음속 항공기 기초 항공역학"의 발행으로 제트엔진(가스터빈엔진)에 관한 지식을 심층적으로 분석하고 이해할 수 있도록 하였다. 이 책을 통해서 현재까지 달성한 가스터빈엔진 지식이 항공기 운항과 정비 글로벌 항공인으로 성장할 수 있는 발돋움이 되길 기대한다.

이 강 희

| 차례 |

1

제트엔진(가스터빈엔진) 발달과 원리

History of the jet engine

Heinkel He 178(August 27, 1939)

Me 262, first jet-powered fighter(18 July 1942)

제트엔진(가스터빈엔진) 발달

1.1 개요

✈ 현대의 제트엔진(jet engine) 항공기는 글로벌 산업의 핵심 운송수단으로 그리고 제공권의 핵심 전력으로 정착되었다. 왕복엔진은 단순히 출력/동력(power)을 제공하는 기계(machines)의 한 종류일 뿐 그 자체가 항공기의 추력(thrust)을 제공하는 것은 아니다. 따라서 왕복엔진이 추력을 제공하기 위해서는 반드시 프로펠러(propeller)라는 별도의 추진장치가 필요하므로 왕복엔진과 프로펠러의 조합이 필수이다. 시대적 요구에 따라 [그림1-1]과 같이 대형 엔진을 장착한 쌍발(twin engine), 4발 왕복엔진 항공기가 등장하기도 했으나 엔진 자체의 무게가 증가하면서 그에 따른 부수적 문제점들과 함께 고속비행을 위해서는 더 빠른 프로펠러의 회전력을 얻을 수 있어야 하지만 결국 초음속(supersonic)이라는 한계를 극복할 수 없었다.

왕복엔진의 속도 한계를 극복하기 위한 노력의 결정체가 제트엔진(jet engine)이다. 제트엔진의 기본원리에 대해서는 이미 오래전부터 제기되어 왔으나 본격적으로 항공산업에 등장하기 시작한 것은 1930년대 후반부터이

【그림1-1】 1903년 동력 비행기가 발명된 후 1, 2차 세계대전을 치르면서 왕복엔진 항공기는 단발에서 쌍발 그리고 다발엔진 항공기로 성능이 향상되었다. 초기 제트엔진의 신뢰성은 매우 낮았으나 고속 전투기 개발과 초음속 상업용 항공기 개발을 위한 선진국들의 치열한 경쟁이 현대 제트엔진 항공기 개발의 초석이 되었다.

다. 제트엔진은 프로펠러가 있어야 하는 왕복엔진(reciprocating engine)과 달리 그 자체가 항공기의 추력을 제공하는 동력장치(powerplant)이다.

제트엔진이 고속비행에 적합하다는 것이 속속 입증되면서 항공기 기체(airframe)의 변화와 함께 불가능하게 여겨졌던 음속(speed of sound)을 돌파하는 성과를 거두었다. 비행기가 발명된 지 불과 30~40년 만의 혁신적 결과이다. 이후 비약적인 발달을 거듭하여 콩코드로 잘 알려진 초음속 상업용 항공기(supersonic transport: SST)가 등장하였고 군용 항공기로는 SR-71(Blackbird)이 현존하는 유인 항공기로서는 최고 속도인 마하(Mach) 3.2를 기록했다.

초기 제트엔진은 다양한 종류로 개발되고 있다. 현대 항공기 제트엔진은 성능개량을 통해서 최고의 전투기로 인정받는 스텔스(stealth) 기능을 겸비

한 초음속 F-22와 F-35와 같은 최신예 전투기 그리고 A380 그리고 B787 항공기는 세계 경제를 뒷받침하는 현존 최고의 상용 항공기로 등장하였다. 제트엔진이 현대 최고의 항공기 동력장치임에는 틀림이 없으나 문제점이 없는 것은 아니다. 결정적으로 많은 화석연료를 사용함으로써 발생하는 배기가스로 인한 환경문제, 소음, 저속비행의 한계와 긴 활주로 등은 해결해야 할 과제이고 미래의 상용 초음속 및 극초음속 비행을 위해서는 제트추진 장치를 바탕으로 한 새로운 개념의 동력장치 개발이 필요하다.

1.2 제트추진 엔진의 발달사

✈ 제트엔진의 시대적 발달과정은 제트추진(jet propulsion) 이론에 이바지한 주요 이론과 가스터빈엔진(gas turbine engine)의 발달과정이 동시에 다루어야 한다. 대부분의 고전 이론들이 항공기 발명 이전의 것이지만 현대 항공공학 기초이론의 근간이 되고 있다. 비록 오늘날의 제트엔진 기술은 놀라운 성과를 거두었지만, 제트엔진의 기본원리들은 거의 변함이 없다. 역사적으로 제트엔진과 가스터빈 그리고 관련된 주요 업적들을 시대별로 정리하면 다음과 같다.

(1) 고대

① 제트추진의 기본인 작용과 반작용의 법칙이 이론적으로 뉴턴에 의해서 정립되기는 하였지만 자연 상태에서 이 같은 원리는 이미 존재하는 현상 중 하나이고, 실제 역사적으로 제트반작용(jet reaction; 제트 분사에 의한 반동)이 처음으로 적용된 사례는 고대 그리스 과학자 "Hero"에 의한 "Aeolipile"이다.

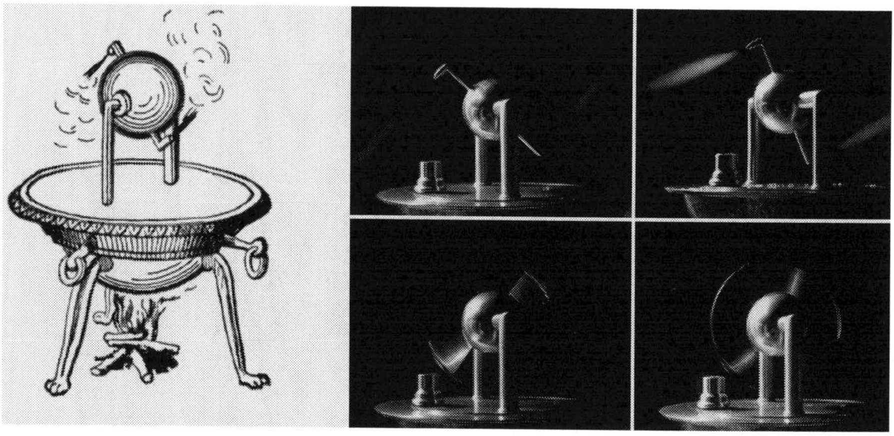

【그림1-2】 왼쪽 그림은 고대 이집트에서 가마솥에 물을 끓여 구체에 달린 노즐을 통해서 분사하면서 그 반동의 힘으로 구체를 회전시키는 것이 역사적으로 최초의 제트추진 원리로 기록되었다. 오른쪽 그림은 그의 이론을 적용하여 재현한 것으로 고속으로 회전하고 있음을 알 수 있다. 일상생활에서도 주전자에 물을 끓이면 주둥이를 통해서 증기가 뿜어져 나오는 것을 쉽게 관찰할 수 있다. 뿜어져 나오는 증기를 이용해서 각종 터빈을 돌려 실생활에 유용한 도구를 작동시키는 데 활용하였다.

② [그림1-2]의 왼쪽 그림은 그가 발명한 Aeolipile의 개념도를 간단하게 보여주고 있다. 그림과 같이 가마솥과 덮개에는 2개의 관으로 연결되어 있고, 회전체인 구(sphere)에는 증기(steam)가 분출될 수 있는 2개의 제트노즐(jet nozzles)이 달린 장치를 고안하였다. 솥에 물을 채우고 불을 때면 솥 내부의 물이 끓으면서 증기가 발생하게 될 것이고, 이 증기는 2개의 관을 통하여 구체 내부로 보내져 구체에 부착된 노즐을 통해서 대기로 분출되면서 회전력을 얻는 원리이다. 오른쪽 그림은 "Hero"의 "Aeolipile"을 재현한 장치로 구체가 고속으로 회전하고 있음을 알 수 있다. 이때가 B.C. 150 Alexandria, Egypt이다.

(2) 1500년

1500년 "Leonardo da Vinci"는 비행 기계, 낙하산, 그리고 풍향계 등을

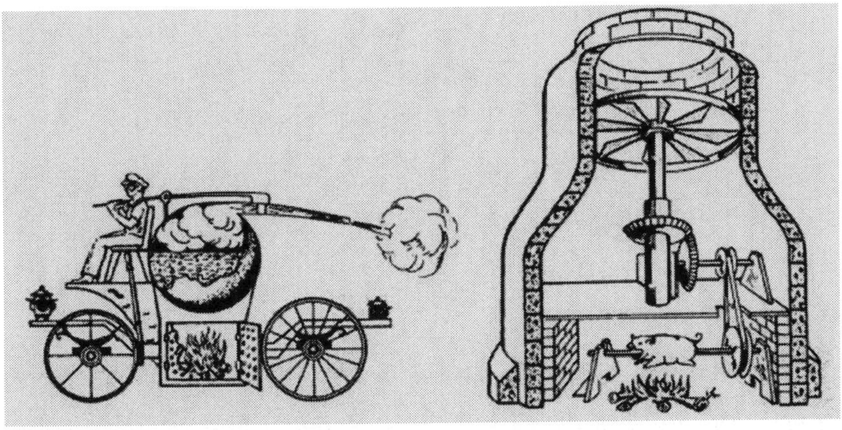

【그림1-3】 왼쪽 그림은 물을 끓여 발생한 증기의 힘으로 수레를 움직이기 위한 동력을 얻도록 고안된 장치이다. 오른쪽 그림은 벽난로의 화로에서 발생하는 뜨거운 연기가 굴뚝으로 빠져나가는 것을 이용하여 굴뚝 통로에 터빈을 달아 회전하는 힘을 여러 개의 기어 장치를 통해 바비큐를 돌리는 데 사용되었다. 이것이 터빈의 기본원리이다.

스케치한 기록이 남아 있고 굴뚝에서 솟아오르는 뜨거운 공기(hot air)를 이용하여 터빈을 돌릴 수 있는 회전력을 얻는 원리를 고안하기도 했다.

(3) 1600-1700년

① 1648년 영국의 성직자였던 "John Wilkins"는 "Da Vinci"가 스케치한 터빈을 더 실용적으로 발전시켰다. 그는 [그림1-3]과 같이 굴뚝 꼭대기에 풍차 모양의 터빈에 장착하였고, 아래에는 회전 방향을 전환할 수 있는 기어를 장착했다. 풍차의 회전을 수직축을 통해서 기어로 전달하는 방식으로 실생활에 유용한 도구를 개발하여 활용한 기록이 있다.

② 17세기 후반 이탈리아 수학자 "Evangelista Torricelli"는 유체에 관한 연구에서 수은기압계(mercury barometer)를 발명했다. 수은기압계는 현대 항공기 엔진의 보정(calibration)에서 중요한 자료로 사용되고 있으며 아네로이드와 항공기 고도계 개발의 기초가 되었다.

③ 1687년 영국 철학자이자 수학자인 "Sir Isaac Newton"은 제트추진 원리의 기본이 되는 물체의 운동에 관한 법칙을 정리하였다.

④ 프랑스인 "Henri Pitot"(1695-1771)는 Montpellier 도시의 용수로를 건설한 유명한 수력 공학자(hydraulic engineer)였다. 그는 유체흐름의 속도를 측정하는 데 사용되는 "Pilot tube"를 발명하였다. 피토관은 항공기의 속도를 측정하는 장치로 사용되고 있으며 가스터빈엔진의 성능을 측정하는 중요한 원리를 제공한다.

⑤ 1791년 영국인 "John Barber"는 현대 가스터빈엔진의 열역학 사이클을 이용한 가스 구동 터빈엔진을 위한 특허를 출원하였다. 비록 산업용 가스터빈엔진이지만 오늘날 가스터빈엔진과 동일 구성품(압축기, 연소기, 터빈)들로 설계되어 있다.

(4) 1800년

① 1800년대 초 이탈리아 물리학자 "Giovanni Batista Venturi"는 수축관 또는 확장관을 통해서 흐르는 유체흐름의 행태를 연구하였다. 그가 처음으로 전개한 이론이 우리에게 잘 알려진 "Venturi tube"에 관한 이론을 정립하였고, "Venturi effect"는 가스터빈엔진의 성능을 결정하는 중요한 이론을 제공한다.

② 1872년 독일의 "Herr F. Stolze" 다단축류(multi-stage axial) 압축기에 관련된 기계를 발명하였다. 이 압축기는 공기를 열교환기(heat exchanger)를 통해서 다단반동터빈(multi-stage reaction turbine)까지 공급할 수 있도록 고안되었다. 그러나 그 당시 터빈 제조에 사용된 금속 재료들이 높은 온도에 견딜 수 없었기 때문에 이 기계들이 실제 제작되지는 못했다.

(5) 1900년

① 1903년 프랑스 파리에서 처음으로 가스터빈엔진이 상업용으로 활용되

기 시작하였다. 현대의 표준 효율과 비교했을 때 겨우 3%에 불과한 정도이지만 가스터빈엔진의 효율이 입증되는 계기가 되었다.

② 1905년 독일의 "Hans Holzworth"가 최초로 폭발성 터빈을 설계하였고 이후 30년 동안 실험과 개발을 계속하였다.

③ 1913년 프랑스인 "Rene Lorin"은 공기열역학 덕트(aerothermodynamic duct; athodyd)의 설계에 관한 특허를 출원하였다. 그러나 그의 이론이 실현되기 위해서는 재료의 한계, 제작 기술 그리고 이를 작동시키는데 필요한 매우 높은 속도 등은 그 당시의 기술로는 제작하기 어려웠다. 그의 원리들은 현대 고속 램제트 미사일과 터보램제트 엔진의 설계에 적용되었다.

④ 1918년 General Electric의 "Sanford Moss"는 항공기 왕복엔진을 위한 배기-터보 과급기를 개발하였다. 이는 항공기 추진장치에 가스터빈이 처음으로 적용된 사례이다.

(6) 1930-1940

① 제트엔진과 가스터빈엔진에 관한 연구와 노력의 결과는 1930년부터 비로소 결실을 얻게 된다. 1930년대 중반 이탈리아, 독일, 그리고 영국 등에서 동시에 독자적 연구가 진행되었다. 기술개발에 관한 상호 의견교환이 없었기 때문에 필연적으로 적지 않은 노력과 특허들이 중복되었다.

② 1930년 영국에서는 "Frank Whittle"이 처음으로 제트엔진(jet engine)에 관한 특허를 얻었으나 정부의 무관심으로 11년이 지난 후에야 그가 개발한 엔진으로 첫 비행을 할 수 있었다. 그의 엔진은 원심압축기 다음에 다단 축류압축기, 애뉼러 연소기, 단일 축류터빈(axial turbine) 그리고 노즐로 구성되어 현대 제트엔진의 기초가 되었다.

③ 1937년 독일 기술자/과학자인 "Pabst von Ohain"은 Whittle 설계와 유사한 원심압축기를 갖춘 He S-1 엔진(550파운드)을 개발하였다. 이 엔진은 연소 문제를 해결하기 위해서 최초로 수소연료(hydrogen fuel)를 사용하

【그림1-4】 초창기 제트엔진 비행기 기수는 둥그런 흡입구와 엔진은 동체 내부에 탑재되어 있다. 전체적으로 현대 제트엔진 비행기와는 여러 면에서 다르다는 것을 알 수 있다. 왼쪽이 독일에서 개발한 세계 최초의 제트엔진 항공기 "Heinkel HE 178"이고 오른쪽은 영국에서 제작된 "Gloster E28/39"이다.

였다.

④ 1939년 8월 24일 독일에서는 [그림1-4]와 같은 세계 최초의 제트엔진 항공기 "Heinkel HE 178(추력 1100파운드, 무게 795파운드)"을 개발하였다.

(7) 1940년 이후

① 1940년 8월 이탈리아에서 개발된 "Caproni-Campini CC-2"는 제트모터(jet motor or thermojet) 형식으로 개발하였다. 제트모터 항공기에 사용된 3-단 압축기는 피스톤 엔진으로 구동된다는 점 때문에 오늘날의 순수한 제트엔진으로 간주하지 않는다. [그림1-5]는 CC-2 제트모터 항공기의 실제 모습과 엔진의 내부 구조를 그래픽으로 보여주고 있다. 특히 아래 그림에서 기수 부분에 프로펠러 모양의 압축기가 3-단으로 배열되어 있다. 1단과 2단은 실질적으로 공기를 압축하는 역할을 하고 3단 압축기는 효율적인 연소를 위해서 공기흐름 방향을 연소기에 직선 방향으로 흐를 수 있도록 유도하는 역할을 한다. 이들 압축기를 구동시키는 왕복엔진이 탑재된 것을 볼 수 있다.

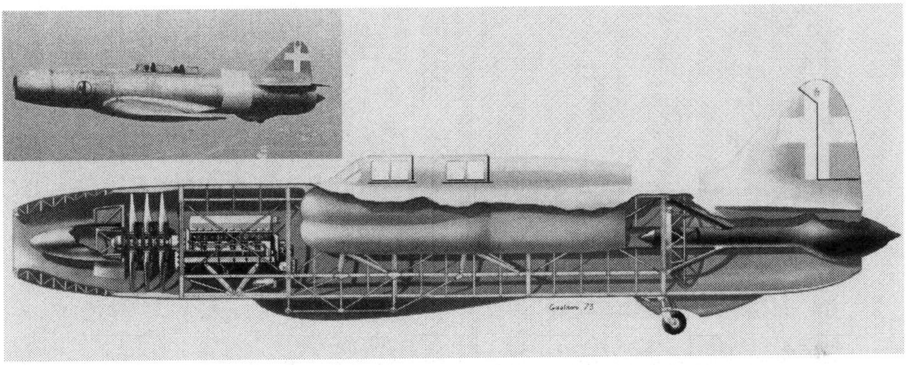

【그림1-5】 이탈리아에서 개발한 제트모터 비행기이다. 이 비행기는 앞쪽에 왕복엔진을 탑재하여 프로펠러의 회전력으로 고속 고압 공기를 제공하는 방식이다. 삽입된 사진은 실제 제작된 항공기의 비행 모습이다. 앞쪽에 탑재된 왕복엔진으로 인하여 동체가 길고 무거워 실용성이 크게 떨어진다.

② 1941년 5월 영국의 “Frank Whittle”이 개발한 엔진(W1A; 추력 850 파운드, 무게 623파운드)을 탑재한 “Gloster E28/39” 항공기가 첫 비행을 하였다.

③ 1942년 10월 미국에서는 “Whittle” 설계로부터 개발된 2개의 General Electric 1-A 엔진을 탑재한 제트엔진 항공기가 첫 비행을 하였다.

④ 1944년 중반 [그림1-6]과 같은 무인 “Fieseler F.103(V-1 비행폭탄 -flying bomb)”이 펄스제트(pulse jet) 형식의 제트추진 엔진을 탑재하였다. 이 무인항공기는 850kg의 폭탄(bomb)을 적재하고 프랑스에서부터 영국 그리고 벨기에까지 비행하였다. “Argus 109-014” 펄스제트 동력장치는 660파운드의 추력을 낼 수 있고 초당 45사이클로 작동되었다. 이 무인항공기가 발진하여 600리터의 연료를 완전히 소모했을 때 160 NM이라는 당시로는 상당한 거리를 비행했다. 연료가 연소하여 무게가 감소함에 따라 V-1의 최대속도가 430노트 정도가 되었다. 이 같은 높은 속도로 인하여 당시의 프로펠러-구동 항공기로는 요격이 매우 어렵고 소수의 제트엔진 전투기들만이 요격할 수 있었다.

【그림1-6】 제2차 세계대전 중에 독일에서 개발한 V-1 flying bomb (Fieseler F. 103)의 추진장치로 펄스제트 엔진이 사용되었다. 스키 발사대를 이용해서 발사되었고 동체 꼬리 부분에 장착된 것이 펄스제트 엔진이다. 이 로켓은 일종의 유도 미사일이고 현대 순항 미사일의 원조가 되었다.

⑤ 1944년 9월 V-2 로켓으로 알려진 액체연료 로켓이 처음으로 등장했다. 우주로켓의 선두주자로 200 NM 이상의 거리까지 1,000kg의 탄두를 운반하였다. V-2 로켓은 높이가 46피트, 무게 13톤이지만 고도 50 NM까지 상승할 수 있고 속도는 2,600노트를 기록하였다. 전쟁 중에도 약 7개월 동안 대략 4,000기의 V-2 로켓들이 발사되었다. 전쟁 종료 직전에 수중 잠수함에서 첫 성공적 발사가 수행되었다. V-2 로켓의 수중 발사는 미국 도시를 겨냥한 의도였다. 여기서 얻어진 경험들이 "Polaris"와 "Poseidon" 미사일 개발의 기초가 되었다. 1991년 "Desert Storm" 전쟁 중 이라크에서 개발한 V-2 로켓은 "Scuds"로 알려져 있다. 이 로켓은 페이로드(payload)를 150kg 감소시켜 더 많은 연료를 적재함으로써 항속거리를 증가시킬 수 있었다.

⑥ 1944년 9월 Arado Ar 234 "Blitzs"는 영국 섬들 상공을 고고도 정찰비행을 시작했다. 독일 제트항공기의 첫 기종들은 쌍발엔진을 탑재하였고 항속거리 1,340 NM과 비상탈출 좌석, 오토파일럿(autopilot), 그리고 여압조종실 등 그 당시로는 독특한 특징들을 갖추고 있었다. 또한 [그림1-7]과

【그림1-7】 1943년 영국에서는 독일제 ME 262(아래) 제트엔진 항공기에 대적할 수 있는 Gloster Meteor(위)를 개발하였다. 이 항공기는 쌍발 Rolls-Royce Derwent 엔진을 탑재했다. 이 엔진은 1단 원심압축기, 캔-애뉼러 연소기 그리고 1단 축류터빈으로 구성되었다. 추력은 개량 엔진에 따라 3,500파운드까지 생산할 수 있다.

같이 더욱 개량된 Messerschmitt ME 262 항공기가 실전에 배치되었다. ME 262 항공기는 쌍발 제트엔진을 탑재하였고 "Junkers Jumo 004B" 축류 가스터빈엔진은 2,000파운드의 추력을 생산할 수 있는 능력을 갖추고 있다. 이 기종은 약 1,400대 이상 제작되었다. 이들 축류 엔진은 방빙 장치, 블레이드 냉각, 그리고 가변배기노즐 등을 장착하여 당시로서는 매우 진보된(advanced) 기술을 보유하였다. 이 시기에 로켓추진 ME 163 "Komets"와 제트추진 HE 162 "Salamandas" 등이 생산되었다. 그러나 이들 항공기의 엔진은 수명이 짧았고 신뢰성을 크게 받지 못했는데 주요 원인은 높은 온도와 압력이 필요한 가스터빈엔진의 특성상 이에 적합한 금속재료와 냉각기술이 가용하지 못했기 때문이다.

⑦ 1943년 영국의 "Gloster Meteor"가 첫 비행을 했다. 이 항공기는 "Whittle" 설계에 의한 것으로 2개의 원심압축기 터보제트 엔진을 탑재했다. 이 엔진은 최대 1,700파운드의 정추력(static thrust)을 생산할 수 있는 성능을 갖추었다. 이후 지속적인 성능개량으로 3,500파운드의 추력을 생산할 수 있도록 개조되었다. 1944년 7월 "Meteor"는 RAF와 함께 실전에 배치되었다. 이 시기는 독일의 ME 262가 "Luftwaffe"와 함께 비행대대에 투입되기 바로 직전이었다. 마침내 1945년 [그림1-7]과 같이 이 엔진을 탑재한 "Meteor"는 최대속도 535노트를 기록했다. 항공기와 엔진의 개발은 세계대전을 치르면서 제공권이 전쟁의 승패를 좌우할 정도로 중요성이 입증되면서 전쟁이 끝난 후에도 항공기와 엔진의 개발은 계속되었다.

❖ 가스터빈엔진과 왕복엔진의 비교
- 터빈엔진의 속도영역은 초음속이다.
- 터빈엔진의 운용 고도는 대류권계면까지 확장된다.
- 터빈엔진은 연속성이라면 왕복엔진의 간헐성 특성이 있다.
- 터빈엔진은 진동이 비교적 작고 무게가 가볍다.

❖ 가스터빈엔진 단점
- 고가이다.
- 저속에서 효율이 떨어진다.
- 시동 시간이 길다.
- 동력 변화에 대한 반응이 늦다.

1.3 제트엔진 기본원리

✈ 항공기가 하늘을 자유롭게 날 수 있는 원동력을 제공하는 것은 엔진이라는 동력장치(powerplants)이다. 1903년 동력 비행기가 발명된 후 새로운 동력장치가 정착되기까지 항공기 동력장치로는 왕복엔진이 유일한 것으로 인식되었다. 프로펠러 없이 항공기를 추진(propelling)시킬 수 있는 제트엔진의 발달은 항공기 동력장치의 새로운 혁명으로 받아들이기 시작했다. 이후 항공 선진국들은 경쟁적으로 제트엔진 개발에 나서면서 1947년 10월 14일 미국에서 개발한 X-1 항공기를 이용하여 고도 45,000피트(13.7km)에서 수평비행으로 음속(speed of sound) 돌파에 성공하면서 제트엔진 시대가 개막되었다. 제트엔진의 등장으로 저속 항공기 범주(category)에서는 왕복엔진이 그리고 고속 항공기 범주에서는 제트엔진이 확고한 자리매김을 하였다.

1. 제트추진 기본원리

제트추진(jet propulsion)에 대해서는 이미 기원전부터 사용된 기록이 있고, 뉴턴의 "작용과 반작용 법칙"은 이를 이론적으로 가장 잘 설명해 주고 있다. 예를 들어 스프링클러는 노즐(nozzle)을 통해서 물이 분사되는 반작용을 이용한 전형적인 사례이고, 고압으로 물을 분사하는 소방호스는 그 반동(reaction)의 힘이 대단하여서 여러 사람이 호스를 잡고 물을 분사해야 안전하다. 이외에도 총을 쏠 때 화약의 폭발로 사수가 반동의 힘을 느끼게 되는 것은 전형적인 작용과 반작용의 사례이다. 제트추진의 원리를 설명하는 데 가장 많이 활용되는 것이 역시 고무풍선(balloon)이다. 크기가 다른 두 개의 풍선이 있다고 가정하자. 풍선 속의 가스 또는 공기의 압력이 서로 다르지만, 풍선 외부의 압력 즉 대기압(주변 기압)은 동일 조건이다. 이들 풍선의 주둥

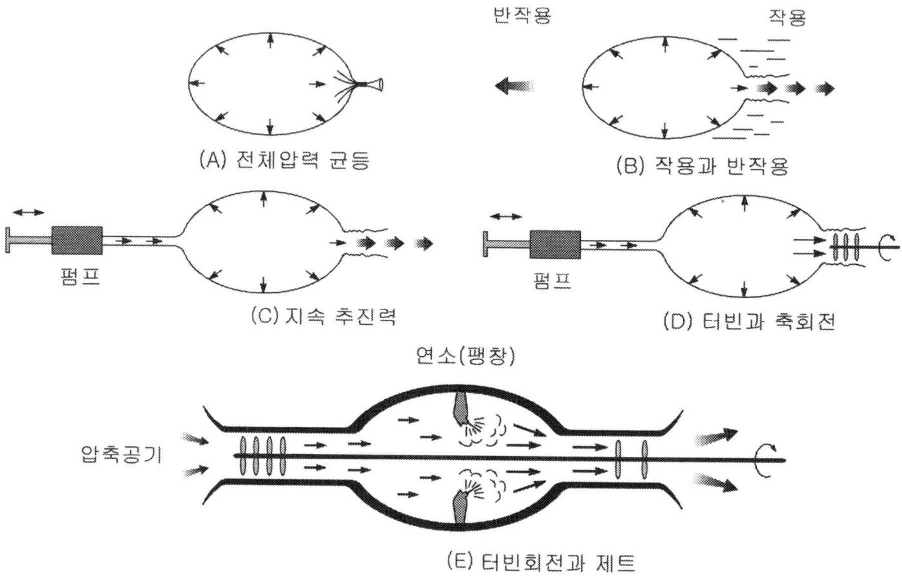

【그림1-8】 풍선 반대쪽에 공기를 계속 공급할 수 있는 펌프(C)를 장착한다면 풍선은 지속적인 추진력을 얻을 수 있을 것이다. 풍선의 배출구에 터빈을 장착한다면 회전력(D)을 얻을 수 있다. 터빈 축을 앞쪽의 공기 공급 펌프와 연결하고 풍선 내부에서 연료를 분사하여 공기의 급팽창을 일으켜 배출구에서 계속 팽창할 수 있다면(E) 이 장치는 지속적인 추진력을 얻을 수 있다. 이 장치는 완전 자립 회전력을 구현할 수 있을 것이다.

이를 동시에 놓았을 때 부피가 큰 풍선이 작은 풍선에 비해서 더 빠르게 날아가는 것을 관찰할 수 있다. 풍선은 반드시 공기가 빠져나가는 반대 방향으로 날아가고 부피가 큰 풍선이 작은 풍선에 비해서 더 빠르게 날아가는 것을 관찰할 수 있다.

그러나 아무리 크게 부풀린 풍선이라 할지라도 주둥이를 놓는 순간 바람이 빠지면서 추진력은 급격히 없어진다. 만약 풍선 내부의 압력을 높은 상태로 계속 유지할 수 있다면 풍선의 추진력은 지속해서 얻을 수 있다. 이를 해결하는 방법이 풍선과 유사한 물체를 이용하여 [그림1-8]과 같이 앞부분의 개방된 구멍에 모터를 설치하여 공기흐름을 지속 공급한다면 풍선은 계속해서 날아갈 수 있을 것이다. 만약 중간의 넓은 공간에 공기를 연소시켜 팽창시킨다면 출구에서 더 빠른 공기흐름(air flow)의 결과를 얻을 수 있을 것이다. 여기서 또 다른 가정은 공기가 빠져나가는 출구에 프로펠러 모양의 터빈(turbine)을 설치한다면 공기흐름의 힘으로 이 터빈을 회전시킬 수 있는 힘을 얻을 수 있다. 터빈에 축(shaft)을 연결하여 그림(E)과 같이 앞쪽의 또 다른 팬(fan)을 회전시킬 수 있다면 이 장치는 완전히 자력으로 회전할 수 있는 기계가 된다. 이것이 가스터빈엔진(gas turbine engine; GTE)의 기본원리이다.

2. 제트엔진과 가스터빈엔진

제트추진 원리에 터빈과 결합하여 제트엔진의 개념이 정립되었다. 순수한 제트추진 원리를 적용한다면 고속의 배기가스를 분출하는 반작용으로 항공기의 추력을 얻는 방식이지만 현대 제트엔진은 다양한 종류의 제트엔진들로 발전되었다. 전형적인 제트엔진 유형으로는 터보제트, 터보팬, 터보프롭 그리고 터보축 엔진 등이 있다. 이들 엔진 모두는 엔진 구동에 필요한 회전력을 자력으로 얻는 작동원리가 적용되었다는 면에서 가스터빈엔진으로 분류할 수 있다.

순수 터보제트 엔진(pure turbojet engine)이라 할지라도 본질적으로 공기를 엔진 내부로 끌어들일 수 있는 회전력은 터빈의 힘으로 얻기 때문이다. 이러한 이유로 제트엔진을 항공기 가스터빈엔진이라고 정의한다. 가스터빈엔진이 항공기의 동력장치로만 활용되는 것이 아니라 전기를 생산하는 발전기(generator) 또는 대형 선박의 추진력을 얻는 데도 사용된다. 이외에도 탱크(tank) 또는 기차(train) 등에서도 활용되고 있어서 항공기에서는 제트엔진으로 분류하지만 본질적으로 가스터빈엔진의 작동원리와 불가분의 관계에 있다고 할 수 있다. 예를 들어 초대형 여객기인 A-380에 탑재된 엔진과 C-130 군수송기에 탑재된 엔진은 다소 비율은 다르지만, 제트 추력과 프로펠러의 성능을 조합한 유형이라고 볼 수 있다.

그러나 헬리콥터에 탑재된 터보샤프트 엔진(turboshaft)은 순수 터보제트(pure turbojet) 엔진의 범주로 볼 수 없다. 여기서 순수 터보제트 엔진을 제외한 엔진들은 또 다른 원리가 적용되었다는 것을 이해할 수 있어야 한다.

3. 제트엔진과 왕복엔진의 차이

제트엔진은 왕복엔진 항공기의 운용영역을 획기적으로 증대시킨 일대 변혁을 일으켰지만, 저고도 저속영역에서는 왕복엔진이 더 우수한 성능을 나타내고 있다. 이러한 점에서 왕복엔진 역시 지속적인 성능개량을 통해 소형 항공기 엔진으로 확고한 자리매김을 할 것이다. 그러나 분명한 사실은 제트엔진은 왕복엔진과 비교하면 여러 면에서 우수한 성능이 입증되었다. 다음은 제트엔진과 왕복엔진을 비교한 내용이다.

첫째, 제트엔진의 속도영역은 초음속이다.

역사적으로 음속 장벽(sound barrier)을 돌파하기 위한 노력의 결과가 제트엔진이다. 현대의 제트엔진 항공기들은 초음속 비행이 일반화될 정도로 속도영역이 크게 개선되었다. 왕복엔진과 프로펠러의 조합은 엔진 성능을 증가시켜 프로펠러의 성능을 증대시키는 방식이다. 프로펠러 회전수의 증가는 블레이드 팁(blade tip)이 음속을 초과하는 속도에서 충격파(shock waves)가 발생하기 때문에 속도를 증가시키는 데 한계가 있다. 프로펠러 동력 항공기의 최대속도는 대략 시속 400노트이지만 제트엔진이 개발되면서 음속을 돌파했고 현재 대부분 제트엔진은 음속의 2배 혹은 3배까지도 속도영역(speed range)을 상상 이상으로 증가하였다.

둘째, 제트엔진의 운용 고도는 대류권계면까지 확장된다.

왕복엔진에서도 과급기(supercharger)를 장착하여 고고도 비행이 가능하

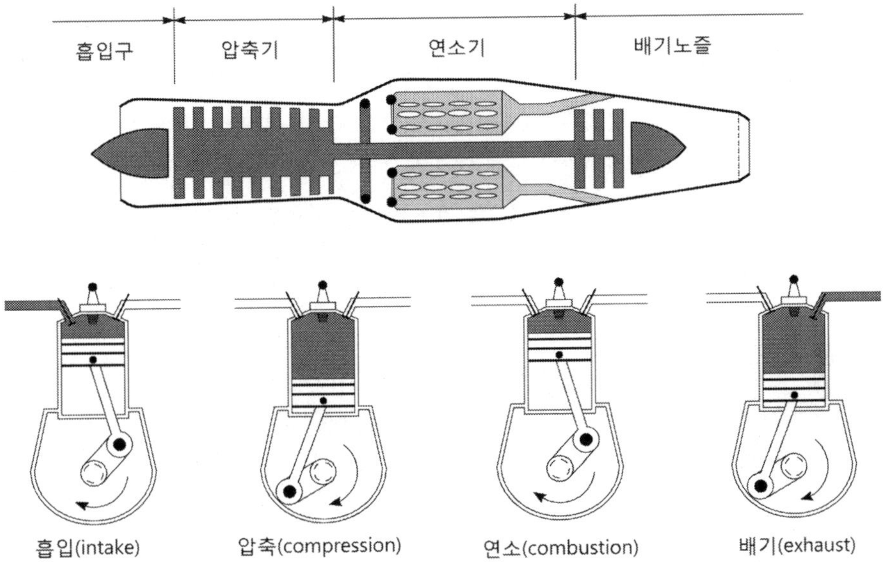

【그림1-9】 가스터빈엔진과 왕복엔진의 사이클은 흡입-압축-연소-배기 과정은 유사하다. 결정적인 차이점 중 하나는 가스터빈엔진은 공기흐름이 연속적으로 진행되지만, 왕복엔진에서는 단계별로 분리된 과정으로 진행된다. 출력을 얻을 수 있는 과정 역시 제트엔진은 연속성을 유지하지만, 왕복엔진은 오직 동력 행정에서만 발생한다.

지만, 제트엔진은 고고도에서 더욱 높은 성능을 발휘한다는 점을 고려했을 때 고도 영역 역시 획기적으로 증대시켰다.

셋째, 엔진 작동원리의 유사성과 차이점

이들 엔진은 공통으로 공기라는 동일 작동 유체(working fluid)와 흡기식 열 엔진(air breathing heat engine)이다. [그림1-9]는 두 엔진의 주요 구성품들과 작동과정을 보여주고 있다. 공통으로 공기를 흡입-압축-연소-배기 과정을 통해서 엔진을 구동시킬 수 있는 동력을 얻는다. 그러나 왕복엔진의 4행정 중 동력 행정(power stroke)에서만 동력을 생산하고 나머지 행정들은 동력 행정을 보조하는 역할을 한다. 반면 가스터빈엔진은 흡입(intake)에서 배기까지 연속적으로 진행되기 때문에 더 많은 연료의 연소가 가능하여 동급 무게의 엔진을 비교했을 때 큰 동력을 얻을 수 있다. 이외에도 왕복엔진은 필연적으로 간헐적 작동주기(intermittent operating cycle)이지만 제트엔진은 흡기부터 배기까지 연속적으로 수행되므로 중간에 어떠한 단절 현상이 없는 것이 특징이고 이를 연속성 작동주기(continuous operating cycle)라 한다.

넷째, 엔진 진동이 비교적 작고 무게가 가볍다.

왕복엔진은 피스톤 작동에 따른 높은 진동을 유발하는 원인이 되지만 제트엔진은 구조적으로 회전성 구성품들로 구성되어 있어 본질에서 왕복엔진과 비교하면 진동(vibration)이 현저히 작다. 왕복엔진의 높은 동력의 원천은 높은 폭발력이다. 이것은 연료의 특성과 연관된 문제로 연료가 더 높은 압력에 견딜 수 있는 고옥탄가(high octane rating) 연료가 필요하다. 또한, 높은 폭발력에 견디기 위해서는 필연적으로 고강도의 재료로 제작되어야 하고 이는 엔진 자체의 무게가 증가할 수밖에 없는 구조이다. 이에 비해 제트엔진은 높은 폭발력이 필요하지 않기 때문에 고강도의 두꺼운 재료보다는 경량의 얇은 재료들로도 작동이 가능한 장점이 있다. 비록 제트엔진이 경량의 재료들이 사용된다고는 하지만 고온에 견딜 수 있는 재료는 제트엔진의 한계이기도 하다. 이것은 제트엔진의 성능과 밀접한 관계가 있는 추력 무게비(thrust weight ratio)에 영향을 주는 요소이다.

❖ 추력 무게비(thrust to weight ratio)

추력 대 무게비는 엔진에 의해 추진되는 로켓, 제트엔진, 프로펠러 엔진 또는 비행체의 중량에 대한 추력의 무차원 비율이다. 비행체의 순간 추력 대 무게비는 연료 또는 추진제의 점진적 소모로 인해 달라진다. A380의 추력 대 무게비는 약 0.227이고, F-15 전투기의 추력 대 무게비는 대략 1.04 정도이다.

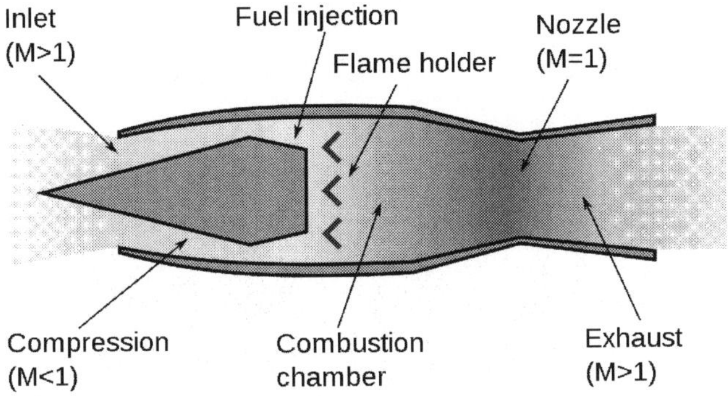

【그림1-10】 램제트 엔진은 압축이나 터빈 기계장치가 없는 단순한 구조이다.

- 화염 안정기(flame holder)
- 연소실(combustion chamber)

1.4 기타 제트추진 엔진

1. 램제트 엔진

램제트 엔진(ramjet engine)은 전형적인 도관(athodyd)을 이용한 제트 추진 장치이고 스토브파이프 제트엔진(stovepipe jet engine)이라고도 한다. 램제트 엔진은 일반 제트엔진과 달리 어떠한 회전부품(팬, 압축기, 터빈)들이 없다. 램제트 엔진을 구성하고 있는 주요 구성품들은 [그림1-10]과 같이 흡입구, 연소기 그리고 추진 노즐로만 구성된 매우 간단한 제트추진 장치이다. 도관의 설계는 유입되는 공기를 연소시키는데 충분할 정도로 내부 압축(internal compression)하여 연소기로 공급한다. 제트엔진의 연소기와 달리 플레임 홀더(flame holder; 연소 안정기)가 연소를 돕는다. 압축기와 터빈 그리고 축과 같은 구성품들이 없어 연소는 화학량론 연료/공기 비율(stoichiometric fuel/air ratio)에서 연소할 수 있다.

아음속에서 작동 중에는 수축 노즐 모드에서 배기가스를 고속으로 배출하지만, 초음속에서는 수축-확산(C-D) 노즐이 사용된다. 램제트 엔진과 일반

제트엔진의 차이점 중 하나는 램제트 엔진은 정지상태(standstill)에서는 어떠한 추력도 얻을 수 없다. 따라서 램제트 엔진이 작동하기 위해서는 최소한 Mach 0.5 이상의 속도가 요구된다. 결국, 램제트 엔진은 작동에 필요한 속도에 도달할 때까지 터보제트 엔진 혹은 로켓과 같은 별도의 추진장치가 요구된다.

램제트 엔진은 약 Mach 3.0 정도의 속도에서 가장 높은 효율을 발휘하는 것으로 알려져 있고 최대 Mach 6.0의 속도까지도 비행이 가능하다. 그 이상의 속도에서는 흡입구에서 발생한 충격파(shock wave)가 더욱 앞쪽으로 이동하면서 아음속으로 감속을 위한 수직 충격파가 흡입구 테두리(intake lip)에서 벗어나면서 발생하는 급격한 압력손실(pressure loss)은 성능을 크게 떨어뜨리는 원인이 된다.

이외에도 한계 마하수에 도달해서는 연소기에 유입되는 공기가 매우 높은 온도까지 상승하여 연소가 어려울 수 있다. 램제트 엔진의 핵심은 초음속으로 비행하면서 연소에 필요한 아음속까지 감속시키는 데 있다. 이를 위해서 램제트 엔진은 [그림1-10]과 같이 흡입구 스파이크(inlet spike)가 장착되어 있다. 여기서 경사 충격파(oblique shock waves)들을 발생시켜 1차 외부 압축으로 공기흐름 속도를 낮추고 최종적으로 강력한 수직 충격파(normal shock waves)를 형성하도록 설계되어야 한다. 수직 충격파 뒤의 공기흐름은 항상 아음속이 된다는 점을 활용한 것으로 흡입구 출구에서는 연소에 필요한 아음속까지 감속된다.

램제트 엔진은 1913년 프랑스의 발명가 "Rene Lorin"이 처음으로 설계하였으나 실제 엔진을 개발하지는 못했다. 그 당시는 높은 연소열에 견딜 수 있는 재료가 없었기 때문이다. 이후 램제트 엔진은 포탄의 비거리를 증가시키는 데 활용되었다. 램제트 엔진이 높은 초음속 비행이 가능한 최적 엔진으로 인식되면서 경쟁적으로 개발에 주력하였다. 1947년 프랑스에서 비록 연구용 항공기 엔진이지만 [그림1-11]과 같이 순수한 램제트 엔진의 동력만으

【그림1-11】 이 항공기(Leduc 0.10)는 1947년 10월 21일 첫 비행에 성공했다. 프랑스에서 제작한 연구용 항공기로 세계 최초로 램제트 엔진을 탑재하였다. 길이는 10.25m, 총중량 2,800kg으로 최대속도 시속 800km(500mph)를 달성했다.

로 비행에 성공했다.

2. 터보 램제트 엔진

터보 램제트 엔진(turbo-ramjet engine)은 용어가 의미하는 것과 같이 터보제트와 램제트 엔진이 혼합된 형태의 제트추진 장치이다. 터보제트 엔진은 Mach 2.5 이상의 속도에서는 높은 터빈인렛온도(TIT), 재료 그리고 회전 구성품들의 한계 때문에 성능이 급격히 떨어진다. 램제트 엔진의 최대 단점은 비록 Mach 3.0 이상의 높은 초음속에서 양호한 성능을 발휘하지만, 결정적으로 정지상태에서 어떠한 추력을 얻을 수 없다.

터보 램제트 엔진의 기본 구조는 [그림1-12]와 같이 내부는 터보제트 엔진(재연소기 기능) 그리고 외부에 또 다른 도관으로 설계하여 램제트 엔진을 구성하였다. 두 엔진의 성능을 자유롭게 변환(transition)하도록 하는 것이 앞쪽에 장착된 인렛 가이드 베인(inlet guide vanes)이다. 이륙과 착륙 그리고 음속 돌파까지는 재연소기 작동과 함께 전형적인 터보제트 엔진으로 작동한다. 터보제트 엔진의 한계에 도달하면(비행속도 M=2.5 이상으로 가속) 터보제트는 정지(shut down)되고, 흡입 공기는 가이드 베인에 의해서 압축기

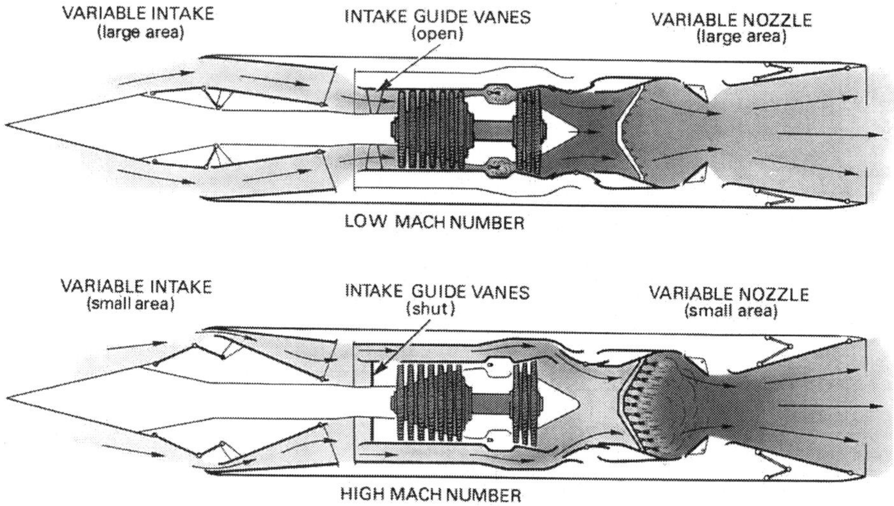

【그림1-12】 터보-램제트 엔진
- 가변 인렛(variable intake)
- 가변 노즐(variable nozzle)

로부터 전환되어 램제트 연소실이 되는 재연소 제트파이프(afterburning jet pipe) 속으로 보내진다. SR-71(Blackbird) 고공정찰기는 Pratt & Whitney J58 터보 램제트 엔진을 탑재했다.

3. 스크램제트 엔진

스크램제트 엔진(scramjet engine)은 램제트 엔진의 변형(variation)으로 구조와 작동원리 면에서 유사하다. 램제트 엔진은 연소과정에 필요한 엔진 내부에서의 공기흐름 속도는 반드시 아음속(subsonic)으로 감속되어야 한다. 그러나 스크램제트는 엔진 내부의 공기흐름 속도가 초음속을 유지하면서 연소가 이루어진다는 점에 차이가 있어 초음속 연소 램제트(supersonic combustion ramjet)라고 하는 이유이다. 스크램제트 엔진 역시 [그림1-13]과 같이 회전부품들이 거의 없고 구조가 매우 간단하여 경량이라는 장점

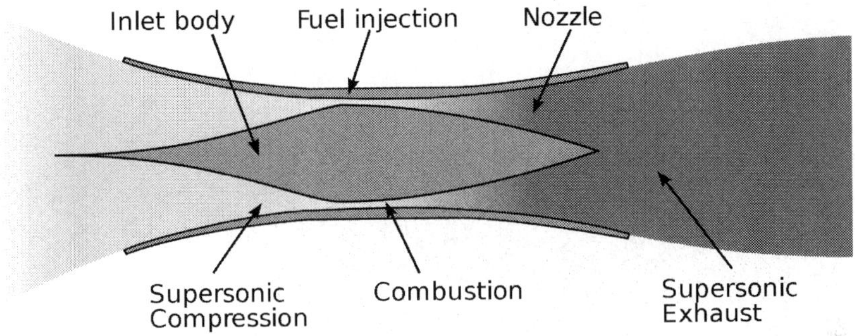

【그림1-13】 이 엔진의 구조와 작동원리는 램제트 엔진과 유사하다. 램제트와 다른 점은 인렛으로 유입되는 공기흐름의 속도가 초음속을 그대로 유지한 상태에서 압축되어 연소가 이루어져야 한다. 이 엔진에서는 초음속에서 연소시키기 위한 기술이 핵심이다. 이 때문에 재래식 연료보다는 수소연료를 사용할 수 있는 엔진 개발이 동시에 진행되고 있다.

- 초음속 압축(supersonic compression)
- 초음속 배기(supersonic exhaust)

이 있지만, 스크램제트 엔진이 정상 작동을 위해서는 Mach 4.5 이상의 높은 속도가 필수이다. 높은 최저 운용 속도에 도달하기 위해서 부스터 로켓(booster rocket)을 활용하거나 스크램제트 엔진보다 다소 운용 속도가 낮은 램제트 엔진과 통합한 하이브리드(hybrid) 램제트/스크램제트 엔진의 형태가 NASA의 실험에 활용된 X-43A 비행체이다.

스크램제트 엔진의 정상 속도 범위는 Mach 12~24이지만, 연소율 문제로 인해서 X-30 연구용 비행체는 Mach 17을 달성했다. 초음속을 유지하면서 효과적인 연소를 위해서는 연료의 분사, 혼합, 점화 그리고 연소가 1/1000초(millisecond) 이내에 이루어져야 하는 것이 기술의 핵심이다. 램제트 엔진의 운용영역과 달리 강력한 충격파(shock waves)가 없어 엔진의 항력을 크게 낮출 수 있다. 높은 마하수에서 항력은 매우 안정되어 있으므로 인렛 공기는 상대적으로 적게 감속될 뿐만 아니라 공기역학적 열(aerodynamic heat) 역시 낮아 연소 효율이 향상된다.

【그림1-14】 2004년 3월 스크램제트를 탑재한 X-43A 항공기가 95,000피트에서 마하 6.8의 속도로 약 11초 동안 비행에 성공했다.

4. 펄스제트 엔진

펄스제트 엔진(pulsejet engine)은 독특한 제트추진 장치이지만 도관 엔진의 한 종류이고 램제트 엔진과 달리 정지상태에서도 추력을 생산할 수 있다. 펄스제트 엔진 역시 회전부품들이 없거나 아니면 보조장치의 구동에 필요한 소수의 회전부품으로 이루어져 있다. 펄스제트는 제트엔진의 연속성(continuous)과 달리 일정한 시차를 두고 작동된다는 점에서 간헐성(intermittent) 작동 특성을 갖는다. [그림1-15]는 전형적인 펄스제트의 구성품들과 작동원리를 보여주고 있다.

펄스제트의 연소 주기는 흡입, 압축(일부 펄스제트 엔진), 연료 분사, 점화, 연소, 그리고 배기 과정으로 이루어진 5단계 혹은 6단계로 수행된다. 펄스 작동의 핵심은 흡입구 앞쪽에 있는 셔터(shutter)이다. 셔터가 열리면서 일정 공기를 흡입하고 특정 공간(연소실)에 가둔 후 연료를 분사하여 연소시키면 연소실 내부에서 급팽창이 발생한다. 여기서 발생한 팽창 가스는 흡입구 쪽이 막혔기 때문에 오직 출구 쪽으로만 분출된다. 팽창된 연소 가스가 노즐을 통해서 분출되면서 추력이 발생하고 동시에 흡입구 셔터가 열려 공기를

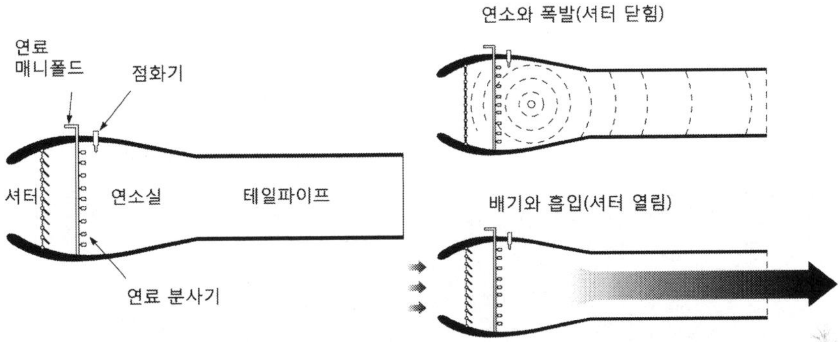

【그림1-15】 펄스제트 엔진은 셔터가 달린 도관과 연료 분사기만으로 구성된 가장 간단한 제트추진 장치이다. 모형 항공기의 추진장치로 사용되고 일상생활에서도 연막 발생기는 펄스제트 원리를 적용한 간단한 엔진이다. [그림1-6]의 "Flying bomb" 그리고 [그림1-16]은 전형적인 펄스제트 엔진을 탑재한 항공기이다.

다시 흡입하는 첫 주기가 시작된다.

공기가 계속해서 흡입구로 빨려들어 가는 힘은 연소실 내부의 압력과 흡입구 압력 사이의 압력차이다. 배기가스가 연소실에서 배출되면서 압력이 순간적으로 낮아지고 흡입구의 높은 압력이 셔터를 열고 공기를 끌어들인다. 이 과정에서 자연스럽게 벤투리 효과가 발생하고 연소실에 연료를 끌어들이는 역할을 한다. 이 때문에 별도의 연료공급 장치가 필요하지 않다. 분무화된 연료가 유입되는 공기에 분사되어 진공상태의 연소실을 다시 채운다. 일단 엔진이 작동되고 난 다음부터 도관 내부를 가득 채운 혼합가스는 이전에 가열된 뜨거운 가스와 접촉되면서 자연발화가 발생하고 별도의 점화장치 없이도 연속 점화가 이루어진다.

작동주기(operating cycles)는 주로 엔진의 길이에 달려 있지만 통상 소형 모형 엔진의 주기는 초당 약 250회의 펄스(pulses)를 반복하고 엔진 길이가 길수록 작동주기는 짧아진다. 독일에서 개발한 "Flying bomb"에 사용된 펄스제트의 작동주기는 초당 약 45회가 반복되는 것으로 알려져 있다.

【그림1-16】 American P-51D equipped with 2 pulse jet engines, 1945

5. 로켓과 터보-로켓엔진

우주산업에 관한 관심이 높아지면서 세계 각국에서는 경쟁적으로 우주개발에 나서고 있다. 우리나라도 비록 늦게 출발했지만, 우주산업 선진국의 도움을 받아 로켓 발사와 로켓의 자체 개발에 나섰다. 2021년 10월 21일 오후 5시 전남 고흥군 나로우주센터에서 순수 우리 기술로 제작한 한국형발사체(KSLV-2) "누리호" 발사에 성공했다. 모사 위성을 궤도에 안착시키는 데는 실패했지만, 발사체를 700km 고도까지 올려보낸 일만으로도 대단한 일이다. 이로써 대한민국은 우주로 로켓을 성공적으로 쏘아 올린 10번째 국가가 되었다. 우주산업의 핵심은 우주에 도달할 수 있는 추진체(propellant)를 개발하는 데 있고 이 추진체가 로켓이다. 로켓은 제트엔진의 작동원리와는 다르지만, 기본적으로 제트추진 장치라는 동일 범주에 속한다. 여기서는 제트엔진과의 비교를 위해서 간단하게 서술한다.

역사적으로 로켓(rocket)에 대한 기록은 몽골인들이 화약을 이용한 놀이기구 혹은 전투용으로 사용하였고, 13세기 중국에서는 화약을 이용한 불꽃놀이(fireworks)와 물체를 날려 보내는데 로켓 추진체가 사용된 기록들이 있다. 로켓은 [그림1-17]과 같이 자체의 추진 연료와 이를 연소시킬 수 있는

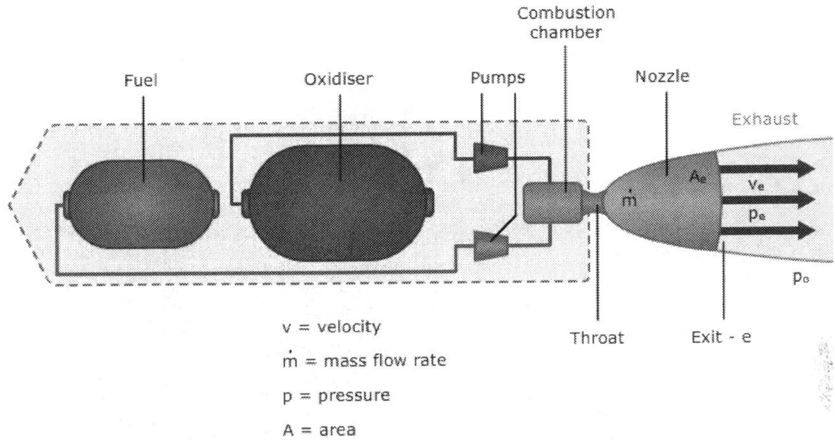

$$\text{Thrust} = F = \dot{m}\, v_e + (p_e - p_o)\, A_e$$

【그림1-17】 로켓엔진의 원리

산소(oxygen)를 갖추고 있어 흡기식 엔진(air breathing engine)과는 추진 방식이 다르다. 제트엔진이나 로켓 모두는 "작용과 반작용의 법칙"에 따라 강력한 배기가스를 엔진 후방으로 분출하면서 동체가 추력을 얻는 방식의 엔진이라는 것에는 이견이 없다. 제트엔진은 입구(inlet)와 출구(outlet)가 있는 도관 내부에서 이루어지지만, 로켓엔진은 출구(outlet)만이 존재한다. 이러한 이유로 로켓과 비교될 수 있는 용어로 제트엔진을 덕트 엔진(ducted engine)이라고도 한다. 제트엔진의 또 다른 특징 중의 하나가 엔진의 입구에서부터 출구까지 공기흐름이 통과하는 하나의 덕트 또는 관(duct or tube)으로 되어 있고 이들 덕트 또는 관은 엔진 성능의 필요에 따라 수축 및 확산(convergent and divergent)이 적절히 조화되어 필요한 성능을 얻을 수 있다.

로켓과 터보제트 엔진의 유형을 조합하여 개발된 엔진이 [그림1-18]과 같은 터보-로켓엔진(turbo-rocket engine)이다. 로켓은 공기(산소)가 존재하지 않는 우주 공간에서 운용하기 위한 목적으로 개발되었지만, 터보-로켓엔

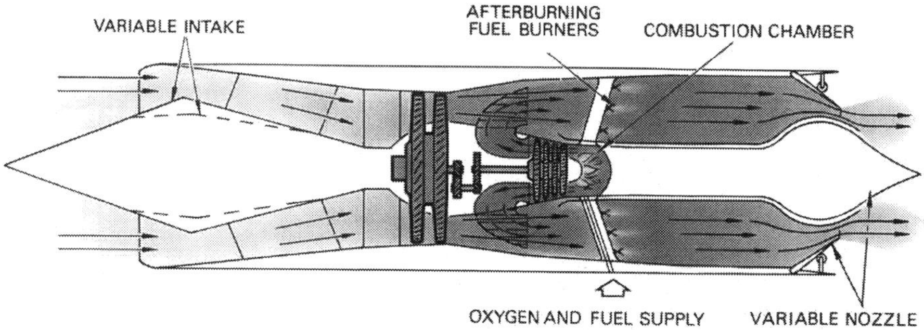

【그림1-18】 터보 로켓엔진의 작동원리

진은 대기권에서 고고도 고속 성능이 필요한 항공기 유형에 적합하다. 이 엔진은 다단(multi-stage) 터빈으로 구동되는 저압 압축기를 갖추고 있고, 터빈을 구동시키는 동력은 로켓형 연소실에서 케로신(kerosene)과 액체연료(liquid fuel)를 연소시켜 얻는다. 연소된 배기가스 온도가 대략 3,500℃ 정도가 되기 때문에 이들 가스가 터빈에 유입되기 전에 연소실 내부에 여분의 연료를 분사하여 냉각시키는 작용을 한다. 농후 혼합비(rich mixture) 가스는 압축기에서 공급된 공기와 희석(dilution)되면서 초과 연료는 전형적인 재연소장치에서 연소한다. 이들 엔진은 터보-램제트 엔진보다 소형이고 경량이면서 높은 가속력과 단시간 운용이 필요한 요격기(interceptor) 또는 우주-발사체 항공기(space-launcher aircraft) 등에 적합하다.

6. 제트엔진 개발의 실질적 문제점

어느 한 제트엔진이 개발되어 제품의 신뢰성을 얻을 때까지는 적지 않은 비용과 오랜 기간이 소요된다. 항공기를 운용하는데 수많은 요소가 고려되겠지만 가장 우선시되는 것이 신뢰성이다. 최신의 엔진이라 할지라도 안전이 확실하게 보장되지 않았다면 운용자는 신형 엔진보다 연료 소모를 포함한 높은 운용비용을 감수하더라도 위험성이 낮고 신뢰성이 보장된 엔진을 선택하게 될 것이다. 이 같은 복합적 이유로 완전히 새로운 종류의 제트엔진이 개

【그림1-19】 첫 성공적 고바이패스비 터보팬 엔진, General Electric CF6, Lockheed C-5A Galaxy transport

발되는 경우는 드물다. 예를 들어 [그림1-19]와 같은 General Electric CF6 엔진은 DC10 항공기를 위해서 설계 및 제작되었지만, B-747과 B-767 그리고 상당수 Airbus 기종의 동력장치로 사용되고 있다. 또한, Rolls Royce RB211 엔진은 Lockheed L1011 항공기의 동력장치로 설계 및 제작되었지만, B-747, B-757 그리고 B-767 항공기의 동력장치로 사용되고 있다. 이외에도 최신 개량된 엔진으로 Trent 엔진은 B-777, Airbus A330, A340 그리고 A380 항공기 등에 공동으로 탑재되었다.

이들 최신 기종에 탑재된 CF6와 RB211 엔진 모두는 이미 오래전에 개발된 원형 엔진(original model engine)으로부터 상당 부분 개량되었지만 기본 설계 모델은 크게 변함이 없다. CF6 코어엔진의 원형은 군 수송기의 코어엔진(core engine)을 개량한 것이고, Boeing 737 후속 개량 기종에 사용된 CFM56 엔진은 초음속 B-1 폭격기의 동력장치로 개발된 엔진으로부터 발달하였다. 이처럼 60년대 개발되어 오랜 운용을 통해서 신뢰성을 얻은 엔진이 현재까지도 개량된 유형으로 생산되고 있다는 점은 의미하는 바가 크다.

제트엔진 개발을 더욱 어렵게 하는 요소는 새로운 엔진을 개발하는 데 걸리는 기간보다 새로운 항공기를 설계, 시험 그리고 제작하는 데 걸리는 기간이 짧게 소요되기 때문에 엔진 개발이 먼저 시작되어야 한다. 엔진 제작자는 기체 제작자에게 엔진 제원(engine specification)을 제공하여야 할 것이고, 엔진 제원에 맞게 완성하는 것은 기체 제작자에게 달려있다. 따라서 항공기가 완성된 후 항공기가 필요로 하는 정확한 엔진 크기가 결정될 수 있다. 그러나 항공기가 설계되고 제작되는 과정에서 최초의 설계 요구조건보다 통상 더 무거워지는 경향이 있고 설계 변경에 적합한 추력을 생산할 수 있는 엔진 역시 무게가 증가함으로써 경쟁력을 상실할 수도 있다.

【그림1-20】 Pratt & Whitney F100 afterburning turbofan engine cutaway

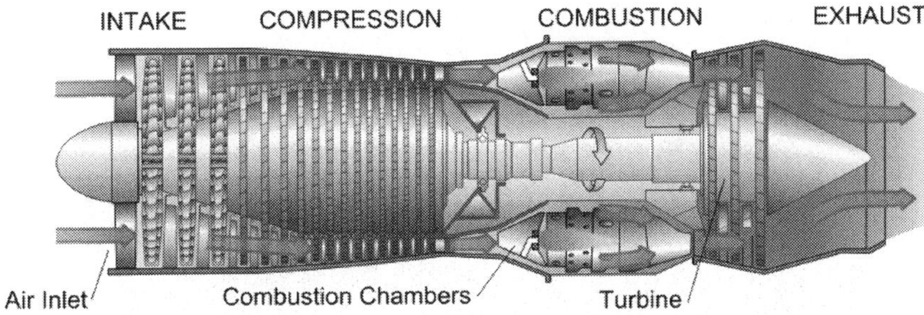

【그림1-21】 이 가스터빈엔진은 한 세트의 압축기-터빈으로 구성된 1축 엔진이고, 모든 가스터빈엔진의 기본은 터보제트이다.

1.5 가스터빈엔진 분류와 추진효율

1. 가스터빈엔진의 분류

현대의 고성능 민간 및 전투 항공기 엔진의 기본은 터보제트 엔진이다. 제트 엔진의 발전과정에서 알 수 있듯이 초창기 제트엔진은 신뢰성(reliability)에 상당한 의심을 받을 정도였지만 현대의 제트엔진은 작동 사이클이 20,000 시간을 웃돌 정도로 높은 신뢰성뿐만 아니라 높은 아음속과 초음속에서 제트 엔진의 우수성에 대해서는 이론의 여지가 없다. 기본 터보제트 엔진으로부터 항공기 유형(민간 혹은 군용) 그리고 임무에 따라 다양한 형태로 개량되었다. 일부 유형의 엔진은 아직 실용화되지 못했지만, 현재까지 사용된 제트엔진의 종류는 다음과 같다.

① 1축 터보제트 엔진(기본엔진/재연소기)
② 2축 터보제트 엔진(재연소기)
③ 2축 저바이패스비 터보팬 엔진
④ 2축 저바이패스비 터보팬 엔진(재연소기)

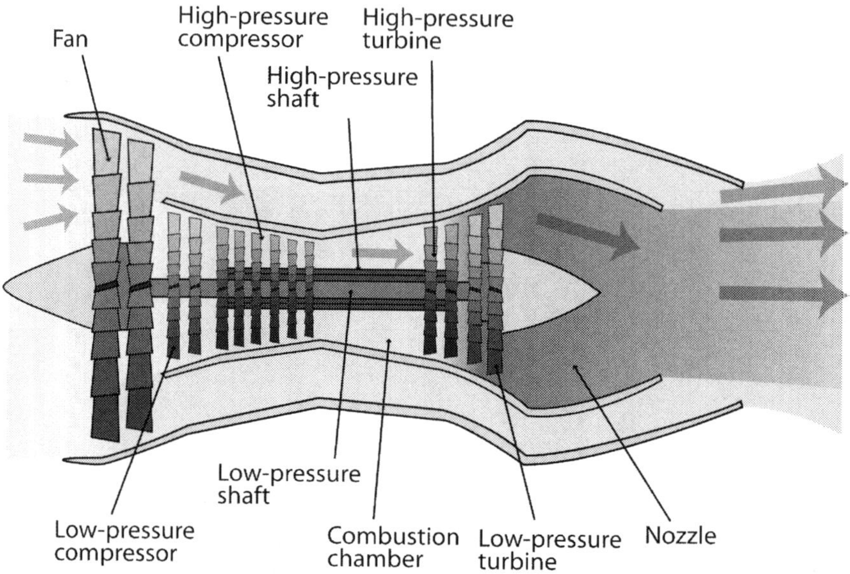

【그림1-22】 이 가스터빈엔진은 3축 고성능 엔진으로 고바이패스비 엔진이라고도 한다. 고바이패스비 터보팬 엔진이라 할지라도 코어엔진은 터보제트 엔진으로부터 팬을 작동시키기 위한 동력을 생산한다. 대부분의 민간 운송용 항공기 엔진은 고바이패스비 터보팬 엔진이다. 또한, 최신 전투 항공기 엔진 역시 저바이패스비 터보팬 엔진을 탑재하고 있다. 그러나 기본적으로 코어엔진으로부터 모든 동력을 생산하여야 하므로 코어엔진의 성능을 향상하는 것이 전체 엔진의 성능을 높이는 것이다.

⑤ 3축 고바이패스비 터보팬 엔진

⑥ 기어팬 터보팬 엔진

⑦ 후방팬 엔진(프롭팬 엔진)

⑧ 터보프롭 엔진

⑨ 터보축 엔진

이들 모든 엔진이 성공적으로 실용화되지는 못했다. 순수 터보제트 엔진으로부터 압축 성능을 높이기 위해 다축(multi-shaft or multi-spool) 개념이 적용되기 시작했다. 다축 엔진은 1축 엔진보다 전체 속도영역에서 서로 다른 속도에서 회전하기 때문에 더 높은 압축 성능과 함께 비설계점(off-design point)에서 작동 융통성을 제공한다. 기본 터보제트 엔진의 추력을 크게 증대시킬 수 있는 장치가 재연소기이다. 1축 터보제트 엔진에 재연소기(afterburner) 기능이 추가됨으로써 이륙이나 상승 혹은 높은 기동성(maneuverability)이 필요한 비행 조건에서 월등한 성능을 얻을 수 있다.

다축 엔진 그리고 동시에 바이패스 원리(bypass principle)가 적용되기 시작하면서 제트엔진 성능은 한 단계 업그레이드되는 계기가 되었다. 바이패스 원리가 적용된 엔진이 터보팬 엔진이다. 바이패스비(bypass ratio)에 따라 저바이패스비 그리고 고바이패스비 엔진으로 구분하기도 한다. 프롭팬엔진(profan engine)은 터보팬 엔진의 변형된 유형으로 엔진 후방에 대형팬을 장착하여 팬의 회전으로 추력을 얻는 방식이지만 아직 실용화되지는 못했다.

터보프롭 엔진(turboprop engine)은 프로펠러와 제트엔진의 조화라고 볼 수 있다. 항공기의 대부분 추력은 프로펠러에서 얻고 일부만이 배기 제트(exhaust jet)로부터 얻는다. 이에 비해 터보축 엔진(turboshaft engine)에서는 로터 블레이드(rotor blade)를 회전시키는데 필요한 동력을 회전축으로 발생시키기 때문에 항공기 추력 면으로 구분한다면 제트추진의 요소는 거의 없으나 축 마력(shaft horse power)을 생산하기 위한 코어엔진의 기본이 제트엔진이기 때문에 제트엔진으로 분류한다. 현재 그리고 미래 고성능 항공기 엔진으로 기본 터보제트 엔진과 터보팬 엔진의 작동원리 그리고 이들 엔진의 성능 향상에 대해서 집중적으로 다루게 될 것이다.

2. 가스터빈엔진의 추진효율

현대의 운송용 항공기 엔진은 2축 또는 3축 엔진이다. 이들 다축 엔진은 서로 다른 회전속도에서 작동할 수 있어 엔진 시동(starting)과 같은 비설계 조건에서 특히 우수한 성능을 갖는다. 최초의 초음속 민간 운송용 콩코드

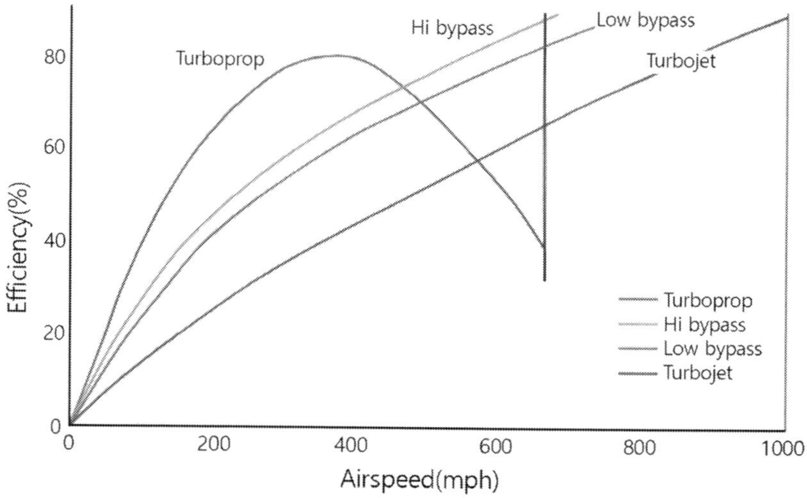

【그림1-23】 가스터빈엔진 유형에 따른 비행속도 대비 추진효율의 관계를 보여주고 있다. 순수 터보제트 엔진은 높은 속도에서 단연 우수한 성능을 발휘하고 터보프롭 엔진이 가장 낮다. 이들 엔진 사이의 중간 속도영역에서는 바이패스 터보팬 엔진이 효율이 높다. 고바이패스비 터보팬 엔진은 민간 운송용 항공기 엔진에 적합하고 저바이패스비 터보팬 엔진은 전투 항공기 엔진에 적합하다.

(Concorde)는 Roll-Royce Olympus 593엔진을 탑재하였다. 이 엔진은 전형적인 2축 엔진이다. LP(저압) 압축기와 LP(저압) 터빈이 한 축에 장착되어 LP 스풀(spool)을 구성하고, LP 축은 HP 축과 동심 축의 내부를 통과한다. 다축 엔진의 개발로 비행속도는 매우 빨라졌지만 양호한 추진효율(propulsive efficiency)을 달성하기 위해서는 제트속도(jet velocity)가 너무 높다. 아음속 비행 특히 민간 운송용 항공기 엔진의 추진효율을 향상하기 위해서 개발된 것이 바이패스 엔진(bypass engine)이고 이를 터보팬 엔진(turbofan engine)이라 한다. 그러나 터보프롭 엔진에는 너무 빠르고 터보제트 엔진에는 너무 낮은 속도영역이기 때문에 이들 두 엔진 사이의 속도영역의 갭(gap)을 해결할 수 있는 것이 터보팬 엔진이다. [그림1-23]은 엔진 종류에 따른 추진효율을 비교한 것이다.

1.6 속도영역의 분류

✈ 대부분의 프로펠러 항공기들은 공기역학적 한계 때문에 음속을 초과하지 못한다. 실제 비행기의 발명에서부터 제트엔진 이전까지 모든 항공기는 음속 이하의 아음속(subsonic)으로만 분류되었지만, 현대 고성능 제트엔진 항공기들과 우주왕복선 등은 M=25의 속도영역까지 확대되었다. 이러한 점에서 항공기를 포함한 우주 비행체들의 속도영역을 명확하게 분류할 필요가 있다.

(1) 낮은 아음속

항공기의 비행속도가 약 400km/h(250mph) 이하이고 음속(M=1.0)보다는 훨씬 낮은 속도이다. 낮은 아음속(low subsonic)에서는 압축성 효과(compressibility effect)가 무시되고 공기밀도(density)의 변화가 발생하지 않는다. 이 속도영역에서 제트엔진은 효율성이 너무 낮아 적합하지 않다. 왕복엔진의 프로펠러 항공기들로 구성된 일반항공(general aviation)과 커뮤터 항공기(commuter)들의 주요 활동 영역이다.

(2) 높은 아음속

음속(speed of sound)에 근접한 속도이고 높은 아음속(high subsonic) 또는 천음속(transonic)이라 한다. 대략 400km/h(250mph) 이상 1,223km/h(760mph) 이하의 속도이고 마하수는 $M \cong 1.0$이다. 이 속도영역에서는 항공기의 비행속도가 마하수 1.0 이하에서 비행하고 있을지라도 항공기의 어느 부분에서(특히 굴곡진 표면) 국지적으로 음속을 초과할 수 있다. 압축성 효과에 직면할 수 있고 공기밀도는 충격파(shock waves), 팽창 그리고 흐름 초킹(flow choking)으로 인해서 변할 수 있다. 이 속도영역은 터보프롭과 터보팬 엔진을 탑재한 민간 운송용 및 대형 군 수송기들의 주요 활동 영역이다.

【그림1-24】 이 속도영역에서 공기 성질들을 변화시킬 수 있는 압축성 효과는 무시된다. 그러나 동일 아음속 영역이라 할지라도 대부분의 대형 에어라인 항공기와 군 수송기들은 압축성 효과를 고려해야 한다. 비록 항공기의 비행속도가 높은 아음속 영역이기는 하지만 국지적으로 음속에 도달할 수 있기 때문이다.

(3) 낮은 초음속

음속 이상의 속도를 초음속(supersonic)이라 한다. 낮은 초음속(low supersonic)은 1,223km/h(760mph) 이상 2,414km/h(1,500mph)이고, 마하수로는 $1 < M < 3$이다. 압축성 효과에 직면할 수 있고 공기밀도는 충격파, 팽창 그리고 흐름 초킹(flow choking)으로 인해서 변한다. 대부분 전투기 속도는 이 영역에 속한다. 민간 운송용 항공기로서 콩코드와 TU-144 기종이 있었다.

(4) 높은 초음속

높은 초음속(high supersonic)은 2,4141km/h(1,500mph) 이상 4,023km/h(2,500mph) 이하의 속도영역이고 마하수는 $3 < M < 5$이다. 이 속도영역에서는 특히 고온의 열에 견딜 수 있는 특수 재료들로 제작되어야 한다. 높은 온도 외에도 압축성 효과에 직면할 수 있고 공기밀도는 충격파 그리고 팽창으로 인해서 변할 수 있다. 항공기의 양력과 항력은 속도의 제곱에 달려있으므로 이들 항공기는 순항비행 중 큰 날개면적(wing area)이 필요하지 않다. 비행 마하수 2.5 이상에서는 공기역학적 열 때문에 알루미늄 재료를 사용할 수 없다. 이 속도영역의 유인 항공기로는 SR-71 항공기가 있다.

【그림1-25】 제트엔진을 장착한 항공기의 속도 한계는 M=2.5이다. 그 이상의 속도에서는 램 효과 그리고 공기역학적 열이 너무 높아 성능은 급격히 떨어진다. 그러나 왼쪽의 SR-71 고공정찰기의 최대속도는 M=3.2를 기록하였지만, 이 속도는 순수한 제트엔진이라기보다는 램제트 엔진과 조합으로 달성하였다.

SR-71 항공기에는 경량이면서 우수한 고온 특성을 갖는 티타늄(titanium)이 사용되었다. 특히 열이 발생할 때 금속의 팽창을 허용할 수 있도록 독특한 슬립 조인트(slip joint) 방식으로 제작되었다.

(5) 낮은 극초음속

비행체의 속도가 3,000mph 이상 6,000mph 이하 그리고 마하수로 $5 < M < 10$ 이상을 낮은 극초음속(low hypersonic)으로 분류한다. 극초음속 공기역학의 주요 특성은 흐름의 온도가 너무 높아 공기와 같은 이원자 분자들의 화학작용을 반드시 고려해야 한다. 낮은 극초음속에서 분자 결합에 진동이 발생하면서 항공기 표면에서 공기로 인해 발생한 힘들의 크기를 변화시킨다. 이 속도영역은 일반 제트엔진의 성능을 크게 뛰어넘기 때문에 스크램제트 또는 로켓 비행체만이 가능하다. 유일한 유인 항공기로는 X-15 그리고 우주왕복선의 재진입 중에 도달하는 속도이다. X-15 항공기는 마하 6.0 속도를 유지하기 위해서 로켓추진 장치를 사용하였다. 최근의 무인 X-43A 항공기는 스크램제트 엔진을 탑재하고 마하수 7.0과 마하수 10.0 속도에 도달하는 데 성공하였다. 흡입구의 터미널 충격파(terminal shock waves)와

【그림1-26】 1969년 첫 비행에 성공한 후 1976년부터 취항하여 2003년 11월 퇴역할 때까지 27년간 운항한 초음속 운송용 항공기이다. 콩코드는 4기의 터보제트(재연소기) 엔진을 탑재하였다. 최대속도는 M=2.04이고 순항속도는 M=2.02이다.

관련된 압력손실 때문에 램제트 엔진은 마하수 5 이상의 속도에서는 매우 제한된 성능을 갖는다. 마하수 5.0 이상에서는 공기의 마찰열(frictional heating) 때문에 특수 니켈 합금 재료를 사용해야 한다. 일부 극초음속 항공기에서는 표면에 연료를 순환시켜 열을 흡수할 수 있도록 특수 냉각장치를 갖추고 있다.

(6) 높은 극초음속

높은 극초음속(high hypersonic)의 속도영역은 대략 17,500mph 이상이고 마하수는 $10 < M < 25$이다. 우주왕복선(space shuttle)이 지구로 귀환하는 과정에서 대기권으로의 재진입(reentry) 속도가 이 영역에 속한다. 대기권으로 재진입할 때 비행체 주변 공기흐름의 온도가 너무 높아 공기의 이원자분자들의 화학적 결합(chemical bond)이 붕괴된다. 분자들은 붕괴하면서 항공기 주변에 전기적으로 충전된 플라스마(charged plasma)를 형성한다. 우주선(spacecraft)과 우주왕복선의 재진입 상공의 공기밀도는 아주 희박하다. 이 조건에서 우주왕복선의 더욱 낮은 표면에 더욱 강력한 충격

【그림1-27】 우주선 또는 우주왕복선의 동체 바닥은 평평하게 설계되었고 날개와 하나가 되어 날개-동체 개념이 적용된 설계이다. 이 속도영역에서는 공기역학적 열이 해결하기 위한 재료 공학과 아울러 첨단 냉각 기술들이 요구된다.

파들이 발생한다. 재진입 중 공기역학적 마찰열(aerodynamic frictional heating)이 지극히 높아 우주선을 온전하게 보호하기 위해서는 특수 제작된 열 보호 장치가 사용되어야 한다. 우주왕복선에서는 표면을 보호하기 위해서 알루미늄 표면 위에 특수 실리콘 타일(special silicon tiles)을 입혔다. 날개의 앞전(leading edge)은 탄소-탄소 복합 재료(carbon-carbon composite materials)를 사용하여 열로부터 보호한다.

이 속도영역의 높은 힘들과 높은 열로 인해서 우주왕복선의 날개는 길이가 짧고 둔탁하다. 우주왕복선은 재진입 중 높은 받음각으로 비행함으로써 항력을 유발해 속도를 감소시키거나 S-자형 모양으로 기동하면서 속도를 감소시키기도 한다. 러시아의 Soyuz, 중국의 Shenzhou 그리고 초기 Apollo 등의 우주선은 우주왕복선과 달리 융제 열 차단제/보호물(ablative heat shield)을 사용한다. 융제 열 차단제는 특수 세라믹 재료(special ceramic materials)로 제작되고 선수충격파(bow shock waves)들의 고온 플라스마

흐름 후방에 직면했을 때 서서히 연소할 수 있도록 설계되어 있다. 고체 상태의 특수 세라믹 표면들이 연소하면서 액체로 그리고 기체로 변하면서 발생하는 대류(convection) 현상이 우주선으로부터 열을 빼앗아 우주인을 보호한다.

❖ 플라스마

플라스마(Plasma; moldable substance)는 물질의 4개의 기본 상태 중 하나로 1920년대에 화학자 Irving Langmuir에 의해 처음 설명되었다. 물질의 상태는 고체, 액체, 기체로 나눠진다. 플라스마는 흔히 '제4의 물질 상태'라고 한다. 고체에 에너지를 가하면 액체가 되고, 다시 기체로 변한다. 이 기체 상태에 높은 에너지를 가하면 수만°C에서 기체는 전자와 원자핵으로 분리되어 플라스마 상태가 된다. 다시 말해서 기체 분자가 전자와 이온으로 분리된 상태(물질의 제4의 상태)이다. 음전하와 양전하의 수가 거의 같은 밀도로 분포해 전기적으로 거의 중성을 유지하고, 우주 구성 물질의 99% 이상이 플라스마 상태로 구성되어 있다. 주변 환경 온도와 밀도에 따라 부분적으로 이온화되거나 완전히 이온화된 형태의 플라스마가 생성될 수 있다. 네온사인(neon sign)과 번개(lightning)는 부분 이온화(ionized)된 플라스마 사례이다. 지구의 전리층(Earth's ionosphere)은 플라스마이고 자기권(magnetosphere)은 지구를 둘러싸고 있는 우주 환경에 플라스마를 포함한다. 태양의 내부는 태양 코로나(corona)와 별(stars)과 함께 완전히 이온화된 플라스마 사례이다. 플라스마는 점토, 유체 또는 플라스틱 재료 등으로 특정한 모양으로 만드는 것과 같이 플라스마 역시 성형이 가능한 물질(moldable substance)로 알려져 있다.

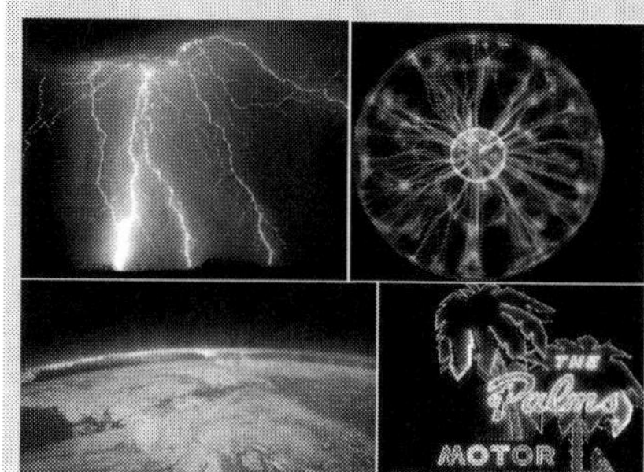

2

제트추진 원리

Jet Propulsion

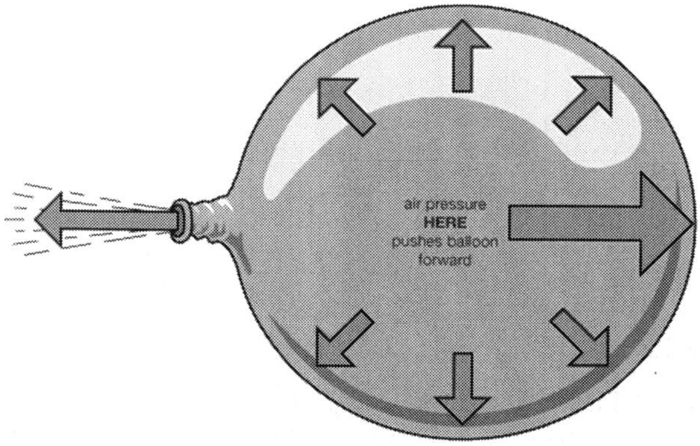
air pressure
HERE
pushes balloon
forward

제트추진 원리

2.1 개요

✈ 가스터빈엔진이 어떻게 작동되는지를 이해하기 위해서는 제트추진 원리와 관계있는 주요 물리법칙과 기체(공기) 성질(properties)의 이해는 필수이다. 비록 가스터빈엔진의 기본원리는 간단해 보일지라도 실제 동력장치로 실현하는데 많은 구성품이 독립적으로 혹은 상호 밀접하게 연관되어 작동되어야 최대 효율을 달성할 수 있다. 여기서는 복합한 공학적 분석보다 기본원리의 물리적 현상 등에 대해서 다룬다. 대부분의 물리적 원리들이 이미 잘 알

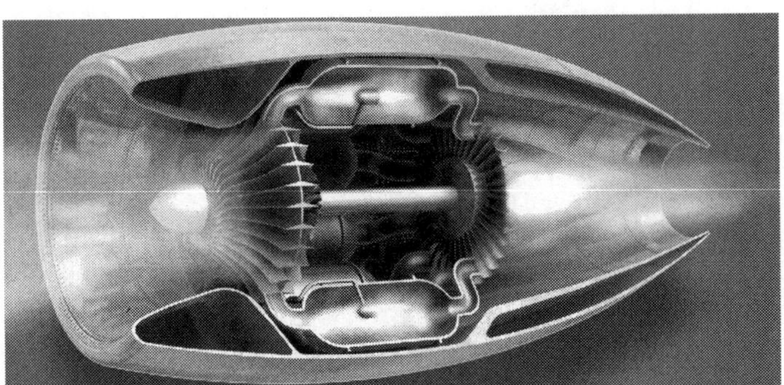

【그림2-1】 제트추진의 기본은 배기가스의 생산과 분출이다.

려진 것들이지만 제트추진 장치와 관련해서 간단하게 소개한다. 가스터빈엔진의 원리를 이해하고 성능개량을 위해서는 초음속 공기역학, 열역학, 물리 법칙 그리고 다양한 형태의 관(노즐)의 특성에 대한 기본 지식은 앞으로 다루게 될 가스터빈엔진의 기초 지식을 제공하게 될 것이다.

2.2 주요 물리법칙

1. 동력과 일

물리적으로 동력(power)은 일정 거리(distance)만큼 힘(force)이 행한 일(work)의 비율이다. 그러나 일정 힘이 적용되었다 할지라도 물체의 이동 거리가 없었다면 일(work)은 행하지 않는 것이라 볼 수 있다. 따라서 어느 물체에 일이 행해졌다고 한다면 물체는 일정 거리만큼 이동되어야 한다. 따라서 일률은 힘과 거리의 곱으로 나타낼 수 있다. 수평직선비행하는 항공기의 경우 추력(thrust)을 힘으로 볼 수 있고, 일정한 경과시간 동안 일정 거리를 이동했다면 이 시간 동안 항공기가 행한 일률(W)은 추력 힘(F)과 비행거리(d)를 곱한 값으로 다음과 같이 나타낼 수 있다.

$$W = F \cdot d$$

이 일(work)을 수행하기 위해서 엔진이 소비한 평균 동력(P)은 일을 시간(t)으로 나눈 값으로 다음과 같이 나타낼 수 있다.

$$P = \frac{W}{t} \quad \text{또는} \quad P = \frac{F \cdot d}{t}$$

동력(power) 단위는 미터법(metric system)에서 와트(watt)를 사용하고 초당

1주울($watt = joule/\sec$)과 같다. 영미 단위계에서는 마력(horse power; hp)을 사용하고 초당 550-푸트-파운드(마력; $hp = 550 foot - pound/\sec$)와 같다.

열역학(thermodynamic)은 시스템의 에너지와 일을 다루는 물리학의 한 분류이다. 열역학은 오직 실험적으로 관찰하고 측정할 수 있는 시스템의 매크로 스케일(macro scale) 반응만을 다룬다. 공기역학 분야에서 열역학은 제트추진 장치 그리고 고속 흐름의 행태와 깊은 관련이 있다. 특히 열역학 제1법칙은 열, 에너지 그리고 일의 상관관계를 다루고 있다. 힘은 크기와 방향을 갖는 벡터양이다. 항공기에서 힘(force)은 비행경로를 따라서 변하기 때문에 힘은 비행경로를 따라서 적분한 값이다.

일(work)은 변위(displacement)의 방향에서 힘의 분력을 적분한 값과 같다. 결론적으로 일은 오로지 비행경로 선상의 힘의 분력(component)에 의해서만 수행된다. 예를 들어 순항 비행하는 항공기에서 양력은 비행경로에 수직으로 작용하는 힘이다. 따라서 양력은 항공기의 변위에 어떠한 일을 행했다고 할 수 없다. 또 다른 유사한 사례는 활주로에 정지한 항공기가 최대 스로틀을 적용했다 할지라도 엔진은 어떠한 일을 행하지 않았다. 그 이유는 항공기의 변위 거리(displacement distance)가 “0”이기 때문이다. 가스터빈엔진의 작동 유체인 기체(gas)의 경우는 일부 압력에서 기체의 부피가 변했을 때 일(work)을 행했다고 할 수 있다. 왜냐하면, 압력은 단위 면적 당 힘을 나타내고 부피는 표면 면적 그리고 운동 거리와 관련이 있다고 볼 수 있기 때문이다. 따라서 기체(gas)가 일을 행하기 위해서는 부피가 변해야 한다는 점에 유의해야 한다.

2. 뉴턴의 운동법칙

뉴턴은 물체의 운동(motion)에 관해서 다음과 같은 법칙들이 적용된다는 것을 서술하였다.

① 제1법칙 관성의 법칙
② 제2법칙 가속도의 법칙
③ 제3법칙 작용과 반작용의 법칙

제트추진 원리는 자연 공기흐름이 엔진을 통과하면서 높은 운동에너지로 전환된 배기가스 분출의 반동(reaction)으로 추력을 얻는 전형적인 작용과 반작용의 법칙이라고 할 수 있다. 엔진 내부에서 진행되는 과정을 분석했을 때도 역시 다양한 형태의 작용과 반작용(action and reaction) 법칙이 작용하고 있다. 예를 들어 압축기 또는 터빈에는 축을 회전시키기 위한 회전 및 고정 블레이드(blades)들이 장착되어 있다. 이들 블레이드에 압축공기 또는 고온 가스를 송풍시켰을 때 그 반작용으로 회전체의 회전력을 얻을 수 있는 것도 전형적인 작용과 반작용 법칙이 적용된 사례이다.

또 다른 제트엔진의 핵심은 유입되는 공기의 양은 엔진을 통과하면서 생성되거나 소멸되지도 않는다. 엔진 또는 항공기를 추진시키기 위해서는 유입되는 공기흐름 속도보다 배출되는 가스 흐름의 속도가 빨라야 하고 그 차이가 클수록 더 높은 순 추력(net thrust)이 생산될 수 있다. 물론 엔진 내부의 열역학 과정을 통한 가스의 급팽창이 높은 추력을 얻는 원동력이 되겠지만 이외에도 배기 노즐(exhaust nozzle)은 가스 흐름을 최대로 가속할 수 있도록 설계하는 것 역시 매우 중요한 요소이다. 이처럼 뉴턴의 운동법칙은 가스터빈엔진의 주요 구성품들의 성능과 밀접한 관계가 있다.

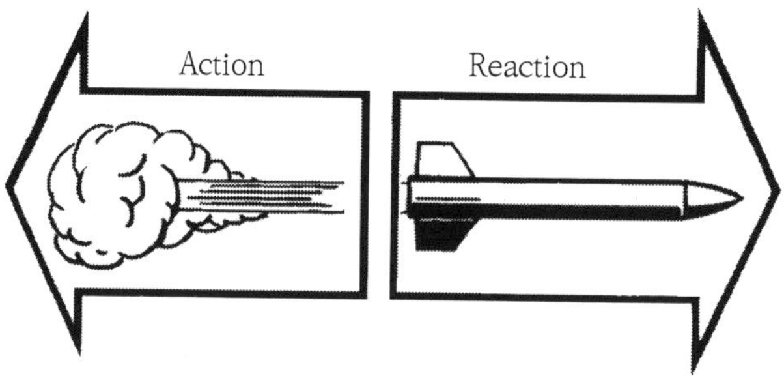

【그림2-2】 작용과 반작용

3. 베르누이 정리

제트엔진의 작동 유체(working fluid)는 공기이다. 이것은 공기의 성질(property)에 따라 가스터빈엔진의 성능(performance)이 크게 달라질 수 있음을 의미한다. 제트엔진을 덕트 엔진(ducted engine)이라고 정의한 것과 같이 관 내부에 흐르는 공기흐름의 속도와 밀도 그리고 압력의 관계를 정확하게 정의할 필요가 있다. 베르누이 정리에 의하면 이상유체(ideal fluid)의 유선흐름(streamlined flow)에서 "위치에너지+운동에너지+압력에너지=일정"하다고 정의하였다. 제트엔진에서 공기흐름은 입구에서 출구까지 동일 선상에서 진행된다는 점을 고려한다면 위치에너지는 어떤 중요한 효과가 없다. 따라서 운동에너지와 압력에너지의 합은 일정하다고 정의할 수 있다.

운동에너지+압력에너지=일정

제트엔진이 최대 추력을 얻기 위해서는 운동(속도)에너지가 최대가 될 때이고 이 과정에서 필연적으로 압력에너지의 감소가 동반해야 한다. 이를 벤투리관에 적용했을 때 단면적이 넓은 곳에서 유체흐름의 속도는 느리고 압력은 높아지지만, 단면적이 좁은 곳에서 유체흐름의 속도는 빨라지고 압력은 낮아지는 변화가 발생한다. 그러나 이것은 벤투리관에 유입되는 공기흐름은 아음속(subsonic)이고 입구와 출구(inlet and outlet)를 통과하는 동안 압력 변화는 무시할 정도이기 때문에 베르누이 정리는 관의 스로트(throat; 최소단면적) 속도가 M=1.0 또는 약간 낮은 속도까지만 적용된다.

제트엔진의 특성상 높은 아음속 또는 초음속 영역에서의 공기흐름을 고려해야 하므로 아음속에서의 행태와 다르게 나타난다. 만약 스로트(throat)에서 공기흐름의 속도가 마하수 1.0에 도달했다면 이 구역에서 수직충격파(normal shock wave)가 발생한다. 수직충격파는 공기흐름 방향에 수직으로 발달하면서 이 구역에서 급격한 공기밀도의 증가와 함께 압력이 급격히

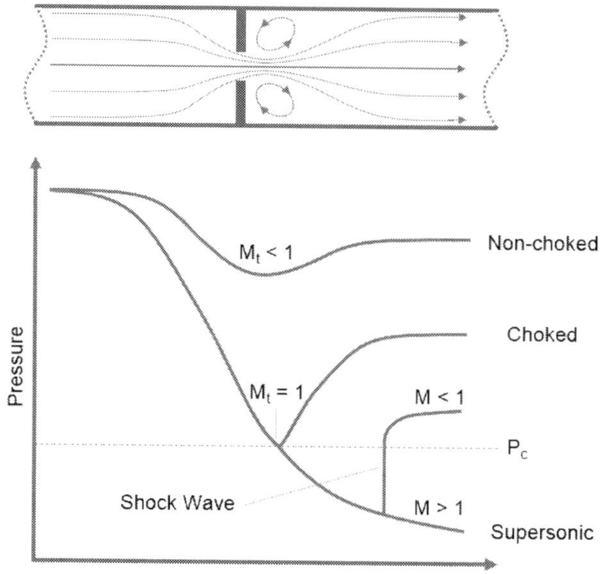

【그림2-3】 쵸크 흐름에서 관찰할 수 있는 흐름의 행태

증가하면서 일명 초크 흐름(chocked flow) 현상이 발생한다. 이때 공기흐름의 속도에는 필연적으로 변화가 발생한다. 스로트에서 흐름 속도가 충격파들로 인해서 방해받을 때 하류 팽창부(expanding section)에서 흐름은 급격한 압력과 속도의 변화로 인하여 예측 불가능한 난기류 흐름(turbulent flow)이 발생한다. 어느 형태의 난기류 흐름이라도 엔진 성능을 떨어뜨리는 요인이기 때문에 이를 최소화하거나 제거되어야 한다.

제트엔진 항공기는 높은 아음속 또는 초음속에서 급격한 압력 상승을 방지하고 지속해서 가속해야 하는 것은 필수요건이다. 만약 벤투리관에 유입된 아음속 흐름이 스로트에서 음속(speed of sound)에 도달할 수 있는 높은 압력 차를 유지한다면 스로트 하류의 팽창부에서 공기흐름의 속도는 계속 가속되고 압력 감소를 유추할 수 있다.

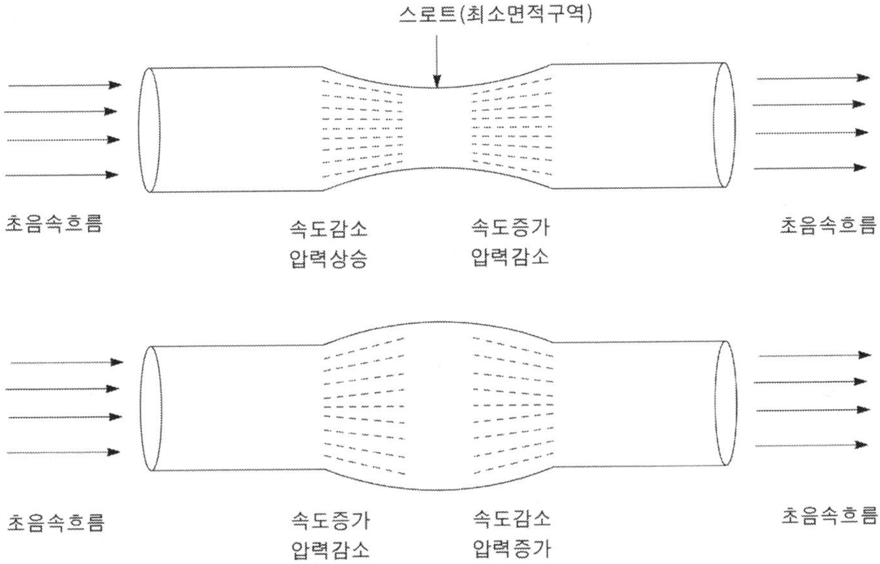

【그림2-4】 초음속 흐름 행태는 아음속 흐름의 행태와 반대로 나타난다.

대부분의 초음속 항공기의 배기 노즐이나 로켓엔진의 노즐과 같이 수축-확산 덕트(convergent - divergent duct; CD duct)에서 나타나는 흐름이 이미 초음속(supersonic)이라면 벤투리 효과는 반대로 나타난다. [그림2-3, 4]와 같이 흐름이 스로트(throat)에 다가오면서 흐름 속도는 감소하고 압력은 증가한다. 스로트를 지난 후 속도는 다시 증가하고 압력은 떨어지면서 제트엔진에서 요구하는 최대의 운동에너지를 얻게 될 것이다.

4. 보일-샤를의 법칙

(1) 보일의 법칙(Boyles's law)

기체는 온도(temperature), 압력(pressure), 질량(mass) 그리고 부피(volume) 등과 같은 다양한 성질들을 갖고 물리적으로 측정하고 관찰할 수 있다. 이 성질들은 주변의 변화에 민감한 가변 특성이 있고 상호 밀접한 관계를 형성하고 있다. 이 성질들이 기체 상태(state of gas)를 결정한다. 1960년대 중반 "Robert Boyle"은 일정한 온도 조건에서 용기 속에 들어있는 기체의 압력과 부피(pressure and volume)의 상관관계를 다음과 같이 정의하였다. 이상기체(ideal gas)에서 압력(p)과 부피(v)의 결과는 항상 일정(constant)하다.

$$pv = constant$$

실제 터빈엔진 압축부의 설계에서 압력과 부피의 관계가 어떻게 적용되고 있는지를 확인할 수 있다. 압축기의 앞부분은 단면적(부피)이 비교적 크지만, 압력 증가는 그리 높지 않다. 그러나 뒤쪽으로 갈수록 압력이 크게 높아지면서 단면적(부피)이 매우 감소했음을 알 수 있다. 따라서 압축기의 설계에서 앞부분 면적은 넓게 그리고 점차 뒤쪽으로 갈수록 면적이 좁아지도록 설계되어 있다. 이 사례에서 알 수 있듯이 "기체의 압력과 부피는 서로 반비례 관계"에 있음을 알 수 있다. 이를 정리하면 부피가 증가하면 압력은 감소하고 반대로 부피가 감소하면 압력은 증가하게 될 것이다.

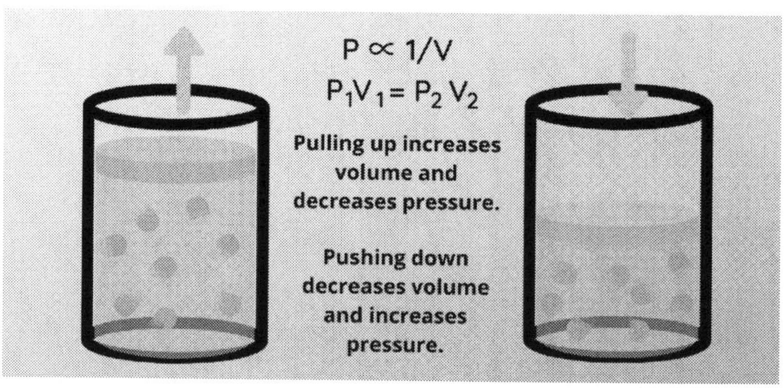

【그림2-5】 보일의 법칙, 질량과 온도가 일정한 조건에서 압력과 부피는 서로 반비례한다. 압력이 증가하면 부피는 작아지고, 부피가 증가하면 압력은 낮아진다.

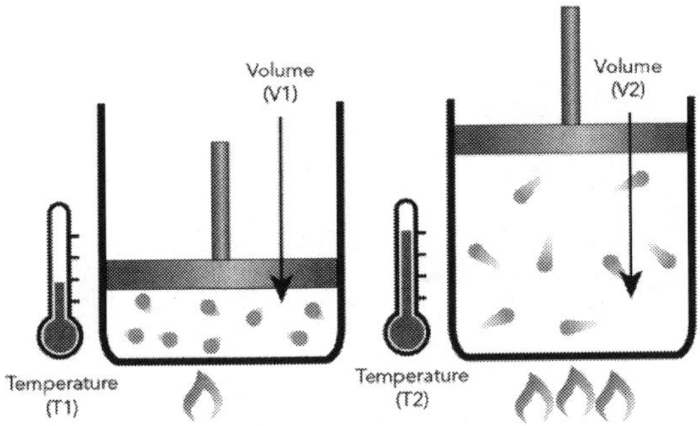

【그림2-6】 게이-루삭의 법칙, 기체의 부피는 온도에 비례한다.

(2) 샤를과 게이-루삭의 법칙(Charles and Gay-Lussac's law)

기체의 성질을 잘 보여주는 또 다른 이론은 프랑스의 과학자 "Charles"이 최초로 제기하였고 후에 "Gay-Lussac"이 이를 입증하였다. 보일의 법칙과 달리 일정한 압력 조건에서 기체 온도와 부피(temperature and volume)의 상관관계를 정의하였다. "기체의 부피(v)는 온도(T)에 비례"한다. 온도가 높을수록 기체의 부피는 크게 높아진다. 이를 다음과 같은 관계식으로 나타낼 수 있다.

$$v = RT\ (R;\ \text{기체상수})$$

가스터빈엔진(제트엔진)의 연소과정에서 팽창(expansion)은 기체가 기계적 일(mechanic work)을 수행할 수 있는 에너지를 부여하는 과정이므로 엔진에서 얼마나 큰 기계적 일을 얻을 수 있는가를 결정하는 한 요소가 연소기의 높은 온도이다.

5. 질량보존의 법칙

질량보존의 법칙(conservation of mass)은 제트엔진의 작동원리를 이해

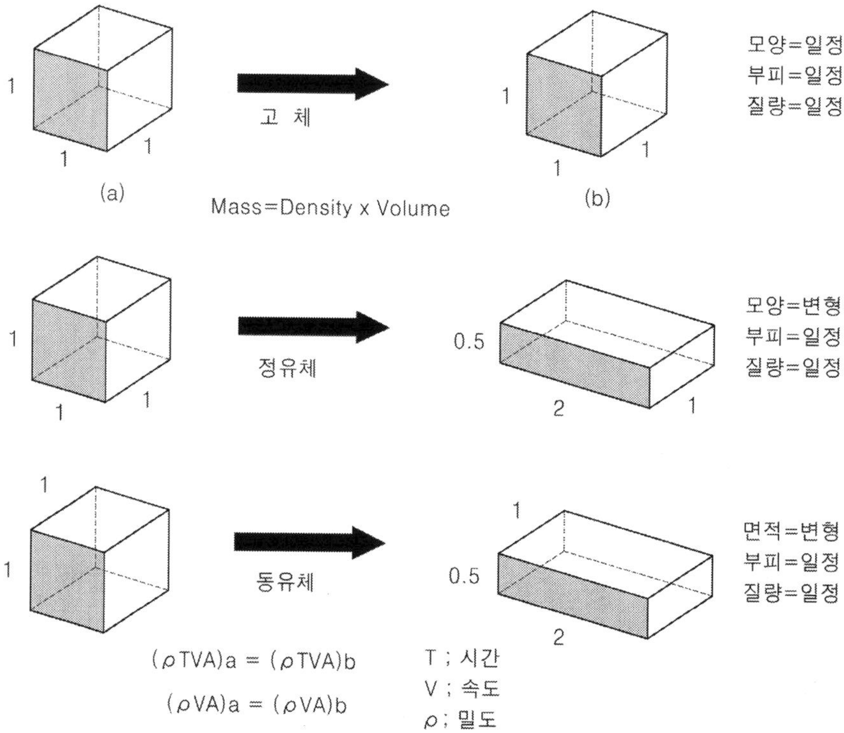

【그림2-7】 물질의 종류와 관계없이 질량은 변함이 없다. 다만 유체의 기체분자들이 자유운동하므로 일정한 모양을 갖지 않는다. 따라서 기체를 채울 수 있는 용기의 모양에 따라 다양한 모양으로 변형이 가능한 특성을 갖는다. 특정 상태의 물질이 비록 모양은 다를지라도 질량은 일정하다.

하고 유체흐름의 행태(behavior)를 예측할 수 있는 중요한 물리법칙 중 하나이다. [그림2-7]은 물질의 모양이 다양하게 변해도 질량은 변함이 없다는 것을 보여주고 있다. 고체에서 분자들의 이동이 거의 없으므로 비록 상태(states)가 변했을지라도 모양(shape), 부피(volume) 그리고 질량(mass)은 변함이 없다. 그러나 유체는 모양은 변할 수 있지만, 부피와 질량은 동일하다. 여기서 질량은 밀도와 부피를 곱한 값이다.

질량(mass)=밀도(density) × 부피(volume)

우리가 필요로 하는 것은 유체 동역학(fluid dynamics)에 관한 것으로 유체가 갖는 기본 성질(부피, 질량, 그리고 밀도)들에 유체의 속도 그리고 시간의 양(amount of time)을 곱해 주어야 한다. 만약 동일 조건에서 서로 다른 두 지점에서 유체의 양(volume)을 비교한다면 시간 변수는 동일하기 때문에 제외할 수 있고 밀도(ρ), 면적(A) 그리고 속도(V)를 곱한 값이 유체의 양 즉 부피(volume)가 된다. 두 지점에서의 질량은 동일하기 때문에 질량보존의 법칙에 따라 다음과 같은 관계식을 얻을 수 있다.

$$\rho A\ V = constant$$

지속상태 유체흐름에서 물질의 연속성(continuity of matter)은 유선 개념을 적용하여 설명할 수 있다. 물질의 연속성에 따르면 유선 관(streamline tube)의 어느 단면적 위치에서나 흐르는 유체의 수량은 같다. 유체는 관 내부에서 생성되지도 소멸하지도 않는다. 예를 들어 배기 노즐과 같은 유선 관의 모양(면적)을 알고 있다면 흐름 특성을 산출하기는 어렵지 않다. 먼저 [그림2-8]과 같이 면적(A_1)에 유체속도(V_1)로 공기가 유입되고 있다고 가정하자. 단면적(A_1)에 유입되는 초당 유체흐름의 수량은 다음과 같은 부피 유동률(volumetric flow rate)을 적용하여 산출할 수 있다.

$$\text{부피 유동률} = V_1\ A_1$$

질량 유동률(mass flow rate; $\dot{m}$)은 부피 유동률에 밀도(ρ)를 곱한 값으로 다음과 같이 나타낼 수 있다.

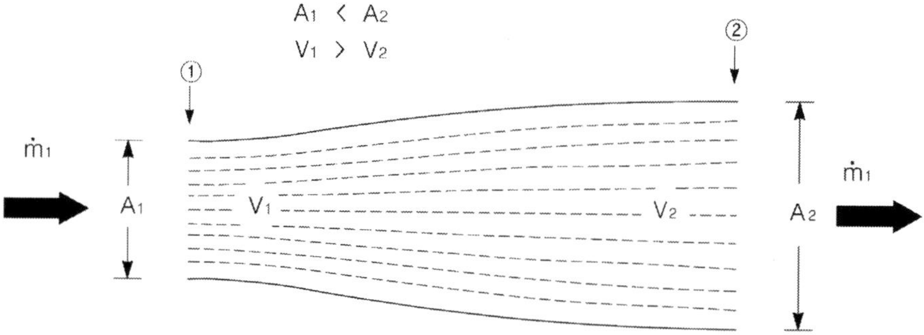

【그림2-8】 2차원 확산 노즐에서 질량이 어떻게 보존되고 있는지를 설명하고 있다. ① 구역과 ② 구역의 면적은 크게 변화되었지만 각 구역을 통과하는 질량 유동률은 같다. 만약 A2의 면적이 A1 면적의 두 배가 되도록 설계되었을 때 A1에서의 기체 속도는 A2 속도의 두 배가 되면서 질량 유동률은 변함이 없다.

$$\dot{m}_1 = \rho_1 \; V_1 \; A_1$$

같은 방법으로 출구에서 질량 유동률은 다음과 같다.

$$\dot{m}_2 = \rho_2 \; V_2 \; A_2$$

질량보존의 법칙에 따라 입구와 출구의 질량 유동률은 일정하다. 만약 밀도가 일정하다면 흐름의 출구 속도(V_2)는 어렵지 않게 산출할 수 있다. 이 관계식은 풍동장치의 설계에 사용된다.

$$V_2 = \frac{\rho_1}{\rho_2} \frac{A_1}{A_2} \; V_1$$

질량 유동률(mass flow rate; $\dot{m}$)은 추진장치가 생산하는 추력의 크기를 결정하는 데 중요한 변수이다. 그러나 흐름이 음속에 가까워지면서 유체의

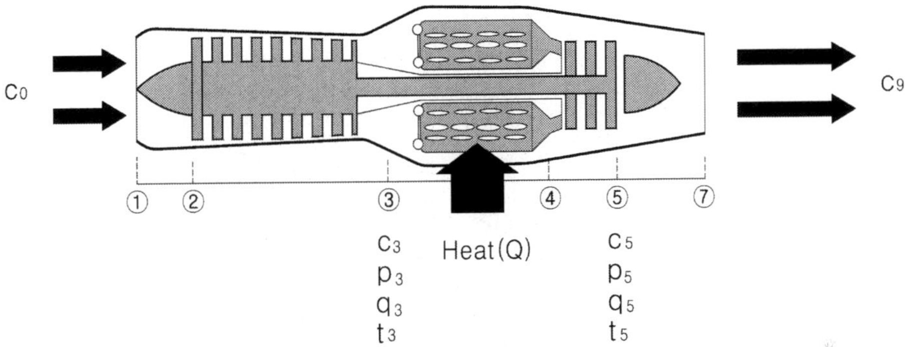

【그림2-9】 연소기 입구(스테이션 3)와 터빈 출구(스테이션 5)에서의 에너지를 분석할 때 연소기에서는 연료/공기 혼합가스의 연소에 의한 열에너지(Q)가 추가되었고, 터빈 입구(스테이션 4)에서는 터빈에 의해서 기계적 일 형태의 에너지가 추출되고 있음이 반영되어야 한다. 그러나 터빈 출구(스테이션 5)에서는 단순히 배기가스가 갖는 에너지만 고려된다.

밀도는 더 이상 일정한 값으로 고려될 수 없고 반드시 압축성 효과(compressibility effect)를 반영해야 한다.

6. 에너지보존의 법칙

에너지보존(conservation of energy)의 법칙은 질량보존의 법칙과 함께 가스터빈엔진의 작동원리를 이해하는데 많이 응용되는 이론 중 하나이다. 제트엔진에서 적용되는 에너지보존의 법칙을 알기 쉽게 설명하기 위해서 [그림 2-9]와 같이 엔진의 연소기 입구(스테이션 3)와 터빈 출구(스테이션 5) 구간을 선정한다. 이 구간에서는 연소기에서 가스에 열량(heat of quantity)이 부가되고 터빈에서는 가스로부터 축동력(shaft power)의 형태로 기계적 일(mechanical work)을 추출하고 있으므로 에너지의 변화를 명확하게 관찰할 수 있다. 에너지보존의 법칙에 따르면 기체가 덕트 속에 유입될 때 기체가 갖는 에너지는 출구로 배출되는 기체의 에너지와 같다. 결론적으로 덕트 내에서 에너지는 생성 또는 소멸하지 않는다. 따라서 연소기 입구(스테이션 3)에서 기체가 갖는 에너지는 다음과 같다.

① 내부에너지(internal energy)는 기체 온도에만 영향을 받는다. 일정 부피(constant volume)에서 비열(specific heat; c_v)과 정적온도(static temperature; t_3)의 열역학량(thermodynamic quantity; $c_v t_3$)으로 나타낸다.

② 압력에너지(pressure energy)는 정압(p_3)과 밀도(ρ_3)의 비율(p_3/ρ_3)이다.

③ 운동에너지(kinetic energy)는 기체 속도의 제곱($c_3^2/2$)이다.

④ 연소기에서 열량(Q)이 더해진다. 사이클 분석에서 열 단위($J = Nm/s$)를 사용하여 질량 유동률(kg/s) 단위와 일치시킨다.
($Nm/s\ kg/s = m^2/s^2$)

⑤ 터빈에서 기계적 에너지(l_t)가 추출된다. 단위는 m^2/s^2로 부여한다.

터빈 출구(스테이션 5)에서도 연소기에 유입되는 기체와 마찬가지로 동일 에너지로 구성되지만 여기서는 열이 더해지지 않고 터빈에서 에너지가 추출되지도 않았다. 따라서 가스가 방출될 때 갖는 에너지는 다음과 같다.

① 내부에너지; $c_v t_5$

② 압력에너지; p_5/ρ_5

③ 운동에너지; $c_5^2/2$

에너지보존의 법칙에 따르면 입구와 출구의 에너지는 동일하다. 이를 다음과 같이 나타낼 수 있다.

$$c_v t_3 + \frac{p_3}{\rho_3} + \frac{c_3^2}{2} + \frac{Q}{\dot{m}} - l_t = c_v t_5 + \frac{p_5}{\rho_5} + \frac{c_5^2}{2}$$

위의 방정식은 열역학 제1법칙(first law in thermodynamics)을 나타낸다. 만약 열이 가스에 더해지거나 터빈에서 기계적 일의 추출이 없다고 한다

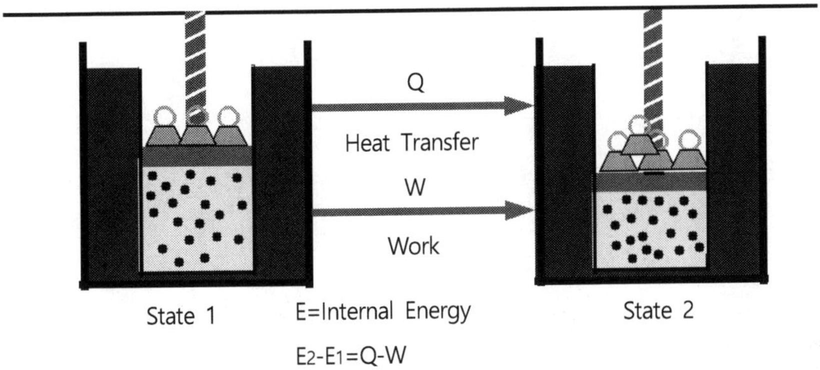

【그림2-10】 평형 상태에 있는 열역학계는 내부에너지라고 하는 가변 상태를 갖는다. 어떤 두 평형 상태들 사이에서 내부에너지 변화는 시스템으로의 열전달과 시스템에 의해 수행된 일의 차이와 같다. [열역학 제1법칙]

면 에너지 방정식은 다음과 같이 간단하게 나타낼 수 있다.

$$h_3 + \frac{c_3^2}{2} = h_5 + \frac{c_5^2}{2}$$

여기서 h는 정적 비엔탈피(specific static enthalpy)라 한다.

$$h = c_v t_5 + \frac{p}{\rho} = c_p t_5$$

운동에너지($c^2/2$)와 함께 총엔탈피(total enthalpy; H)는 다음과 같다.

$$H = c_p t_5 + \frac{c^2}{2} = c_p t_t$$

여기서 총 온도(total temperature)는 t_t 그리고 총 압력(total pressure)은 p_t로 나타낸다. 그러나 때로는 총수량(total quantity)을 각 구성품(흡입구, 압축기, 연소기)의 정적 값(static value)에 운동에너지를 더해서 나타내기도 한다. 정압(static pressure), 정적온도(static temperature)와 같은 정적 조건들은 수공 계측기(hand - hold instruments)를 사용해서 측정할 수 있는 것들이다. 만약 계측장치가 유체흐름 속에 놓여 있다면 정적 값들은 빠른 공기흐름 속도의 영향을 받지 않도록 주의해야 한다.

2.3 기체

✈ 공기 속으로 항공기의 비행이 가능하게 하는 것이나 제트엔진에서 항공기를 추진시킬 수 있는 추력(thrust)을 발생하는 것은 공기(air)라는 기체(gas)가 존재하기에 가능한 것이다. 일반적으로 공기는 무색무취의 기체이기 때문에 정적(static) 상태에서 공기의 존재를 관찰할 수 없다. 그러나 동적(dynamics) 상태에서 공기는 맨눈으로 볼 수 없지만, 물체의 이동 혹은 공기의 이동으로 간접적으로 공기의 행태를 관찰할 수 있다. 항공기의 공기역학적 힘들을 연구하는데도 공기의 성질들은 매우 중요시되지만, 제트엔진에서도 공기의 성질(properties)들은 엔진 성능을 결정하는 중요한 매질(medium)이다. 자연 상태의 기체(공기)가 엔진을 통과하면서 공기역학적 그리고 열역학 과정(thermodynamic process)을 거쳐 기계적 에너지를 추출할 수 있는 기체(가스)로 전환되는 주요 매질인 기체의 성질들은 가스터빈엔진의 작동원리를 이해하는 중요한 기초 지식을 제공하게 될 것이다.

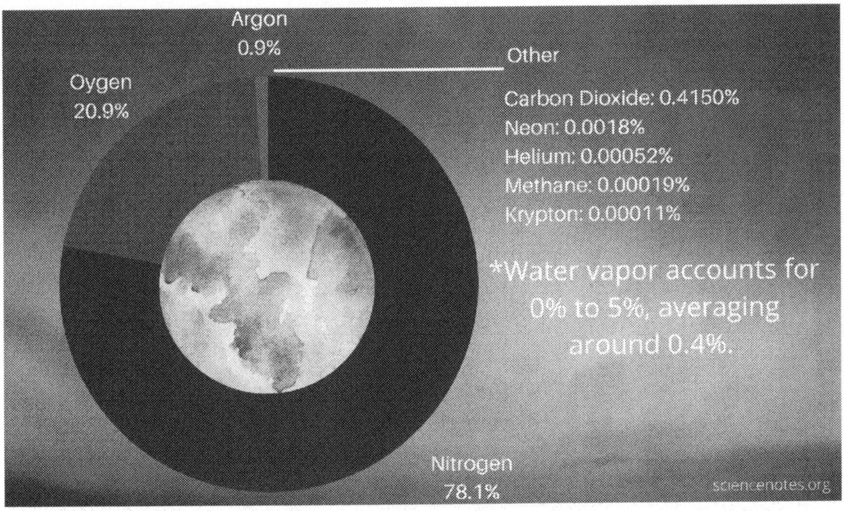

【그림2-11】 공기 성분의 분포도

1. 기체의 성질

가스터빈엔진은 연료/공기 혼합가스(mixture)의 연소(combustion)로 얻어진 가스성 산물(gaseous products)인 고온 가스를 작용 물질(working substance)로 활용한다. 가스터빈엔진의 핵심은 추력을 발생시킬 수 있는 에너지를 갖춘 가스로 상태변화를 시키는 것이다. 가스에서 더 많은 에너지를 추출할 수 있을 때 더욱 높은 성능의 추력을 얻을 수 있다. 기본적으로 가스성 산물은 인렛으로 유입된 주변 공기(ambient air) 속에 포함된 산소(oxygen)와 연료의 화학반응(chemical reaction)의 결과이다. 작동 유체인 공기 자체가 [그림2-11]과 같이 약 21%의 산소(oxygen)와 78%의 질소(nitrogen) 그리고 소량의 이산화탄소, 헬륨 그리고 네온 등으로 이루어진 혼합물질이다. 산소는 연소에 필수적인 물질이고, 불활성 가스(inert gas)인 질소는 비록 소량이라 할지라도 산화물(oxidation products)을 배출하여 대기오염을 일으키는 물질이다.

모든 물질(matter)은 고유의 성질(properties)들을 갖는다. 가스터빈엔진의 작동 유체인 공기는 수많은 분자로 이루어져 있지만, 분자들 상호 간에 끌어당기는 힘이 약하고 대부분 자유 운동(random motion) 특성이 있다. 기체의 성질을 분석하는 데 있어서 기체의 개별 분자의 운동을 분석하기도 하지만 대부분은 전체로 간주하여 이들의 운동 성향과 반응을 분석한다. 전자를 마이크로 스케일(micro scale) 그리고 후자를 매크로 스케일(macro scale)이라 한다. 분류 기준은 분자의 운동을 쉽게 관찰하고 측정할 수 있어 매크로 스케일이 이에 해당한다.

(1) 매크로 스케일 분석

매크로 스케일은 대기를 구성하는 모든 성분(산소, 질소, 수증기)은 평균값으로 균등하게 분포된 것으로 간주한다. 기체의 속도, 온도 그리고 압력 등은 측정할 수 있다. 기체는 고정 모양과 크기를 갖고 있지 않지만, 용기에 채우기 위해서 수축과 팽창될 수 있다. 가스터빈엔진의 특징 중 하나는 많은 양의 공기를 처리할 수 있어야 한다. 압축기의 주요 기능이 부피를 최소화하는 과정이고 연소기의 주요 기능은 팽창을 극대화하는 과정이다. 분자들은 기체 내에서 자유롭게 운동하기 때문에 기체의 질량(mass of gas)은 밀도(density)에 달려 있고 밀도는 물질의 부피(volume) 당 기체분자들의 수이다. 기체의 성질들은 고도(altitude)에 따라 그리고 기체의 열역학 기체상태(thermodynamic state of gas)에 따라 달라질 수 있다. 가스터빈엔진은 열 엔진이고 열역학의 이해가 필요한 이유가 기체상태(state of gas)를 변화시키는 핵심 역할을 연소기(combustor or burner)에서 수행되기 때문이다.

(2) 마이크로 스케일 분석

마이크로 스케일에서 개별 기체들은 [그림2-12]와 같이 매우 좁은 거리를

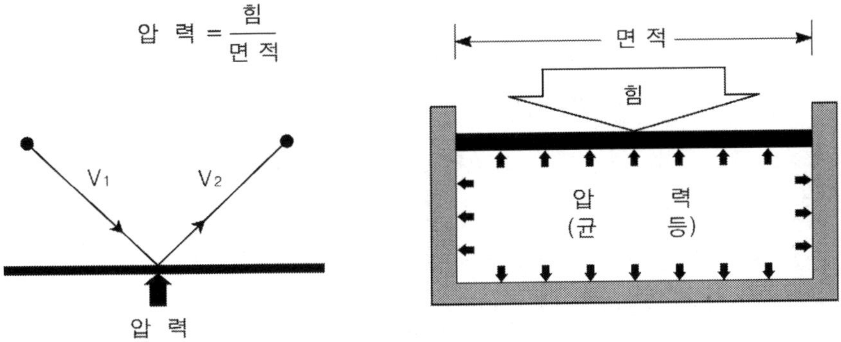

【그림2-12】 왼쪽은 개별 기체분자의 운동 성향을 보여주고 있다. 일정 용기 내에서 기체분자들은 자유 운동을 하면서 분자들 상호 간에 충돌하거나 용기의 벽과 충돌하면서 벽에서 감지하는 힘이 기체의 압력이다. 기체는 항상 자유 운동 성분을 갖고 있으므로 전 방향으로 균등하게 작용한다. 오른쪽 그림에서 고체 물질이 위에서 일정 힘으로 누르고 있다면 이 힘은 오직 아래로만 전달될 것이다. 그러나 기체라고 한다면 내리누르는 힘은 전 방향으로 전달되는 특징을 갖는다. 따라서 용기의 어느 부분에서든지 감지할 수 있는 압력은 동등하다.

유지하고 있어 물리적 관찰보다는 운동에너지 법칙을 적용하여 분석해야 한다. 개별 분자는 표준 물리적 성질인 질량, 모멘텀 그리고 에너지를 갖고 매크로 스케일의 밀도, 압력, 부피 그리고 온도 등과 밀접한 관련이 있다. 기체분자들의 상호작용은 고체(sold)에서는 관찰할 수 없는 특이한 성질들을 갖는다. 고체에서 분자들의 위치는 거의 변동이 없이 일정하다. 그러나 유체(fluid)에서 분자들은 자유롭게 운동하고 충돌(collide)하기도 한다.

개별 분자들은 자유 운동 성분(random component)을 항상 지니고 있지만, 전체로 간주했을 때 아주 질서정연한 운동이 형성될 수 있다. 분자들이 이동함에 따라 유체의 성질들도 같이 이동한다. 만약 이 성질들이 자유운동(random motion)으로 운반된다면 과정은 확산(diffusion)이라 한다. 반면 이 성질들이 질서 운동(ordered motion)으로 운반된다면 이 과정은 대류(convection)라 한다. 공기는 육안으로 관찰할 수 없지만, 연기라든지 수증기 등과 같이 미세한 입자들과 결합한 공기 분자들의 행태는 육안 관찰이 가능하다. 예를 들어 노즐에서 뿜어내는 가스 줄기(gas stream)는 흩어짐 없이 직선으로 분출된다. 이 과정에서 공기 분자들 역시 유선흐름으로 질서 운동을 하는 것을 관찰할 수 있다. 그러나 무한정 질서 운동을 하는 것은 아니다. 어느 한계에 도달해서는 전 방향으로 퍼져나가는 현상이 발생하고 기체 고유의 자유 운동 상태로 되돌아간다.

만약 이들 기체의 흐름에 순 경사 모멘텀(net angular momentum)이 유발된다면 이 흐름은 회전성(rotational) 특성을 갖게 되면서 직선 흐름의 특성을 왜곡시키는 와류 혹은 난기류(vortex or turbulent) 특성이 나타난다. 흐름에 어떠한 순 경사 모멘텀이 존재하지 않다면 이 흐름은 비회전성(irrotational) 혹은 직선 흐름으로 고려된다. 항공기의 공기역학적 특성이나 가스터빈엔진의 흐름에서 와류 혹은 난기류 특성이 있는 흐름은 공기역학적 힘(양력 혹은 항력)을 감소시킬 수 있고 가스터빈엔진에서는 압축기 서지 및 실속(surge or stall) 그리고 배기 노즐에서는 추력 손실(thrust loss)의 직접적 원인이 된다.

2. 압력

기체분자들의 운동(motion)은 기체 온도에 달려 있고 온도는 분자의 운동 에너지를 측정한 것이다. 따라서 온도가 높을수록 분자(molecules)들은 빠르게 운동한다. 만약 이들 기체에 열(heat)을 가하면 용기 속의 기체분자들이 더욱 빠르게 운동하기 때문에 팽창(expansion)하게 될 것이다. 이 과정이 가스터빈엔진 연소실에서 발생하는 것으로 만약 기체의 팽창이 지연된다면 압력이 상승하게 될 것이다. 이외에도 분자들은 끊임없이 운동하고 분자들 상호 간에 충돌하거나 용기 벽(container wall)과 충돌하는 완전 탄성 입자(perfectly elastic particles)들로 고려된다. 특히 분자들이 벽과 충돌할 때 벽에는 측정이 가능한 압력이 형성된다.

가스터빈엔진에서 [그림2-12, 13]과 같이 특정 온도와 압력 조건에서 에너지는 쉽게 저장(stored)할 수 있고 또한 필요한 에너지를 추출(extracted)

할 수 있다. 따라서 각 엔진 스테이션(station)이 보유하고 있는 에너지 수준은 압력, 온도 그리고 밀도와 같은 물리적 가변 상태로 나타낼 수 있다. 이들 주요 3요소의 상관관계는 가스의 압력은 표면에 작용하는 단위 면적의 힘(force)으로 정의할 수 있다.

$$압력\,(pressure) = \frac{힘\,(force)}{단위면적\,(unit\ area)}$$

국제단위계에서 힘(force)은 뉴턴(newtons)으로 측정하고 부호는 $N(1N = 1mkg/s^2)$, 그리고 제곱미터(m^2)의 단위 면적을 사용한다. 따라서 압력 단위는 N/m^2 , da/m^2을 사용한다. 이외에도 영미계 단위에서 힘은 파운드(pounds; lb)로 측정되고 압력 단위는 $lb/sqft$(lb/sq in)를 사용한다. 가스터빈엔진에서는 압력의 크기를 구분하기 위해서 고압(high pressure; HP), 중압(intermediate pressure; IP) 그리고 저압(low pressure; LP)과 같이 상대적 수준으로 표기하기도 한다.

3. 온도

기체 온도(temperature)는 분자들의 운동에너지(kinetic energy)에 의한 물체의 뜨거운 정도(hotness)를 측정한 것이다. 물리적으로 온도는 [그림 2-13]과 같이 분자들 상호 간에 열이 전도되는 비율을 측정하는 성질이기 때문에 분자들 사이에는 활발한 열전이(heat transfer)가 이루어지고 있다는 것을 유추할 수 있다. 고온 기체 속의 분자들은 상대적으로 찬 기체 속의 분자들보다 더 빠르게 운동한다. 질량(mass)은 일정하지만, 운동에너지(온도)는 고온 기체분자들의 운동 속도가 증가했기 때문에 더 높다. 분자들의 운동에너지(e)는 다음과 같다.

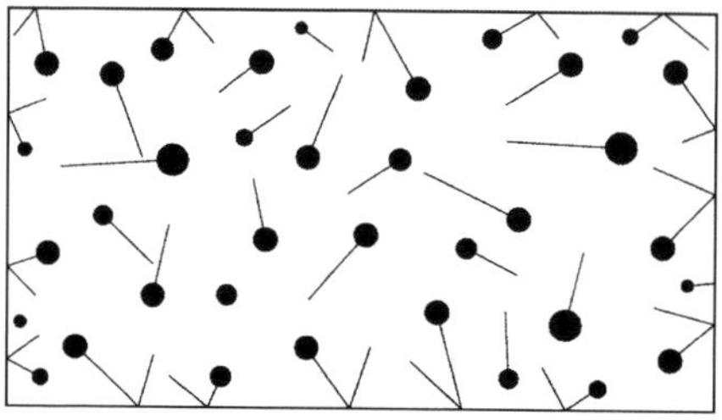

$$e = \frac{mv^2}{2}$$

e ; 운동에너지
m; 질량
v ; 속도

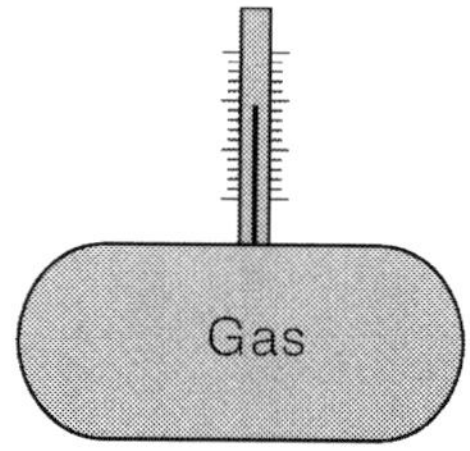

[소스케일] [대스케일]

【그림2-13】 기체 온도는 분자들 사이에서 열이 전달되는 평균 운동에너지를 측정한 값이다. 온도계는 물체 온도를 측정할 수 있는 측정장치이다. 온도계는 물체의 물리적 성질에 따라 다르게 지시하고, 접촉되었을 때 열역학적 평형 그리고 평형에 도달하는 시간은 물질의 종류에 따라 다르게 지시되어야 한다.

$$e = \frac{m\,v^2}{2}$$

온도를 표시하는 방법은 국제단위계를 사용할 것을 권장하고 있지만, 아직도 관습적으로 영미 단위계도 혼용하여 사용되고 있다. 국제단위계에서 온도는 Kelvin(K)과 섭씨(℃)를 사용하고, 영미 단위계에서는 Rankine(R)과 화씨(°F)를 사용한다. 섭씨와 화씨온도는 기준값을 정의하는데 관련된 온도이다. 예를 들어 물이 끓는점(boiling point)과 어는점(freezing point)의 온도가 기준이 되고 이때 온도는 100℃(212℉)와 0℃(32℉)로 정한다. 온도가 0℃ 이하일 때 "-" 부호를 사용하지만, 과학자들은 가장 추운 온도(coldest temperature)에 관해서 연구하였고, 분자들의 운동에너지가 최저가 되는 온도를 새로운 0도로 지정하였다. 이것이 절대온도(absolute temperature)이다. 절대온도가 섭씨온도와 동일 눈금을 사용했을 때 켈빈온도(Kelvin; K)라 한다.

$$K = C + 273.16$$

절대온도가 화씨온도와 동일 눈금(scale)을 사용했을 때 랜킨 온도(Rankine; R)라 한다.

$$R = F + 459.69$$

절대온도는 음속, 엔탈피 그리고 엔트로피와 같은 기체의 가변 상태를 유도하기 위한 상태방정식(state equation) 그리고 수학적 단순성을 위해서 유용하다. 그러나 실제 조종실에 지시되는 지시계 온도라든지 혹은 터빈엔진 주요 구성품들에서 발생하는 엔진 성능 변수 온도는 대부분 섭씨온도로 지시된다. 가스터빈엔진 추진장치의 연소실에서는 최대 2,000℃를 웃도는 고온이 존재하고 연소기 직 하류(downstream)에 있는 터빈은 비록 약간의 온도 감소가 이루어지기는 하지만 800~1,000℃ 정도의 온도에 노출된다. 따라서 고온에 견딜 수 있는 재료들과 온도를 낮추기 위한 냉각장치는 엔진의 추력 구성품에 필수이다. 특히 이들 고온 제어장치(hot temperature control system) 또는 냉각장치(cooling system)의 결함은 심각한 엔진 고장의 직접적 원인이 된다. 이외에도 극초음속 항공기나 우주왕복선 등은 엔진 연소로 인한 화학적 열보다도 비행 중 비행체 표면과 공기 기체들의 마찰에 의한 공기역학적 열(aerodynamic heat)을 제어하기 위한 새로운 재료의 개발과 첨단 냉각장치가 필요하다.

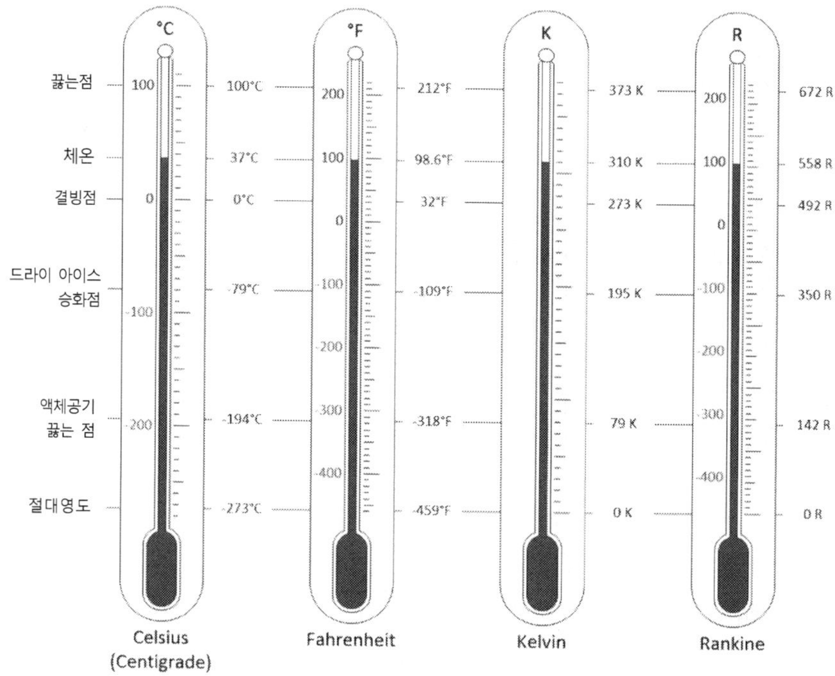

【그림2-14】 온도의 종류

4. 밀도

고속 공기역학에서 기체의 밀도(density)는 엔진의 성능에 직접 영향을 줄 수 있는 중요한 성질이다. 일반적으로 밀도는 질량(mass)을 부피(volume)로 나눈 값이다.

$$밀도(density) = \frac{질량(mass)}{부피(volume)}$$

물체의 밀도는 비록 부피가 동일할지라도 다를 수 있다. 예를 들어 벽돌과 책의 부피는 같을 수 있지만, 벽돌이 더 무거운 것은 벽돌의 밀도가 더 높기 때문이다. 금속성 물체라 할지라도 종류에 따라 밀도는 차이가 있다. 철과 알루미늄의 무게는 확실히 차이가 있으며 알루미늄의 밀도가 철에 비해서 낮고 가벼워 항공기 구조물 재료로 사용되는 이유 중 하나이다. 대부분 고체(solid)는 단일 성분 또는 여러 성분이 단단히 결합되어 있어 밀도는 어디에서나 같다. 그러나 기체의 경우는 분자들이 자유 운동을 하고 있어 크게 달라질 수 있다. 기체 밀도의 변화는 항공기의 공기역학뿐만 아니라 가스터빈 엔진 열역학을 이해하는 기초가 된다. 밀도는 국제단위계(SI)에서 세제곱미터 당 킬로그램(kg/m^3) 그리고 영미 단위계에서는 세제곱피트 당 슬러그($slug/ft^3$) 또는 파운드(lb/ft^3)를 사용한다.

(1) 마이크로 스케일

밀도는 질량을 부피로 나눈 값이고 기체의 질량이 변화가 없다면 기체가 들어있는 용기의 크기(부피)에 따라 달라질 수 있다. [그림2-15]의 사례1과 같은 용기 속에 26개의 기체분자가 들어있고 분자 하나의 질량이 $20g$이라고 가정하자. 이 기체의 전체 질량은 $0.52kg$이다. 이 기체들을 길이 $1m$, 높이 $2m$인 용기 속에 채워져 있다고 가정했을 때 밀도는 $0.26kg/m^3$이다. 이 값은 지표면으로부터 약 $13km$ 상공의 공기밀도에 해당한다. 이 기체들을 사례3과 같이 길이 $1m$, 높이 $1m$인 박스에도 채울 수 있고 이때 밀도는 $0.52kg/m^3$로 증가한다. 대기권에서 지표면 근처의 공기 분자들은 지구인력(gravitational pull) 때문에 더 높은 대기에 있는 분자들보다 더욱 강한 결속력을 유지하고 있다. 고도가 높아질수록 공기 분자들의 수는 감소하고 분자들 상호 간의 결속력 역시 약해진다. 따라서 고도 증가에 따라 밀도는 감소하고 분자들의 수도 감소한다. 밀도의 역수($1/\rho$)를 비부피(specific volume)라 하고 기체의 상태 가변과 관련이 있으며 단위는 m^3/kg를 사용한다.

$$v = \frac{1}{\rho}$$

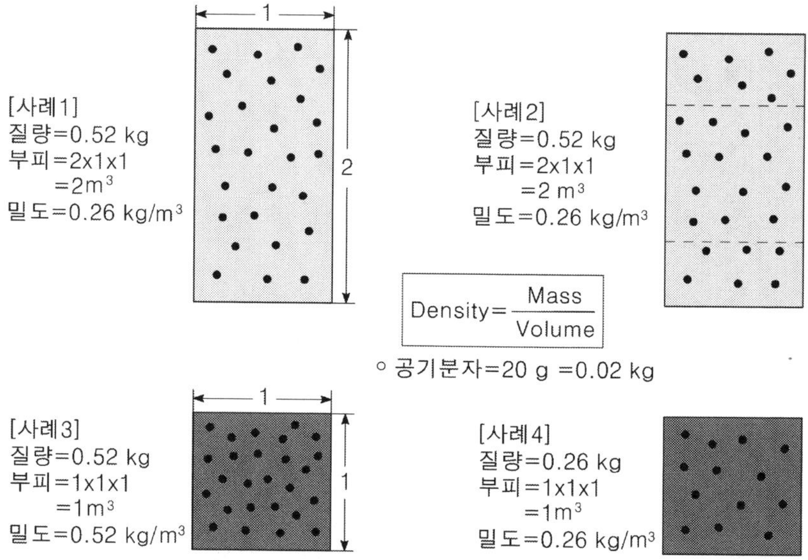

【그림2-15】 사례1과 사례3을 비교했을 때 동일 수의 분자들이 들어있지만 사례1의 밀도는 사례3의 절반에 불과하다. 사례2와 사례4의 경우는 비록 기체가 들어있는 용기의 크기는 다를지라도 밀도가 같다면 단위 부피당 밀도는 동일하다. 사례1과 사례4의 경우와 같이 부피는 절반이지만 밀도는 같은 효과를 얻을 수 있다. 실제 가스터빈엔진에서 연소기 부피를 최소화하면서 높은 열효율을 얻기 위한 기술이 핵심이다. 항공기 제트추진 장치는 지상 운반수단과 달리 고고도 운항과 수시로 고도가 변화하는 환경에서 운용되기 때문에 밀도의 변화가 가변적이다. 밀도의 변화는 기체의 질량 변화를 의미하는 것으로 제트추진 장치에서는 단순한 유동률이 아닌 질량 유동률이 중요시되는 이유이다.

비부피는 부피를 알고 있을 때 정적기체(static gas)와 관련된 문제를 해결하는 데 사용된다.

(2) 매크로 스케일

공기밀도는 단위 부피에 들어있는 공기 분자들의 수이다. 기체에서 분자들의 수는 온도에 따라 달라진다. 이것이 고체 혹은 액체의 성질과 명확하게 다른 점으로 이들 물질(고체)은 아무리 온도를 높여도 물질의 변화가 거의 발생하지 않는다. 반면에 기체는 온도에 따라 크게 변하는 성질은 가스터빈

엔진에서 배기가스가 추진 힘을 생산하는 중요한 요소이다. 가스터빈엔진 추력은 공기밀도에 따라 달라진다. 밀도가 높을수록 더 높은 추력 생산이 가능하다. 예를 들어 이상기체의 상태 가변이라고 가정했을 때 압력(p), 온도(T) 그리고 밀도(ρ)의 관계를 다음과 같이 정의한다.

$$\frac{p}{\rho} = RT \ (R = \text{기체상수})$$

밀도는 기체의 상태 가변(state variable)이고 열역학 법칙에서 진행되는 과정 중 밀도는 변할 수 있다. 실제 공기 분자들의 존재를 느낄 수는 없지만 $1m^3$에 분자들의 수는 약 10^{23} 정도가 존재하는 것으로 가정한다. 정적기체(static gas)에서 분자들은 완전한 자유 운동(random motion)과 상호 간의 충돌 및 용기 벽과 충돌 작용으로 용기 전체의 어느 곳에서나 밀도 값은 동일하다. 사례1과 같이 질량이 $0.52kg$이고 부피가 $2m^3$일 때 밀도는 $0.26kg/m^3$이다. 만약 사례2와 같이 $1m^3$의 작은 부피에서 동일 샘플을 채취했을 때도 밀도는 동일하다.

비록 $1m^3$의 정사각형 박스이지만, 밀도는 $0.26kg/m^3$이다. 이보다 작은 부피에서 동일 밀도를 얻기 위한 또 다른 방법은 용기 속에서 분자들을 빼내는 것이다. 사례4의 경우처럼 용기 부피는 사례3과 같지만, 분자들의 수는 13개로 줄어들었다. 이때 밀도는 $0.26kg/m^3$이고 사례1의 전체 박스와 사례2의 샘플 박스의 밀도와 같다. 사례3과 사례4 사이에 주어진 부피(동일 부피에서)에서 분자들의 수가 감소하였고 밀도도 감소하였다. 이 사례들은 가스터빈엔진에서 기체 밀도의 성질을 이해하는 데 도움이 된다.

5. 음속과 온도

(1) 음속

음속(speed of sound)은 소리가 기체들을 매체로 이동하는 속도이다. 음원으로부터 발생한 미세한 파동들의 형태로 매질(medium)을 통해서 전달된다. 이들 작은 파동들은 자유 운동(random motion)하는 분자들 사이 충돌의 결과이고 이 과정은 등엔트로픽(isentropic)이다. 다시 말해서 기체상태는 파동의 통과 전후가 동일하다는 의미이다. 소리가 전달되는 속도는 분자들의 운동에 달려 있으므로 음속은 기체상태(state of gas)에 따라 다르다. 주어진 기체 내에서는 음속은 일정하고, 기체상수는 기체의 종류와 온도에 따라 다르다. 질량과 모멘텀 보존(conservation of momentum)에 기초한 분석에서 음속(a)은 다음과 같다.

$$a = \sqrt{\gamma RT}$$

γ ; 비열비(표준대기에서 공기의 비열비는 1.4이다)

R; 상수(공기는 $286\,m^2/s^2/K$)

T; 절대온도(273.15℃)

대부분 일반항공(general aviation)은 소리의 속도(음속)보다 훨씬 낮은 속도영역에서 운용되기 때문에 공기역학적으로 영향을 줄 수 있는 기체 성질들은 큰 변화가 발생하지 않는다. 그러나 현대 전투기들은 초음속 비행이 일반화되었기 때문에 공기역학적으로 음속은 매우 중요한 특성을 갖는다. 음속을 기준으로 공기흐름의 성질(밀도, 압력 그리고 속도)들은 아음속 성질들과는 정반대로 나타나기 때문이다. 특히 초음속 항공기가 초음속 비행을 할지라도 엔진에서 처리되는 과정에서는 반드시 아음속을 유지해야 하는 기술은 제트추진 장치의 핵심이다.

(2) 온도와 음속의 관계

일반적으로 음속은 표준대기 조건에서 초속 340m를 이동한다. 고도가 증가함에 따라 기온이 떨어지고 음속은 기온 강하(temperature drop)와 비례하여 감소하는 경향이 있다. 그러나 가스터빈엔진을 통과는 공기는 인렛에서는 비록 일반 공기의 성질과 다를 바 없지만 압축기를 통과하면서 고압으로 압축되면서 온도 역시 크게 상승한다. 압축공기(compressed air)가 연소기에서 연료와 혼합되어 연소하면서 공기는 고온고압의 가스(gas)로 변한다. 온도가 높을수록 아래 [표]와 같이 음속 기준이 크게 증가하고 있음을 알 수

온 도	음 속	
15℃	661 Knots(1,115 ft/sec)	340 m/sec
500℃	1,083 Knots(1,827 ft/sec)	557 m/sec
800℃	1,305 Knots(2,200 ft/sec)	670 m/sec
1000℃	1,390 Knots(2,346 ft/sec)	715 m/sec
1200℃	1,495 Knots(2,520 ft/sec)	768 m/sec
1500℃	1,640 Knots(2,769 ft/sec)	844 m/sec
2000℃	1,857 Knots(3,135 ft/sec)	956 m/sec

【표】 기체 온도와 음속의 변화

있다. 예를 들어 가스 온도가 500℃일 때 음속은 1,083노트(1,827피트)이고, 온도가 1,000℃로 높아졌을 때 음속은 1,390노트(2,346피트)로 증가하고 있음을 알 수 있다. 가스터빈엔진에서의 가스 흐름은 음속을 초과할 수 있으므로 고온 조건에서의 마하수(Mach number) 역시 중요한 변수로 작용할 수 있다. 일반적으로 항공기의 마하수는 음속 대비 진대기속도(true airspeed; TAS)의 비율이지만 제트추진 장치에서 마하수는 엔진 내부에서 국지적으로 가열된 온도에 따라 달라질 수 있어 비록 동일 공기가 유입되었다 할지라도 저온부의 마하수와 고온부의 마하수가 다르게 고려되어야 한다. 따라서 가스터빈엔진에서 마하수는 국지 온도(local temperature)의 음속 대비 흐름 속도의 비율을 적용한다.

2.4 압축비와 압력비

✈ 가스터빈엔진의 성능을 결정하는 요소 중 하나는 전체압력비(overall pressure ratio)이고, 압축기의 전면과 후면에서 측정한 정체압력(stagnation pressure)이다. 일반적으로 전체압력비가 높을수록 엔진 효율은 높다. 그러나 이에 따른 무게와 부가적인 문제들도 함께 증가하기 때문에 적절한 절충이 요구된다. 왕복엔진에서는 공기를 압축하는 비율을 압축비(compression ratio; CR)라고 한다. 압력비와 압축비의 기본적인 차이는 공기를 압축하는 방식이다. 왕복엔진의 경우 밀폐된 실린더 속에 공기를 흡입하여 피스톤을 밀어 올려 실린더 내에 있는 공기를 압축하는 방식으로 전형적으로 부피를 감소시켜 압력을 증가시키는 방식으로 압축비라 한다. 예를 들어 피스톤이 완전히 내려온 상태에서 실린더에 유입된 공기의 부피가 1000cc이고 피스톤을 최대로 밀어 올렸을 때 실린더의 부피가 100cc로 감소하였다면 압축비는 1000:100(10:1)이 된다.

그러나 가스터빈엔진은 실린더와 같이 밀폐된 공간이 아니라 입구와 출구가 완전히 개방된 도관(duct)에서 공기를 압축해야 하므로 왕복엔진에서의 압축 개념을 적용할 수 없다. 여기서는 압축기(compressor)라는 구성품으로부터 압력의 증가 비율을 계산해야 한다. 압력의 증가 비율은 압축기 입구에서 측정된 압력과 압축기 출구에서의 압력을 측정하여 산출한다. 이것이 압력비(pressure ratio; PR)이다.

압축비와 압력비가 등가의 값을 갖는 것은 아니다. 일반적으로 압력비(PR) 값이 압축비(CR) 값보다 크다. 예를 들어 압축비가 3:1이라면 압력비는 대략 2:1 정도가 되지만 CR=5:1일 때 PR=10:1로 높아진다. CR=20:1이라면 PR=56:1, 그리고 CR=35:1은 PR=110:1로 차이는 더 벌어진다. 이 같은 차이의 근본적인 원인은 앞서 언급한 것과 같이 압축비는 부피의 감소가 기준이 되지만 압력비는 압력의 증가를 기준으로 계산되기 때문이다. 압축비(CR)와 압력비(PR)는 다음과 같다.

$$CR = \frac{V_1}{V_2} \quad \text{그리고} \quad PR = \frac{p_2}{p_1}$$

이를 가스 법칙에 적용하면 다음과 같다.

$$\frac{p_1 V_1}{T_1} = \frac{p_2 V_2}{T_2} \text{ 그리고 } \frac{V_1}{V_2} = \frac{T_1 p_2}{T_2 p_1} \text{ 이다.}$$

따라서 압축비는 다음과 같다.

$$CR = \frac{T_1}{T_2} PR$$

압축과정에서 T_2(출구 공기 온도)가 T_1(입구 공기 온도)보다 크게 높아 CR은 PR보다 매우 낮다. 아래 [표]는 압력비와 압축비의 대략적인 비율을 비교한 것이다.

CR	1:1	3:1	5:1	10:1	15:1	20:1	25:1	35:1
PR	1:1	2:1	10:1	22:1	40:1	56:1	75:1	110:1

【표】 압축비와 압력비 비교

초기 제트엔진의 전체압력비는 압축기 기술과 재료의 한계 때문에 그리 높지 않았다. 예를 들어 1940년대 초 Junkers Jumo 004엔진의 전체압력비는 약 3.14:1 정도였지만 2차 세계대전 후 개발된 엔진의 전체압력비는 약 5:1까지 높아졌다. 이후 다축 압축기(multi-shaft compressor), 재료의 발달, 블레이드의 공기역학적 설계 등이 적용되면서 현대의 민간 운송용 엔진은 30~40:1로 높아졌다. 예를 들어 최신 A380 항공기의 3축 Rolls-Royce Trent 900의 전체압력비는 39:1이다. 전체압력비(overall pressure ratio)를 높일 수 있다는 것은 더 큰 노즐 면적비(area ratio)를 갖는다는 것을 의미한다. 이것은 더 큰 열에너지(heat energy)를 제트 에너지(jet energy)로 전환할 수 있다는 것으로 엔진 효율성을 높이는데 데 기여한다. 또한, 엔진의 비연료소모(specific fuel consumption; SFC)를 향상하는 데도 영향을 준다.

전체압력비가 증가함으로써 전반적인 엔진 효율이 향상되었지만 압축기 후방부 마지막 단(last stages)들에서 압축공기 온도가 크게 증가하는 것이 단점이다. 이를 보완하는 방법은 이 같은 조건에서의 운용을 최소화하는 것이다. 이를 위해서 안전고도에 도달한 후 스로틀을 약간 줄이거나(throttle cut-back), 또는 가능한 한 빠르게 순항고도에 도달한 후 엔진 압력비를 낮출 수 있도록 조작하여 열 하중(heat load)을 낮추는 것이다. 또 다른 단점은 압력비를 증가시키기 위해서는 엔진의 크기(무게)가 그만큼 증가하기 때문에 연료를 그만큼 더 적재해야 하는 문제점이 있다. 이 때문에 코어엔진(core engine)의 성능개량과 항속거리 등을 적절하게 절충하여 최적의 전체압력비가 결정된다.

전투 항공기 엔진들은 매우 넓은 운용영역이 필수이다. 이들 엔진은 효율보다는 기동성(maneuverability)이 필수이므로 열 하중을 최대화할 수 있는 조건에서 운용된다. 초기 전투기 엔진의 전체압력비는 매우 낮았다. 예를 들어 Pratt & Whitney TF30(F-111) 엔진의 전체압력비는 약 20:1 정도이다. 그러나 현대의 최신 전투기들은 바이패스(bypass) 원리가 적용되면서 다음 [표]와 같이 동시에 압력비도 약 30:1까지 높아졌다. 실제 General Electric F110 and Pratt & Whitney F135 엔진은 약 30:1까지 향상되었다. 전체압력비는 민간 운송용 항공기 엔진이나 전투기 엔진 모두에서 전반적으로 향상되고 있다.

General Electric CF6	30.5:1	Boeing 747, A300
General Electric F110	30:1	F-14, F-15, F-16
Pratt & Whitney TF30	20:1	F-111
Rolls-Royce/Snecma Olympus 593	15.5:1	Concorde, Mach 2
Junkers Jumo 004	3.14:1	Messerschmitt Me 262

【표】 주요 엔진과 전체압력비의 비교

2.5 기체의 점성과 압축성

✈ 항공기와 같은 물체가 공기 속으로 이동할 때 주변의 기체분자들은 흩어지면서 물체 주위로 흐른다. 공기역학적 힘(aerodynamic force)은 이들 기체분자와 물체 사이에서 발생하는 힘이다. 이들 힘의 크기는 물체의 모양(shape), 흐름 속도, 기체의 질량(mass of gas) 그리고 기체가 갖는 점성 그리고 압축성(compressibility or springiness)에 달려 있다. 이들 효과의 정확한 모델을 설정하기 위해서 다른 힘들에 대한 이들 효과의 비율로 나타내고 이를 유사성 변수(similarity parameter)라 한다. 만약 두 실험의 유사성 변수에서 동일 값을 갖는다면 이들 힘의 상대적인 중요성은 정확한 모델이 설정된 것이다.

1. 기체의 점성

기체의 점성(viscosity or stickiness)이란 물체가 어떠한 표면 위를 흐를 때 기체분자들이 표면에 들러붙는 성질(property)이다. 공기의 점성은 표면 위에 얇은 공기층(air layer)을 형성하고 이를 경계층(boundary layer)이라 한다. 경계층이 중요한 이유는 물체의 실제 모양(shape)을 변형시킬 수 있기 때문이다. 흐름은 경계층의 테두리에서 마치 물체의 물리적 표면과 같이 반응한다. 공기역학적으로 경계층의 존재가 중요시되고 제어되어야 하는 이유는 경계층 근처와 내부에서는 비지속성 흐름(unsteady flow)과 불규칙한 난기류(random turbulent)가 형성될 수 있기 때문이다. 경계층이 어느 특정 구역에서만 발생하는 것이 아니라 공기흐름이 존재하는 모든 표면에서 발생한다. 따라서 가스터빈엔진의 인렛 단계에서부터 배기 단계까지 경계층의 발달을 최소화할 수 있도록 설계되어야 한다.

실제 경계층으로 인한 손실은 각 구성품의 효율 계수(efficiency factor)에 반영되어야 한다. 예를 들어 F-16 전투기의 인렛 설계에서 동체 표면으로부터 약간 떨어져 장착되는 것은 동체 경계층의 영향을 최소화하기 위한 설계이다. 이외에도 경계층은 물체의 양력과 항력 모두를 결정하는 데 있어서 매우 중요하다. 공학자들은 풍동실험과 컴퓨터 분석을 통해서 이 조건들을 예측하고 그 크기를 결정한다.

점성(viscosity)의 중요한 유사성 변수는 레이놀즈수(Reynolds number)이다. 레이놀즈수는 점성 힘(viscous forces)에 대한 관성력(inertial forces)의 비율이다. 운동량 보존의 법칙에 따라 관성력은 밀도(ρ), 흐름 속도(V) 그리고 속도 경도(velocity gradient)를 곱한 값이다. 점성력은 점성계수(viscosity coefficient)와 초당 속도 경도를 곱한 값이다. 레이놀즈수(Re)는 다음과 같이 나타낼 수 있다.

$$Re = \frac{\rho VL}{\mu}$$

여기서 L은 특성 길이이다. 만약 실험과 비행의 레이놀즈수가 근사치를 얻을 수 있다면 관성력에 대한 점성력의 효과들은 정확한 모델이다. 만약 이들 값이 크게 다르다면 실제 문제의 물리적 모델이 부정확하다는 것을 의미하고 공기역학적 힘의 수준이 부정확하다는 것을 예측할 수 있다.

2. 압축성

물체가 공기 속을 통과할 때 기체분자들은 물체 주변을 따라 자연스럽게 흐른다. 이 조건은 물체의 이동 속도가 약 200*mph*(174*knots*, 322*km/h*) 이하여야 한다. 이 조건에서 유체(공기)의 성질들은 변함이 없다. 따라서 대부분 낮은 아음속 항공기 운용에서 압축성 효과는 고려되지 않는다. 그러나 높은 아음속(200*mph* 이상)과 음속 이상에서의 고속 공기흐름에서 기체의 압축성(compressibility)은 매우 중요한 변수로 작용한다. 고속 흐름에서 물체 에너지의 일부가 유체흐름의 압력에 합류하면서 분자들의 속도가 빨라질수록 더욱 조밀한 상태에서 이동한다. 이것은 기체의 밀도(density)를 변화시켜 물체에서 발생하는 힘의 크기를 변화시킨다. 이 효과는 속도가 증가함에 따라 더욱 중요시된다. 음속 또는 그 이상의 속도(700*mph*, 608*knots*, 1,126km/h)에서 물체의 양력과 항력 모두에 영향을 주는 충격파(shock waves)들이 발생한다. 압축성의 중요한 유사성 변수는 음속에 대한 물체 속도(object speed)의 비율인 마하수(Mach number)이고 다음과 같다.

$$M = \frac{V}{a} = \frac{Object\ speed}{Speed\ of\ sound}$$

양력(lift)에서 압축성과 점성의 효과는 양력계수에 그리고 항력에서는 항력계수에 포함된다. 추진장치에서 압축성은 엔진을 통과할 수 있는 공기 질량의 크기 그리고 터빈 노즐에서 생산할 수 있는 추력의 크기에 영향을 줄 수 있다.

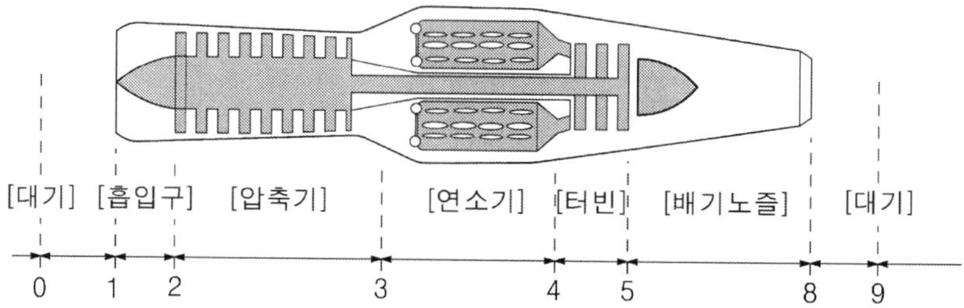

【그림2-16】 1축 터보제트의 측점(스테이션) 번호이다. 엔진에 유입되기 전의 자유공기의 위치를 스테이션 "0"으로 부여하고 배기 노즐을 완전히 벗어난 위치를 스테이션 "9"로 부여한다. 대부분 가스터빈엔진은 이 모델을 기준으로 적용하고 다축 엔진과 재연소기의 스테이션 그리고 터보팬에서의 바이패스 덕트의 스테이션 번호는 1축 엔진의 기준 스테이션 번호에 한 자릿수를 더하여 부여한다.

2.6 엔진 스테이션 번호

✈ 가스터빈엔진의 주요 구성품들의 성능을 평가하기 위한 목적으로 엔진 구조도(engine schematics)에 스테이션 번호(station number)를 부여한다. 엔진 구조가 직선으로 배열되어 있고 엔진작동 역시 선형으로 진행되기 때문에 각 구성품의 성능을 바탕으로 전체 성능을 산출하는 데 매우 유용하다. 스테이션 번호를 부여하는 방식은 [그림2-16]과 같이 엔진에 유입되기 전의 공기흐름을 "St. 0"으로 부여하고 배기가스가 노즐을 완전히 벗어난 하류 흐름의 위치를 "St. 9"로 부여한다. 중간 구성품들의 스테이션 번호는 어느 한 구성품의 입구 스테이션 번호는 이전 구성품의 출구 스테이션 번호가 된다. 엔진 종류와 재연소기의 장착 여부에 따라 스테이션 번호는 약간 다를 수 있다. 예를 들어 재연소기의 입구와 출구의 스테이션은 6과 7로 부여되지만, 일반 터보제트 엔진에는 사용되지 않는다. 다단 압축기와 터빈의 경우 다음 [표]와 같이 저압 단(low pressure stage)에서부터 고압 단(high pressure stage)으로 해당 스테이션 번호로 시작하여 일련번호를 부여한다.

바이패스 엔진의 스테이션 번호는 두 자리 숫자로 부여되고 첫 자리 숫자는 반드시 1로 시작한다. 예를 들어 St.12라고 한다면 팬 흡입구(fan inlet) 위치를 지정한다.

스테이션 번호	코어엔진	스테이션 번호	바이패스 덕트
0	대기		
1	인렛		
2	압축기(팬-허브) 입구	12	팬(팁) 입구
21	저압 압축기 출구		
22	중압 압축기 입구		
23	중압 압축기 출구		
24	고압 압축기 입구		
3	고압 압축기 출구	13	팬(팁) 출구
4	고압 터빈 입구		
41	고압 터빈 출구		
42	중압 터빈 입구		
43	중압 터빈 출구		
44	저압 터빈 입구		
5	저압 터빈 출구		
6	재연소기 입구	16	혼합기 입구
7	배기노즐 입구	17	배기노즐 인터페이스
8	배기노즐 스로트	18	배기노즐 스로트
9	배기노즐 출구(대기)	19	배기노즐 출구

【표】 엔진 스테이션 번호

이 같은 스테이션 번호 체계를 사용하는 것은 두 가지 목적이 있다. 첫째는 비록 언어가 다르더라도 도형(diagram)의 스테이션 번호만으로 통일된 엔진작동 위치를 어렵지 않게 이해할 수 있다. 예를 들어 p_3이라고 한다면 압축기 출구의 압력을 의미하는 것이고 T_4라고 한다면 터빈인렛온도(TIT)를 나타낸다. 둘째는 가스터빈엔진에서 스테이션 번호는 엔진의 열역학 과정

(thermodynamic processes)들의 시작과 종료 지점과 일치한다. [그림 2-17]과 같이 가스터빈엔진의 열역학을 설명해 주고 있는 브레이튼 사이클(Brayton cycle)에서 수행되는 과정들을 설명할 때 스테이션 번호를 사용해서 과정의 시작과 종료를 나타낸다. 예를 들어 압축기가 수행한 등엔트로픽 압축(isentropic compression)의 종료는 T-s 도형에서 3번을 나타낸다.

❖ 단열(adiabatic)

열역학적 과정에서 팽창이나 압축하는 동안 시스템에서 주변으로 열이 교환(열의 가감)되지 않는 것으로 가역적일 수도 있고 비가역적일 수도 있다. 단열 과정이 일어나기 위해서 시스템은 주변으로부터 완벽하게 차단되어야 하고, 이 프로세스는 열전달이 이루어지기 충분한 시간이 확보되도록 신속하게 수행되어야 한다.

❖ 단열 팽창(adiabatic expansion) vs 단열 압축(adiabatic compression)

단열 팽창은 압력이 일정하고 온도가 감소하는 폐시스템에 이상적인 작용으로 정의할 수 있다. 반면 단열 압축은 공기로부터 열의 가감이 없고 공기의 외부 작용과 동일한 공기의 내부에너지가 증가하는 압축으로 정의된다. 공기의 압력은 압축 중 온도가 상승함에 따라 부피보다 커진다.

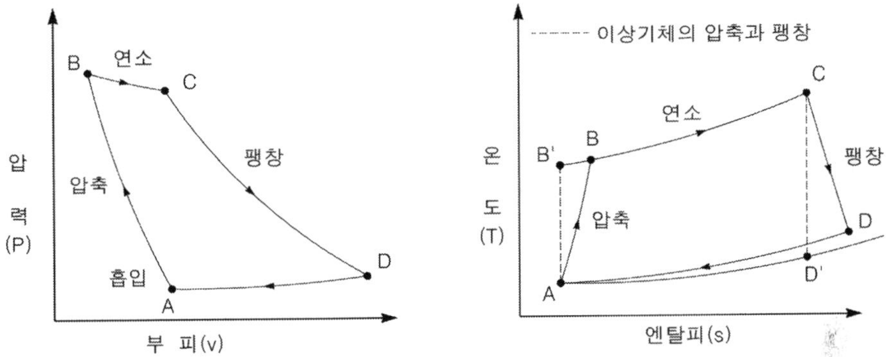

【그림2-17】 가스터빈엔진의 작동주기와 이 과정에서 수행된 일의 크기를 p-v 도형으로 나타낸다. 그래프의 A, B, C, D는 각각 압축, 연소, 팽창 그리고 배기 과정의 시작과 종료 지점을 나타낸다. T-s 도형이란 엔진 사이클에서 이상기체와 실제기체의 압력 변화를 선의 길이로 더욱 쉽게 판단할 수 있다. 이 도형에서는 열이 가해진 상태 그리고 이상기체와 실제기체에서 발생하는 손실을 쉽게 비교해 볼 수 있다.

2.7 엔진 사이클

✈ 가스터빈엔진은 공기를 작동 유체(working fluid)로 축동력과 추력(shaft power and thrust)을 생산한다. 추력은 배기가스의 속도가 엔진에 유입되는 공기흐름 속도보다 클 때 가능하고 이를 위해서 엔진 내부에서 공기흐름에 에너지를 부여함으로써 추력 생산에 필요한 운동에너지로 전환해야 한다. 인렛을 통해서 유입된 공기가 압축기에서 고압으로 압축된다. 연소기에서 가열되어 배기가스 온도가 크게 상승하고 가스는 물리적 일(physical work)을 수행하기에 충분한 에너지를 갖는다. 가스가 터빈을 회전시키는 일(work)을 한 후 배기 노즐에서 더욱 가속되어 남아 있는 모든 열에너지가 운동에너지로 전환된다. 가스는 배기 노즐 출구에서 높은 온도로 대기로 분출되면서 점차 주변 대기와 혼합되어 다시 대기 상태로 되돌아간

다. 이처럼 최초 자연 상태의 공기가 엔진으로 유입되어 일련의 과정을 거치면서 다시 원래의 대기 공기로 되돌아가는 과정(가스 상태의 변화)들이 존재하는 것을 알 수 있고 이를 엔진 사이클(engine cycle)이라 한다. 엔진 사이클은 장치의 종류에 따라 약간씩 다르게 적용된다. 예를 들어 냉장고와 같은 냉각 폐순환 과정을 "Carnot" 사이클이라 한다. 왕복엔진과 같은 내연기관에서는 "Otto" 사이클 그리고 가스터빈엔진의 작동 사이클은 "Brayton" 사이클이라 한다.

엔진을 통과하면서 에너지가 부여된 기체는 다양한 성질(압력, 온도, 질량 그리고 부피)들을 갖는다. 이 성질들은 상호 연관성을 가지면서 변화하는 가변성 특성이 있고 기체상태(state of gas)를 결정한다. 열역학의 제1법칙과 제2법칙은 기체상태를 서술하는데 적용될 수 있는 엔탈피(enthalpy)와 엔트로피(entropy)라고 하는 또 다른 2개의 부가적인 가변성을 정의하고 있다. 기체의 가열 또는 압축(팽창/압축)과 같은 열역학 과정에서 기체상태는 기체 법칙에 따라 변한다. 여기서 기체가 행한 총 일(total work)과 가스에 전달된 열(heat)은 기체의 시작과 종료 상태 그리고 기체상태가 변화하는데 적용된 과정(process)에 달려 있다.

열역학 과정에 따른 도형으로 그렸을 때 기체상태의 변화를 이해하는 데 매우 유용하다. 기체상태를 변화시킬 수 있는 변수에 따라 2가지 종류로 그려진다. [그림2-17]의 왼쪽 도형은 압력 대비 부피에 따른 과정을 보여주는 것으로 "p-v 도형"이라 한다. 이 도형에서 곡선은 일정 온도(constant temperature)를 나타내고 있으므로 등온 과정(isothermal process)이라 한다. 단열 과정(adiabatic process) 중 기체에 열전이(heat transfer)가 없지만, 기체의 온도, 압력 그리고 부피는 선과 같이 변한다. 기체가 행한 일(work)과 관련해서 "p-v 도형"에서 그려지는 과정 곡선의 면적(area)은 과정 중 기체가 행한 일의 크기를 나타낸다.

p-v 도형에서 A-B 선은 압축과정(compression process)이고 A는 엔진에 유입되는 공기의 상태이다. B는 압축기의 방출 상태를 지시한다. 가스가 점차 압축되는 동안 부피는 점차 줄어든다. 가스 통로 선상에 존재하는 마찰(friction)로 인해서 기계적 일은 필수 압력(B)을 달성하기 위해서는 이상 흐름 조건(B')의 곡선보다 더 연장된다. 이상기체는 수직이지만 실제 가스는 약간 경사지게 그려진다.

B-C 선은 압축공기에 연료가 분사되어 열(heat)이 가해지는 연소과정(combustion process)이다. 연소과정의 최대 효율을 얻기 위해서는 연소실에서 일정 압력(constant pressure)이 필요하다. 연소기의 연소과정은 St. 3과 St. 4 사이에서 일정 압력으로 수행된다. 온도는 사용된 연료 종류와 연공비(fuel/air ratio)에 따라 달라질 수 있다. 유체 동역학 마찰과 난기류 흐름 때문에 연소실에서 압력은 C점과 같이 약간 감소하는 경향이 나타난다.

C-D 선은 터빈과 배기 노즐에서 수행되는 팽창과정(expansion process)이다. 실제 가용한 에너지는 이상기체의 가용 에너지보다 약간 적다(D'). 또한, 배기가스가 대기압까지 완전 팽창이 드물어서 이 역시 가스 에너지 손실의 한 원인이다. 고온 배기가스는 St. 4에서 St. 5를 통과하면서 일(work)을 행하는 터빈을 통과한다. 터빈과 압축기는 동일 축에 연결되어 있어 터빈에서 행한 일은 압축기가 수행한 일과 정확하게 일치해야 하고 이상적으로 온도 변화는 동일하다. 노즐은 St. 5에서부터 St. 8까지 가스 흐름을 등엔트로픽하게 대기 상태로 되돌아간다. 대기에서 흐름 조건은 다시 원래의 상태로 복귀했고 사이클은 종료된다.

엔진 사이클을 보여주는 "압력-부피 도형(p-v diagram)"보다 이들의 관계를 더욱 명확하게 설명해 주고 있는 것이 기체의 온도 대비 엔트로피 도형이다. 이를 "T-s 도형(diagram)"이라 한다. T-s 도형에서 곡선은 p-v 도형과 달리 일정 압력으로 수행되고 이를 등압 과정(isobaric process)이라 한다. 이 등압 과정은 가스터빈엔진의 연속 과정에 해당한다. 등엔트로픽 과정

(isentropic process) 중 장치의 엔트로피에 변화가 없으므로 과정은 가역성(reversible)이다. T-s 도형에서 등엔트로픽 과정은 수직선(점선)으로 그려지고 과정 곡선으로 그려진 면적(area)은 기체에 전달된 열(heat)의 크기를 나타낸다. 엔탈피는 가스의 한 상태에서 다른 상태로 변화할 때 가스의 총에너지를 나타내는 열역학량(thermodynamic quantity)이고 부호는 H(h)를 사용한다. 엔트로피 역시 열역학량이기는 하지만 기계적 에너지로 변환될 수 없는 이론적으로 측정된 에너지 값이고 열의 품질 또는 유용성(quality or usability)을 측정한 것이다. 이를 가스터빈엔진에 적용했을 때 열을 기계적 일(에너지)로 전환하기 위해서는 온도의 변화가 필수라는 것을 설명해 준다. 따라서 가스 온도가 높을수록 열은 더 많은 일을 수행할 수 있다.

2.8 덕트의 기능과 모양

✈ 가스터빈엔진 항공기가 높은 아음속 또는 초음속 비행이 가능한 것은 흡입 공기의 에너지를 엔진에서 최대한 팽창시켜 높은 운동(속도)에너지를 달성할 수 있는 능력에 달려 있다. 관의 모양이 유체의 성질들을 변화시킬 수 있다는 것은 주지의 사실이다. 엔진 내부에서도 공기흐름의 속도를 조절하기 위한 미세한 관 단면적의 변화가 적용되고 있다. 예를 들어 인렛에서는 공기흐름의 속도를 낮추기 위해서 확산 작용(diffusion action)을 위한 모양으로 설계되고 압축기에서는 후방으로 갈수록 관의 단면적이 좁게 설계되어야 압축의 효율을 높일 수 있다. 배기 과정에서는 흐름의 속도를 최대화하기 위해서 관의 단면적을 최소화한다.

노즐(덕트) 그 자체가 어떠한 기계적 일(mechanic work)을 수행하는 것은 아니지만 각 구성품의 성능에 영향을 준다. 기본적으로 노즐의 모양은 [그림2-18]과 같이 단면적이 점점 좁아지는 수축의 형태와 반대로 단면적

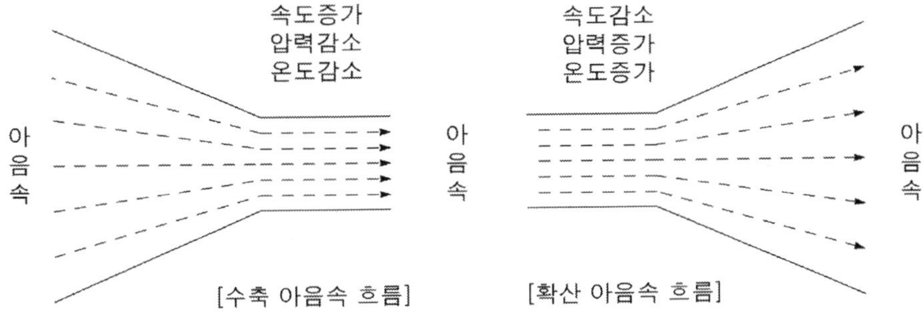

【그림2-18】 가스터빈엔진에서 확산 덕트의 주요 목적은 흐름의 속도를 감속하는 데 있다. 인렛에서는 유입된 흐름의 속도를 다소 감속시키기 위해서 약간 넓게 설계된다. 또한, 압축기의 디퓨저는 연소실에서 효율적 연소를 위해서 압축공기의 속도를 감소시키는 중요한 역할을 한다. 수축 노즐에서 유체흐름의 속도가 증가하는 것이 최대의 장점이다. 대부분의 아음속 항공기의 배기 노즐은 수축 노즐을 채택하여 추력을 극대화하고 있다. 이외에도 압축기의 회전 블레이드와 고정 베인들을 배열하는 방식에서도 수축 노즐로 설계하여 흐름의 압력과 속도를 정교하게 조절한다.

이 점점 커지는 확산의 형태가 있다. 에너지의 변화를 일으킬 수 있는 효율(efficiency)은 이들 노즐의 모양(shape)에 달려 있다. 만약 이들 노즐 속에서 어떠한 형태의 난기류(turbulence flow)가 발생했다면 엔진의 효율이 크게 떨어지는 원인이 될 수 있다. 엔진 내부에서 심한 난기류 또는 소용돌이 흐름(turbulent or eddy flow)은 구성품의 파손을 초래할 수 있는 진동(vibration)을 유발한다. 또한, 경계층의 발달이라든지 충격파의 형성은 노즐의 유효 단면적을 감소시킬 수 있다. 배기가스의 속도를 극대화하기 위해서는 수축 노즐이 적합하지만 흐름 속도가 음속을 초과하는 조건에서는 노즐을 벗어난 하류 흐름에서 과도한 팽창(expansion)으로 인한 난기류성 흐름이 발생하여 추력을 감소시킬 수 있다. 이를 보완하고 부가 추력(additional thrust)을 얻기 위한 설계가 수축-확산 노즐이다.

1. 확산 덕트

확산 덕트(divergent duct)는 [그림2-18]과 같이 운동(속도)에너지를 압력에너지로 바꾸어 주는 역할을 한다. 다시 말해서 공기흐름의 속도를 감소시켜야 할 필요가 있는 구역에 설계된다. 가스터빈엔진에서 확산 덕트가 필요한 구역은 인렛(inlet) 그리고 압축기 디퓨저(compressor diffuser)이다. 인렛에서 압축기에 유입되는 공기는 필연적으로 아음속이 되어야 한다. 이것은 특히 높은 아음속과 초음속 항공기 인렛 설계의 필수요건이다. 인렛의 내부를 약간 확산 모양으로 설계함으로써 유입된 공기흐름의 속도는 떨어지고 압력은 상승하면서 압축기 입구에서 압력회복(pressure recovery)의 효과를 동시에 달성한다.

2. 수축 덕트

유체 흐름(fluid flow) 속도를 최대화하기 위한 대부분 기계장치는 수축 덕트(convergent duct)를 활용한다. 수축 덕트(convergent)는 [그림2-18]과 같이 압력에너지를 운동(속도)에너지로 전환해 주는 역할을 한다. 가스터빈엔진에서 전형적인 수축 덕트가 활용되고 있는 구역은 배기 추진 노즐(exhaust-propelling nozzle)이다. 연소과정에서 최대로 높아진 압력에너지를 높은 배기가스의 속도로 전환해 주는 역할을 한다. 일반적인 가스터빈엔진의 주요 작동 온도영역에서 흐름 속도(flow velocity)에 사용되는 덕트의 모양은 아음속을 위한 설계이다.

3. 수축-확산 덕트

유체 흐름 속도를 극대화하기 위한 노즐은 통상 수축 노즐의 형태이기는 하지만 실제 제트엔진에서 수축 배기 노즐은 아음속(subsonic)에서만 효율을 달성할 수 있고 흐름이 음속을 초과하는 조건에서는 노즐 하류 흐름에서 급격한 팽창으로 인한 충격파들이 발생할 수 있으므로 추력 효율이 떨어진

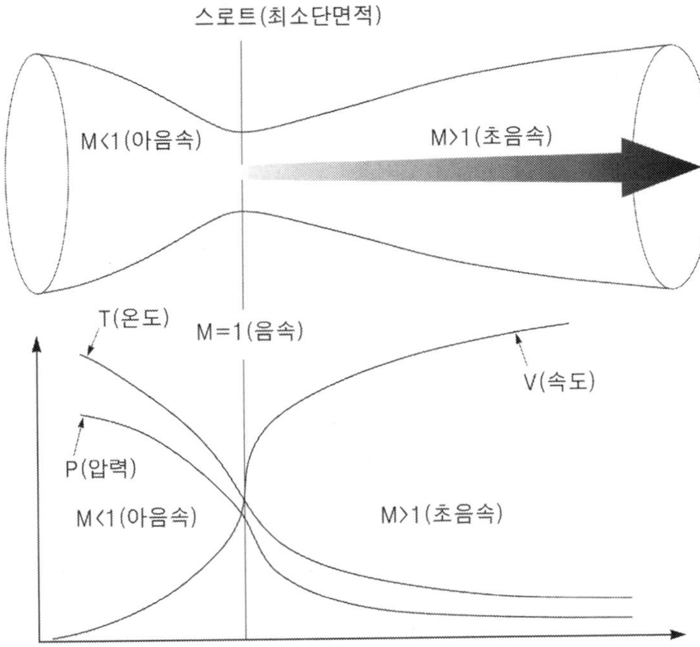

【그림2-19】 전형적인 초음속 항공기의 배기 노즐로 사용되는 수축-확산(C-D) 노즐에서 공기역학적 속도, 압력 그리고 온도의 변화를 관찰할 수 있다. 스로트 이전의 흐름 속도는 아음속이지만 스로트에서 음속이 되어 초크 현상이 발생할 수 있다. 스로트로 접근함에 따라 압력과 온도는 감소하지만, 속도는 점진적으로 증가하고 있다. 스로트에서 흐름 속도는 음속으로 가속되고 이 구역을 통과하면서 공기흐름의 온도와 압력은 급격히 감소하는 반면 속도는 급격히 증가하고 있다. 이것은 초음속 배기 노즐의 중요한 설계 고려요소가 되었다.

다. 수축 노즐의 단점을 극복하고 초음속 흐름에서 부가 추력(additional thrust)을 얻기 위한 설계가 수축-확산 노즐/덕트(convergent-divergent duct; CD nozzle/duct)이다.

초음속 흐름이 유입되는 확산-수축 덕트(DC duct)는 아음속 벤투리의 효과와 반대로 나타난다. 이 같은 주요 원인은 충격파(shock waves)들이 발생하면서 이 구역을 통과하는 가스의 압력, 온도 그리고 밀도는 급격히 증가하고 속도는 감소하기 때문이다. 실제 풍동실험의 결과에 따르면 [그림2-19]와 같이 높은 아음속 흐름이 노즐에 유입되지만, 수축 특성에 따라 점차 가속되어 스로트에서 흐름은 음속에 도달하였다. 이 조건에서 흐름은 초킹(choking)이 발생하여 급격한 압력 상승이 발생하면서 하류 흐름을 난기류성으로 변질시킨다.

최근에 개발된 첨단 항공기에서는 충격파 뒤의 증가한 압력을 엔진 내부에 존재하는 공기 압력을 보충하는 데 활용한다. 이를 위해서는 극도로 정밀한 설계가 필요하다. 충격파 뒤의 더 높은 압력은 파장을 통과해서 압력이 더 낮은 앞쪽으로 이동할 수 없기 때문이다. 대형 풍동장치들을 포함하여 실험 장비의 충격파 초킹은 상당한 불확실성의 원인이 되고 있음을 보여주고 있다. 그러나 M=0.85~1.10의 흐름 속도영역에서 실제로 달성된 실험적 결과들은 이론적 개념 발달을 뛰어넘는 경향을 보여 왔다. 이 때문에 가스터빈엔진을 통과하는 덕트와 노즐의 모양뿐만 아니라 이 구성품들을 통과하는 흐름 속도 역시 큰 영향 요소라는 사실을 인식해야 한다.

결론적으로 가스터빈엔진의 높은 효율을 달성하기 위해서는 엔진 내부를 통과하는 공기 성질과 함께 정밀한 공기역학을 고려해야 하고 구성품별로 요구되는 압력에너지와 운동에너지의 필수요건들 모두가 잘 조화되었을 때 가능한 것이다. 다시 한번 강조되는 사항이지만 압축되고 가속된 공기흐름을 다양한 에너지의 필수요건에 적절하게 활용하기 위해서는 고온고압의 가스가 통과하는 덕트의 크기와 모양이 매우 중요한 변수가 된다.

2.9 엔진 성능 변수

✈ 제트엔진의 작동원리를 더 어렵게 하는 요인 중 하나가 엔진 성능을 지시하는 각종 변수이다. 추력의 정의, 비(specific) 값이 갖는 의미, 엔진 각 구성품과 전체 엔진에서의 압력비 또는 온도비, 비추력, 비연료소모, 질량 유동

률 등은 가스터빈엔진의 성능(engine performance)을 이해하는 데 필수 변수들이다. 엔진의 주요 구성품들을 다루기 전에 이 변수(parameters)들을 먼저 소개함으로써 엔진작동의 전반적인 원리를 이해하는 데 크게 도움이 될 것이다.

1. 추진

항공기는 다양한 추진장치(propulsion systems)에서 생산된 추력으로 비행할 수 있는 동력을 얻는다. 이 정의에 따르면 추진(propulsion)이란 물체(항공기)를 앞으로 밀어내거나 당기는 것이고, 추진장치는 물체를 밀어내기 위한 추력을 생산하는 일종의 기계이다. 항공기의 추력을 생산하는 방식은 약간씩 다르지만, 기본적으로 뉴턴의 작용과 반작용(action and reaction)의 법칙에 따른 결과이다. 전형적인 프로펠러 엔진에서는 소량의 공기를 기계적 회전 에너지(프로펠러)에 의한 대량의 질량(large mass)으로 가속해서 추력을 얻는다. 반면 터보제트 엔진은 대량의 공기를 엔진에서 소량의 질량(small mass)으로 가속해서 배기 노즐을 통해서 분출하는 반작용으로 추력을 생산한다. 이들 엔진을 단순 비교했을 때 전자의 방식이 연료 효율 면에서는 우수하지만, 후자의 방식은 높은 초과추력(excess thrust)을 얻는 데 유리하다. 앞으로 다루게 될 가스터빈엔진은 터보제트, 터보팬, 터보프롭 그리고 터보축 형식이 있다. 이들 엔진의 종류가 왜 다른가는 항공기가 수행하는 임무에 따라 결정된다.

첫째, 순항비행 중에 엔진은 가능한 한 최저 연료로 항공기 항력과 균형을 유지하기 위한 충분한 추력을 제공해야 한다. 민간 운송용 항공기와 화물기들의 수명은 대부분 순항비행이다. 이들 항공기에서는 초과추력보다 높은 엔진 효율과 낮은 연료 소모를 더 우선시한다.

추력은 힘이고, 힘은 시간경과에 따른 운동량의 변화이다.

$$\dot{m} = \rho VA$$

$$F = (\dot{m}_e V_e - \dot{m}_0 V_0) + (p_e - p_0)A_e \quad [p_e \neq p_0]$$

$$F = \dot{m}_e V_e - \dot{m}_0 V_0 \quad [p_e = p_0]$$

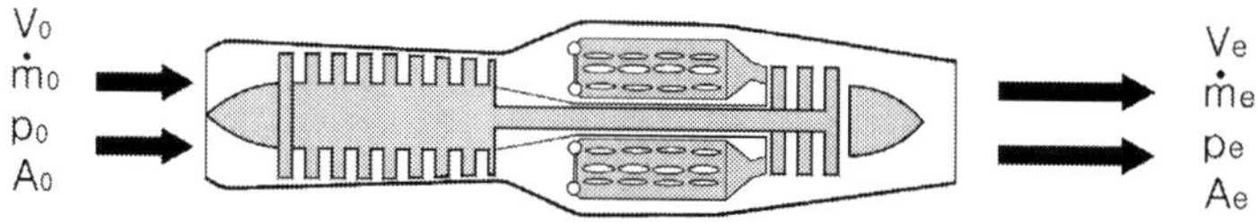

【그림2-20】 가스터빈엔진의 추력은 엔진 속에서 가속된 배기가스에 의해서 생산된 힘이다. 일반 액체의 유동률과 달리 공기와 같은 기체의 유동률에서는 반드시 기체의 밀도가 변수로 작용한다. 일반 추력 방정식에 따라 추력은 질량 유동률이 높거나 아니면 배기가스의 속도가 크면 클수록 추력의 크기는 증가한다. 이 중 질량 유동률을 증가시키는 방식은 대형 민간 운송용 항공기의 고바이패스비 엔진에서 주로 채택하고, 배기가스의 속도를 증가시키는 방식은 순수 터보제트 엔진과 저바이패스비 터보팬 엔진을 장착하고 있는 전투기 모델에서 채택하고 있다.

둘째, 높은 가속(이륙과 기동)이 필요한 항공기(전투기)는 추력이 항력을 초과해야 한다. 추력과 항력의 차이가 클수록 항공기의 가속은 더욱 커지고 이를 초과추력(excess thrust)이라 한다.

위의 추력 요소들을 고려했을 때 프로펠러와 팬의 공기역학적 효율 때문에 소량의 공기를 대질량으로 가속하는 것이(프로펠러) 연료 효율이 더 양호하다. 이것이 승객 운송용 항공기와 화물기의 고바이패스비 터보팬(high by-pass ratio turbofan) 엔진과 터보프롭(turboprop) 엔진을 선호하는 주요 이유이다. 반면 전투기와 같은 항공기는 신속한 가속 및 고속비행과 관련된 높은 항력을 극복하기 위해서 매우 높은 초과추력(excess thrust)이 필수이다. 이들 항공기에서 연료 효율보다 초과추력이 더 중요시된다. 따라서 현대의 초음속 전투기들은 저바이패스비 터보팬(재연소기 장착) 엔진을 더 선호하는 이유이다.

2. 추력

가스터빈엔진의 분류에서 가장 중요한 변수(parameter)가 추력(thrust)이다. 뉴턴의 작용과 반작용 운동법칙은 가스터빈엔진 항공기의 기본 추진원리를 설명해 줄 수 있는 이론적 근거이다. 공기가 엔진을 통과하면서 팽창된 가스로 전환되어 배기 노즐을 통해서 고속으로 배출되는 배기가스는 반대 방향으로 힘이 발생하고 이를 추력이라 한다. 뉴턴의 가속도 법칙에 따르면 힘은 시간 경과에 따른 모멘텀의 변화라고 정의하고 있다. 모멘텀의 변화가 힘을 발생시키는 근원이고 제트추진의 기본원리이다. 이것이 추력 방정식(thrust equation)으로 응용되는 모멘텀 이론(theorem of momentum)이다. 따라서 가스터빈엔진은 공기를 통과시켜 공기흐름에 모멘텀을 증가시키는 일종의 기계라고 할 수 있다. 추력 생산에 기여하는 구성품들은 직선으로 배열되어 있으므로 엔진 추력 산출이 비교적 단순하다. 실질적으로 엔진 전체에서 어떠한 일들이 수행되는지를 산출하는 것보다 각 구성품의 경계구역에서 수행된 일(work)의 결과만으로 필요한 추력을 산출할 수 있다. 모멘텀은 질량과 속도의 결과이고, 일정 시간 동안($t_1 \sim t_2$)의 힘(F)은 다음과 같이 나타낼 수 있다.

$$\text{모멘텀}(I) = \text{질량}(m) \times \text{속도}(V) \quad [\text{단위};\ mkg/s^2]$$

$$F = \frac{(mV)_2 - (mV)_1}{t_2 - t_1}$$

만약 질량이 일정하고 시간 경과와 함께 속도만 변화한다면 힘의 방정식은 질량(m)과 가속도(a)를 곱한 값이다.

$$F = ma$$

유체역학에서 중요한 변수가 질량 유동률(mass flow rate; $\dot{m}$)이고 단순한 유체의 질량이 아니라 단위 시간당 질량의 유동률이기 때문에 이미 시간이 포함되어 있다. 따라서 추진장치를 통한 모멘텀의 변화는 질량 유동률 곱하기 속도의 변화($\dot{m}\ V$)라고 할 수 있다. 이를 바탕으로 엔진 입구(inlet)와 출구(exit)에서의 추력은 다음과 같다.

$$F = \dot{m}_e V_e - \dot{m}_o V_o \ \ [p_e = p_0] \qquad [\ 1\ ]$$

엔진 추력을 고려할 때 만약 인렛 압력과 배기 노즐 압력이 다르다면 반드시 이에 따른 부가 효과(additional effects)를 반영해야 한다. 유체 압력은 기체 분자들의 모멘텀과 관계있고 반드시 수직으로 작용한다. 만약 흐름에서 순 압력(net pressure) 변화가 존재한다면 모멘텀의 부가 변화가 존재한다고 볼 수 있다. 출구 면적에서 부가 힘(additional force)은 출구 압력에서 입구 압력을 뺀 값에 출구 면적으로 곱한 값이 된다. 이를 추력 방정식에 적용했을 때 다음과 같다.

$$F = \dot{m}_e V_e - \dot{m}_o V_o + (p_e - p_0) A_e \ [p_e \neq p_0] \qquad [\ 2\ ]$$

일반적으로 압력-면적 조건은 질량 유동률-속도 조건보다 상대적으로 작다. 위에서 정의한 추력 방정식을 통해서 고추력(high thrust)을 생산하기 위한 두 가지 가능한 방법이 있음을 알 수 있다.

첫째는 엔진의 질량 유동률을 가능한 한 높이는 것이다. 출구 속도가 길어진 만큼 입구 속도보다 커지고 높은 엔진 흐름은 높은 추력을 생산하게 될 것이다. 이것이 프로펠러 항공기와 고바이패스비 터보팬 엔진의 효율이 높은 이유이다. 대량의 공기가 매초 당 처리되지만, 속도의 변화는 크게 변하지

$[p_e \neq p_0] \quad F=(\dot{m}_e V_e-\dot{m}_0 V_0)+(p_e-p_0)A_e$

$\dot{m}=\text{mass/time}$

$[p_e=p_0] \quad F=\dot{m}_e V_e-\dot{m}_0 V_0 \quad \dot{m}_e=(1+f)\dot{m}_0$

비추력$(Fs)=\dfrac{F}{\dot{m}}=(1+f)V_e-V_0$

p ; 압력
V ; 속도
A ; 면적
f ; 연공비
$\dot{m}$; 질량유동율

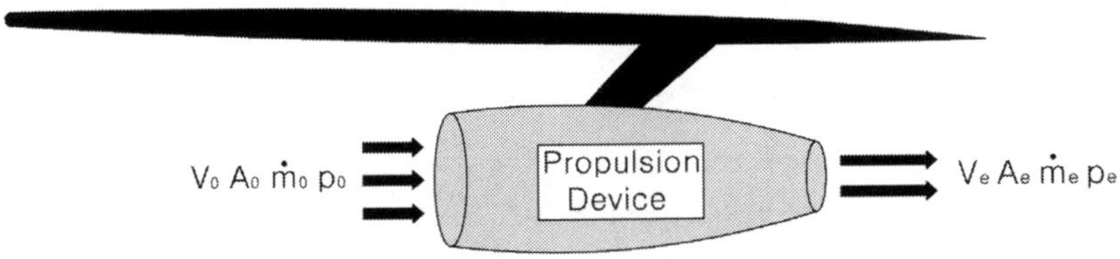

【그림2-21】 질량보존의 법칙에 따르면 인렛에 유입된 공기의 양은 동일 양이 배기 노즐을 통해서 배출되어야 한다. 다만 연소과정에서 연료가 분사되는 양만 추가로 고려되어야 하고 이 양은 총공기량의 약 2% 정도에 불과하다.

않는다.

둘째는 출구 속도를 입구 속도보다 아주 크게 증가시키는 것이다. 이것이 순수 터보제트, 저바이패스비 엔진(재연소기 장착) 그리고 로켓엔진에서 높은 추력을 생산할 수 있는 방식이다.

가스터빈엔진에서 일반 추력 방정식을 적용할 때 터빈엔진의 노즐은 출구 압력이 자유공기 압력과 동등하도록 설계된다. 이 경우 추력 방정식에서 압력-면적 조건은 “0”이 되기 때문에 추력 방정식은 [1]과 같이 단순하게 적용된다. 또한, 출구 질량 유동률과 입구의 자유공기 질량 유동률이 거의 동등하고 자유공기흐름은 모두 공기이기 때문에 엔진을 통과하는 질량 유동률을 엔진공기흐름율($\dot{m}_{eng}$)로 구분하고 다음과 같이 나타낼 수 있다.

$$F=\dot{m}_{eng}(V_e-V_0)$$

여기서 엔진 공기흐름을 비추력(specific thrust; F_s) 변수에 포함했을 때 방정식을 더 단순화할 수 있다. 비추력은 엔진 전체에서 오직 속도 변화($V_e - V_0$)에 따라서만 달라지고 다음과 같이 나타낼 수 있다.

$$F_s = \frac{F}{\dot{m}_{eng}} = (V_e - V_0)$$

추력 단위는 kN(kilonewton) 또는 데카-뉴턴(Deka-newton; daN)을 사용한다.

3. 비추력

추력(thrust)은 공기 속에서 항공기를 이동시키는 힘(force)이라고 정의했다. 비추력(specific thrust)이란 엔진을 통과하는 공기흐름이 추진힘(propulsion force)으로 얼마나 효율적으로 전환되는가에 대한 평가(assessment)이다. 여러 가스터빈엔진의 성능을 비교하는데 비추력은 매우 유용하게 사용된다. 비추력은 단위 질량 유동률 당($1kg/s$) 얻을 수 있는 추력의 크기(daN or kN)로 나타낸다. 일반 추력 방정식을 기초로 출구(배기노즐) 질량 유동률(exit mass flow rate)은 인렛 질량 유동률에 연료유동률(fuel mass flow rate)을 더한 값이기 때문에 연료/공기 혼합율(f)을 적용했을 때 출구 질량 유동률은 다음과 같다.

$$\dot{m}_e = (1+f)\dot{m}_0$$

대수학(algebra)을 적용했을 때 추력은 오직 엔진에서 생산된 속도차에 따라 달라질 수 있는 새로운 가변 변수인 비추력(specific thrust; F_s)을 유추할 수 있다.

$$\frac{F}{\dot{m}_0} = F_s = (1+f)\,V_e - V_0$$

여기서 EPR, ETR 그리고 노즐 성능(nozzle performance)만 알 수 있다면 출구 속도(V_e)는 쉽게 계산할 수 있다.

4. 엔진 압력비

가스터빈엔진에서 압력 증가(pressure increase)는 압축기에서 수행하는 기계적 일(mechanical work)이다. [그림2-22]는 전형적인 터보제트 엔진의 압력 변화를 보여주고 있다. 흡입구를 통해서 유입되는 과정에서 확산 작용(diffusion)으로 약간 증가한다. 압축기의 종류에 따라 다르지만 압축기 출구에서 압력이 크게 증가한다. 연소과정에서는 일정한 압력(약간 감소)이 유지된다. 고온 가스가 터빈을 통과하면서 압축기 및 보기류의 일을 수행할 수 있는 에너지가 추출되면서 약간의 압력손실(pressure loss)이 발생하지만, 노즐에 유입될 때까지 압력은 주변 대기압보다 높은 상태가 유지된다. 노즐에서 고압고온 가스가 높은 속도로 전환되면서 출구 속도는 자유공기 흐름 속도보다 훨씬 커지고 이것이 추력 요소이다. 엔진 압력비(EPR)는 엔진 전 과정에서 발생하는 각 구성품의 압력비를 합한 총압력비(total pressure ratio)이다. 이를 엔진 스테이션 번호 체계에 적용했을 때 EPR은 압축기 노즐 총압력비(Pt_8)를 인렛 총압력비(Pt_2)로 나눈 비율(Pt_8/Pt_2)이고 다음과 같이 나타낼 수 있다.

[엔진압력비 = 압축기 압력비+연소기 압력비+터빈 압력비+노즐 압력비]

$$EPR = Pt_8/Pt_2 = (Pt_3/Pt_2)\,(Pt_4/Pt_3)\,(Pt_5/Pt_4)\,(Pt_8/Pt_5)$$

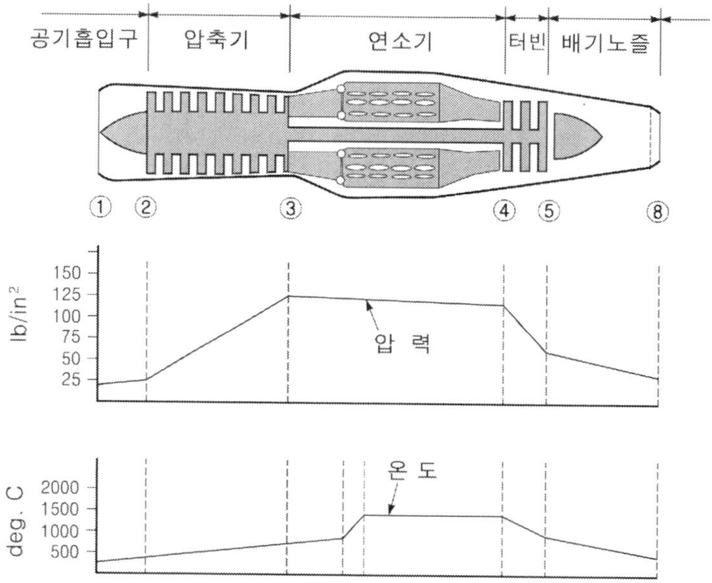

Engine Pressure Ratio=EPR

$$EPR = \frac{p_{t8}}{p_{t2}} = \frac{p_{t3}}{p_{t2}} \; \frac{p_{t4}}{p_{t3}} \; \frac{p_{t5}}{p_{t4}} \; \frac{p_{t8}}{p_{t5}}$$

Engine Temperature Ratio=ETR

$$ETR = \frac{T_{t8}}{T_{t2}} = \frac{T_{t3}}{T_{t2}} \; \frac{T_{t4}}{T_{t3}} \; \frac{T_{t5}}{T_{t4}} \; \frac{T_{t8}}{T_{t5}}$$

【그림2-22】 공기흐름이 압축기를 통과하면서 압력은 최대로 증가하고 이후의 과정에서는 더 이상 증가 요소가 없다. 연소과정과 터빈에서 약간 감소하는 경향이 있지만 배기 노즐까지 높은 압력이 그대로 유지된다. 엔진의 총 압력비는 배기 노즐의 압력비 대비 입구 압력비로 간단히 산출할 수 있지만, 기본적으로 각 구성품에서 수행된 압력비의 합계이기도 하다. 연소기에서 가장 높은 온도가 발생한다. 물론 공기가 압축되는 과정에서도 온도는 상당히 증가하고 이후의 과정에서 온도는 지속 감소한다. 엔진 온도비는 각 구성품에서 발생한 온도를 모두 합한 값이지만 때로는 배기 노즐에서의 온도비를 압축기 입구에서의 온도로 나눈 값이기도 하다.

EPR은 작동 중인 엔진에서 어렵지 않게 측정할 수 있고 조종실 계기에 지시된다.

5. 엔진 온도비

가스터빈엔진 인렛에서는 주변 대기의 자유공기가 그대로 유입되고, 어떠한 일도 수행하지 않기 때문에 거의 동일 공기흐름의 온도로 가정한다. 이들 공기흐름이 압축기로 유입되어 압축기(compressor)의 여러 단(stages)을 통과하면서 [그림2-22]와 같이 압력이 크게 증가하고 온도 역시 증가한다. 연소과정에서 압력은 일정하게 유지되지만, 가스 온도는 최댓값까지 상승한다. 고온 배기가스가 터빈을 통과하면서 감소하기는 하지만 여전히 자유공기에 비해서 높은 상태를 유지하고 있다. 출구 속도가 자유공기 흐름의 속도보다 높은 속도를 유지하고 있으므로 항공기를 추진시킬 수 있는 추력을 생산한다. ETR은 엔진 전 과정에서 발생하는 총온도(total temperature)이다.

[엔진온도비=압축기 온도비+연소기 온도비+터빈 온도비+노즐 온도비]

ETR은 노즐 총온도(Tt_8)를 압축기 총온도(Tt_2)로 나눈 비율이다.

$$ETR = Tt_8 / Tt_2 = (Tt_3 / Tt_2)\,(Tt_4 / Tt_3)\,(Tt_5 / Tt_4)\,(Tt_8 / Tt_5)$$

ETR 역시 작동 중인 엔진에서 쉽게 측정할 수 있고 조종실 계기에 지시된다.

6. 초과추력

항공기의 이륙과 상승과 같은 기동성(maneuverability) 비행 조건에서 엔진은 항공기를 충분히 가속하는데 필요한 초과추력(excess thrust)을 제공할 수 있어야 한다. 초과추력은 [그림2-23]과 같이 추력에서 항공기 항력을 뺀 값이다. 뉴턴의 제2법칙에서 물체에 작용하는 순 외부 힘(net external force; F)은 질량(m)과 가속도(a)를 곱한 값($F = ma$)이다. 항공기에서 수

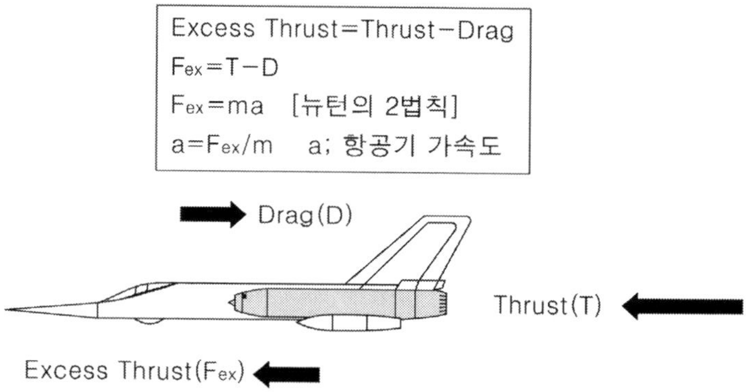

【그림2-23】 전투기와 같은 높은 기동성이 필요한 항공기는 높은 초과추력이 요구된다. 반면 민간 운송용 항공기들의 사용수명은 대부분 순항비행이다. 이들 항공기 역시 순항고도에 도달할 때까지 이륙과 상승을 위한 초과추력이 필요하지만, 전투기와 같이 높은 초과추력이 필요하지 않다.

평 외부 힘(F_h)이 바로 초과추력(F_{ex})이 된다. 이를 정리하면 다음과 같다.

$$F_{ex} = F_h = T - D = ma$$

따라서 초과추력($T-D$)을 질량(m)으로 나눈 값이 항공기 가속(a)이다.

$$a = (T - D)/m$$

항공기 질량으로 나눈 추력은 추력 무게비(thrust to weight ratio)와 밀접한 관련이 있다. 전투기와 같은 높은 초과추력을 갖는 항공기는 낮은 초과추력을 갖는 항공기에 비해서 가속이 매우 빠르다.

7. 비연료소모(SFC or TSFC)

비연료소모(specific fuel consumption; SFC) 또는 추력비연료소모(thrust specific fuel consumption; TSFC)는 추력 다음으로 중요한 엔진 성능 변수이다. 비연료소모는 단위 추력을 생산하는 데 소모되는 연료의 양을 나타낸다. 가스터빈엔진 제작자들은 최대 추력을 생산할 수 있는 엔진 개발에 집중하지만, 최저의 비용을 추구하는 상업용 민간 항공기와 환경을 중요시하는 미래 항공산업에서는 단위 추력을 생산하는 데 사용된 연료의 양을 더 중요시하는 추세이다. 더욱이 탄소 중립이라는 세계적 과제를 해결해야 하는 현대 항공산업에서 더욱 그렇다.

연료 효율(fuel efficiency)을 나타낼 때 비연료소모라고 하는 효율계수(efficiency factor)를 사용한다. 용어 "비(specific~)"는 질량 또는 무게(mass or weight)로 나눈 값이다. 여기서는 "파운드(Newton; N) 당 추력"을 나타내고 가스터빈엔진의 추력에만 사용된다. 만약 축동력(shaft power)을 생산하는 엔진에서는 제동비연료소모(brake SFC; BSFC)를 사용한다. SFC 또는 TSFC는 엔진이 시간당 소모한 연료량($\dot{m}_f$)을 엔진이 생산한 추력(thrust)으로 나눈 값이다. 단위는 시간당 질량 파운드(lbm/h)를 추력(F)으로 나눈 값이고 다음과 같이 나타낼 수 있다.

$$SFC(TSFC) = \frac{\dot{m}_f}{F} \quad [\text{단위};\ \frac{lbm/h}{lbs} \ \text{or} \ \frac{(kg/h)}{N}\ ]$$

위의 방정식에서 낮은 비연료소모(low SFC) 값은 연료효율이 높지만 높은 비연료소모(High SFC) 엔진은 연료효율이 낮다는 것을 의미한다. 이해를 돕기 위해서 [그림2-24, 25]와 같이 터보제트 엔진과 터보팬 엔진의 비연료소모 값을 비교해 보자. 터보제트 엔진(추력=2000 lbs)과 터보팬 엔진(추력=4000 lbs)의 연료유동률($\dot{m}_f$)은 모두 2000 lbm/hr라고 가정하자. 터보제

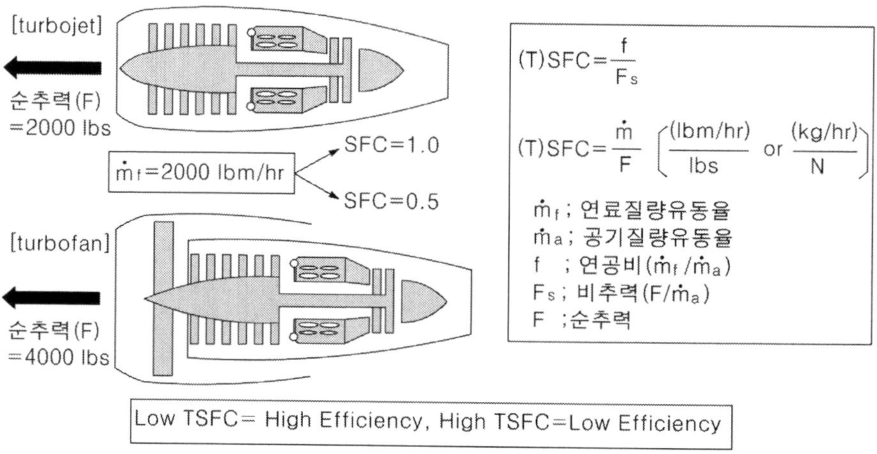

【그림2-24】 비연료소모(SFC or TSFC)는 단위 추력을 생산하는 데 소모되는 연료의 양을 나타낸다. 연료/공기 비율은 연료 질량 유동률을 공기 질량 유동률로 나눈 값이다. SFC 값이 낮다는 것은 단위 추력을 생산하는 데 소모된 연료량이 적다는 것을 의미하고 연료 효율이 높다고 할 수 있다. 일반적으로 순수 터보제트 엔진보다 바이패스비 엔진이 SFC가 낮고, 저바이패스비 터보팬 엔진보다 고바이패스비 터보팬 엔진의 SFC가 낮다.

트 엔진의 SFC는 1.0이고 터보팬 엔진의 SFC는 0.5가 된다. 따라서 터보팬 엔진이 터보제트 엔진보다 연료효율이 더 높다는 것을 알 수 있다.

일반적으로 해수면에서 터보제트 엔진의 SFC는 1.0 그리고 터보팬 엔진의 SFC는 0.5 값을 갖는다. SFC는 엔진 효율이 대기 조건에 따라 다르므로 항공기 비행속도와 고도에 따라 달라질 수 있다. SFC는 주어진 엔진의 성능에 대한 중요한 정보를 제공한다. 재연소기 터보제트는 일반 터보제트보다 더 큰 추력을 생산한다. 만약 SFC가 두 엔진에서 1.0으로 동일하다면 추력을 증가시키기 위해서 등가의 양으로 연료유동률을 증가시켜야 한다. 예를 들어 다음과 같이 주어진 조건에서 연료유동률이 얼마나 증가할 수 있는지 간단하게 계산할 수 있다.

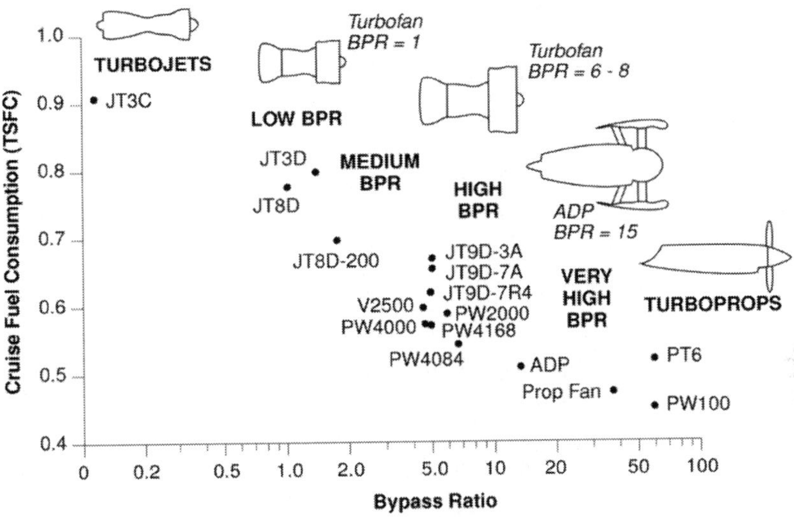

【그림2-25】 터빈엔진 종류에 따른 TSFC 비교

- 초기 추력=2000 lbs
- 재연소 추력=3000 lbs
- SFC=1.0
- 연료유동률=3000 lbm/h

전형적인 재연소기 터보제트 엔진의 SFC 값이 1.5이고 재연소기를 작동시켰을 때 비록 더 큰 추력을 생산할 수 있지만, 파운드 당 추력을 얻는데 필요한 연료량은 아래와 같이 증가했음을 알 수 있다.

- 초기 추력=2000 lbs
- 재연소 추력=3000 lbs
- SFC=1.5
- 연료유동률=4500 lbm/h

엔지니어들은 항공기가 주어진 임무를 수행하는 데 얼마의 연료가 필요한지를 계산하기 위해서 SFC를 활용하기도 한다. 예를 들어 SFC=0.5이고 2시간 동안에 5000파운드의 추력이 필요하다면 이 임무를 수행하는데 필요한 연료량은 5000파운드($5000 \times 0.5 \times 2 = 5000$)이다.

8. 비(specific)

가스터빈엔진의 성능을 다루는 과정에서 비연료소모(SFC), 비추력(specific thrust) 등과 같은 "비(specific)"와 관련된 용어를 자주 접하게 될 것이다. 기술과학용어로서 "specific"은 무게 또는 질량(weight or mass)으로 나눈 값을 의미한다. 물리와 화학 분야에서도 종종 사용되는 용어로 기체의 비부피(specific volume)는 용기 속에 들어있는 기체의 질량으로 나눈 기체의 부피이다. 제트엔진에서 "specific" 성질은 다음과 같은 목적으로 활용된다.

첫째, 물질의 질량과 관련된 수학적 문제를 분석하는 데 있어서 질량을 제외함으로써 문제해결을 단순화할 수 있다. 예를 들어 가스의 열역학(thermodynamic) 일에 관한 방정식에서 질량 유동률(mass flow rate)이 승수(multiplier)가 되고 처음과 끝이 일정하게 유지된다. 따라서 문제해결 과정의 시작 단계에서 질량 유동률을 제외하고 마지막 단계에서 다시 넣는다면 수학적 분석 과정은 한결 단순해질 수 있다.

둘째, "specific" 성질은 효율(efficiency)을 나타낸다. 모든 엔진은 해당 엔진 고유의 비추력(specific thrust)을 갖는다. 비추력이 높다는 것은 동일 양의 공기흐름으로 더 큰 추력을 생산할 수 있다는 것을 의미하기 때문에 높은 비추력을 갖는 엔진이 추력 효율이 더 높다.

셋째, "specific" 성질은 엔진의 예비 설계(preliminary design) 과정에서 엔진의 물리적 크기(physical size)에 대한 정보를 제공한다. 열역학 분석의 결과는 특정 비추력 값을 나타내고 항공기 항력은 필요추력(required

【그림2-26】 질량 유동률은 질량보존의 법칙에 따라 관을 통과하는 유체의 양은 생성되거나 소멸하지 않는다. 기체의 밀도는 항상 변할 수 있는 가변성이기 때문에 기체의 질량 유동률을 산출할 때는 밀도를 반영해야 한다. 단면적이 다른 관에서 어느 단면에서나 흐름이 지나는 총량은 동일하다. 질량 유동률은 흐름의 속도를 무한으로 증가시켜 높일 수 있을 것 같지만 속도가 최대가 될 수 있는 조건은 관의 단면적이 가장 좁아지는 구역에서 마하수 1.0까지로 제한된다.

thrust) 값을 결정한다. 필요추력을 비추력으로 나누면 엔진이 얼마의 공기 흐름을 생산하여야 하는지를 예측할 수 있고 이것이 엔진의 물리적 크기를 결정한다.

9. 질량 유동률

유체역학에서 유동률(flow rate)은 시간당 흐르는 유체의 양을 결정하는 것으로 관의 단면적과 유체의 속도를 곱한 값이다. 가스터빈엔진에서는 독특하게 질량 유동률(mass flow rate)을 사용하여 나타내고 내용이 전개되는 과정에서 수시로 접하게 될 것이다. 가스터빈엔진의 작동원리에서 질량보존의 법칙은 중요한 물리법칙의 하나이다. 일부 문제 영역 내에서 질량의 총량(amount)은 일정하다. 질량보존의 법칙에 따라 질량은 생성되지도 소멸하지도 않는다. 물체의 질량은 물체가 차지하고 있는 부피와 물체의 밀도를 곱한 값이다. [그림2-26, 27]과 같은 관에서 유체의 밀도, 부피 그리고 모양은 시간 경과와 함께 영역 내에서 변할 수 있다. 그리고 질량은 영역을 통해서 이동할 수 있다. 여기서 관의 일정 단면을 통과하는 질량의 총량을 질량 유동률(mass flow rate)이라 하고 부호는 $\dot{m}$을 사용한다. 질량보존의 법칙은

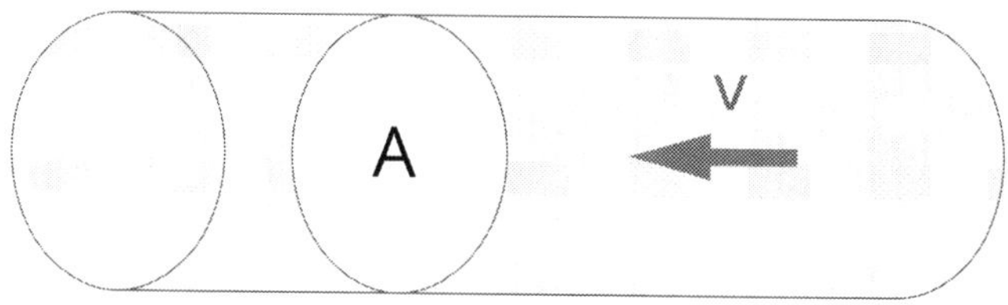

$$Q = A \times v$$

【그림2-27】 관을 흐르는 유체의 유동률

튜브를 통과하는 질량 유동률은 일정하다는 것을 입증해 준다. 여기서 흐름 조건으로부터 질량 유동률의 값을 결정할 수 있다. 만약 유체가 면적(A)을 속도(V)로 통과하였다면 질량의 부피(v)는 시간의 양(t)을 고려하여 다음과 같이 나타낼 수 있다.

$$v = AVt$$

단위를 확인하면 $면적 \times \frac{길이}{시간} \times 시간 = 면적 \times 길이 = 부피$

이 부피에 포함된 질량(m)은 단순히 밀도와 부피의 곱이다.

$$m = \rho A V t$$

질량 유동률($\dot{m}$)을 결정하기 위해서 질량을 시간으로 나누면 다음과 같은 결과를 얻을 수 있다.

$$\dot{m} = \gamma A V$$

가스터빈엔진의 설계에서 엔지니어들은 질량 유동률을 다음과 같은 방식으로 활용한다. 뉴턴의 제2법칙에서 항공기에 작용하는 공기역학적 힘(양력과 항력)은 시간 경과에 따른 기체의 모멘텀 변화와 직접적인 관련이 있다. 모멘텀은 질량과 속도의 곱이기 때문에 공기역학적 힘들은 물체가 지나간 질량 유동률에 달려 있다는 것을 유추할 수 있다.

이를 바탕으로 제트추진 장치에서 생산되는 추력 역시 작동 기체의 모멘텀 변화에 달려 있다고 정의했다. 그렇다면 제트추진 장치에서 추력 역시 추진장치를 통과하는 질량 유동률에 달려 있다고 할 수 있다. 관 내부를 흐르는 유체의 질량 유동률은 일정하다. 유체의 밀도가 일정하다고 한다면 특정 구역의 면적에서 속도를 결정할 수 있고 이 방정식을 이용해서 면적이 다른 위치에서 속도를 구할 수 있다.

만약 특정 속도를 원한다면 그 속도를 얻기 위한 면적을 구해야 한다. 이것은 풍동장치의 설계에 활용된다. 질량 유동률 방정식에서 유의해야 할 사항 중 하나는 주어진 면적에서 가능한 한 높은 속도로 흐를 수 있도록 세팅하여 최대의 질량 유동률을 달성할 수 있을 것 같이 보인다. 그러나 실제 유체의 압축성 효과로 인해서 주어진 면적을 최대로 흐를 수 있는 속도가 제한된다. 만약 흐름이 관의 스로트(throat)를 통과한다면 흐름 마하수 1.0을 초과하지 못한다. 이 현상이 초음속 흐름에서 발생할 수 있는 초킹(choking)이라 한다.

10. 연료질량 유동률

연료질량 유동률(fuel mass flow rate; $\dot{m}_f$)은 시간당 질량 단위(kg/sec)를 사용하고 연료와 공기의 비율(fuel air mixture ratio; f)과 공기질량 유동률($\dot{m}_a$)을 곱한 값으로 다음과 같이 나타낸다.

$$\dot{m}_f = f\ \dot{m}_a$$

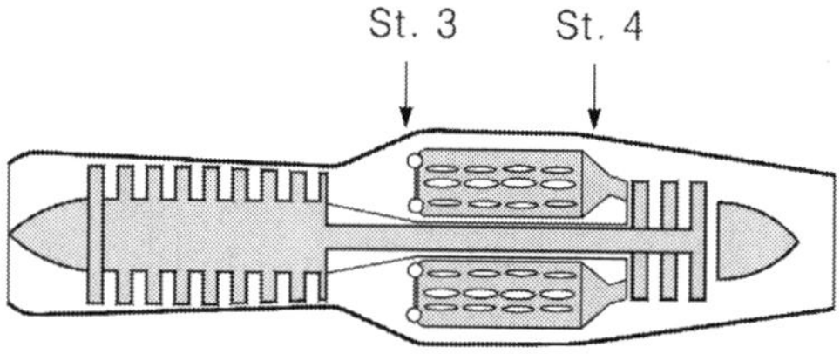

$$\text{Combustor Temperature Ratio} = \frac{T_{t4}}{T_{t3}} = \frac{1 + f\,\eta_b\,Q/c_p T_{t3}}{1+f}$$

$$f = \frac{(T_{t4}/T_{t3}) - 1}{\eta_b\,Q/c_p T_{t3} - (T_{t4}/T_{t3})}$$

$$\dot{m}_f = f\,\dot{m}_a$$

$\dot{m}_f$; 연료질량유동율
$\dot{m}_a$; 공기질량유동율
f ; 연공비$(\dot{m}_f/\dot{m}_a)$
c_p ; 비열(평균)
Q ; 열량
η_b ; 단열 효율

【그림2-28】 연료질량 유동률 방정식에 의하면 연공비와 공기질량 유동률을 증가시켜 온도비를 증가시킬 수 있지만, 실제 연소기에서 연공비가 제한되고 높은 온도는 연소기와 터빈 구성품들을 파손시킬 수 있다.

공기질량 유동률($\dot{m}_a$)은 통상 노즐 조건에 맞게 조절되기 때문에 엔진의 비연료소모를 결정하기 위해서는 연공비(fuel/air ratio) 값을 이용할 수 있다. 비연료소모와 항공기 연료하중은 항공기의 항속시간(endurance)과 항속거리(range)를 결정한다. 여기서 단순하게 연료질량 유동률을 연공비(fuel/air ratio)만을 증가시켜 온도비와 이에 상응하는 추력을 증가시킬 수 있을 것 같이 보이지만 연소과정에서 연공비 값이 제한되고 연소기와 터빈의 재료가 견딜 수 있는 최대 연소기 출구 온도로 인해 제한된다. 만약 엔진이 한계 최대온도 이상에서 작동되었다면 연소기와 터빈은 파손될 수 있다.

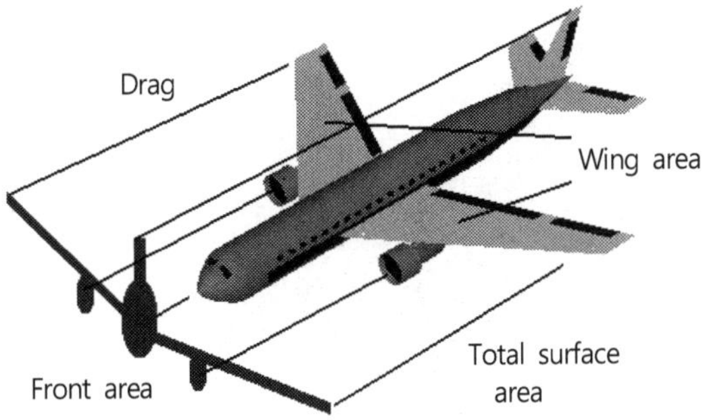

【그림2-29】 항력은 기준 면적에 비례하고, 면적이 2배가 되면 항력은 2배로 증가한다.

2.10 전면면적과 추력

✈ 어느 항공기를 막론하고 기수는 뾰쪽하게 설계된다. 특히 초음속 영역을 비행하는 항공기들의 기수는 더욱 뾰쪽하게 설계되어 있다. 기체 혹은 날개 내부에 매립되는 엔진의 단면적은 항공기 기체의 일부로 공기역학적 항력을 감소시키기 위해서 통합되지만, 특히 높은 아음속 영역의 민간 항공기와 군 수송기들의 엔진은 외부에 그대로 노출되어 있어 엔진 전체의 외형은 공기역학적 항력을 감소시킬 수 있도록 설계되어야 한다. 기본적으로 전면면적(frontal area)과 추력(thrust)의 관계는 공기역학적 효율성에 대한 특성으로 이 변수는 엔진의 최대 단면적($A_{\max}$) 대비 추력(T)의 관계로 다음과 같이 정의한다.

$$\frac{T}{A_{\max}}$$

공기역학적 항력은 엔진 단면적이 클수록 증가한다. 따라서 엔진의 지름을 최대한 작게 설계하는 것이 효율적 엔진 설계를 위한 필수요건이다.

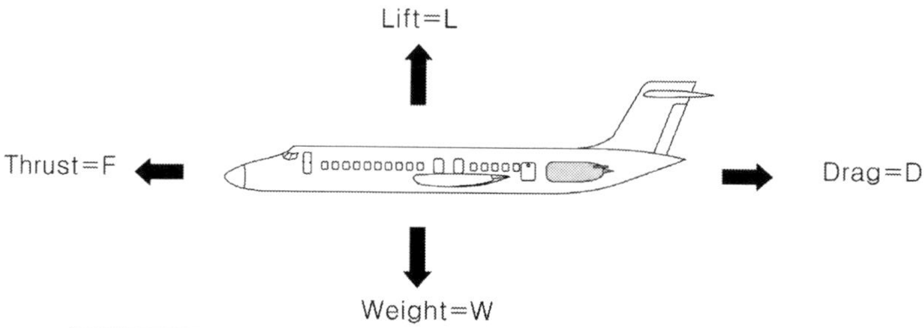

Thrust to Weight ratio $= \frac{F}{W} = \frac{Thrust}{Weight} = \frac{ma}{mg} = \frac{a}{g}$

m ; 항공기 질량
a ; 가속도
g ; 중력가속도

※높은 추력무게비=높은 가속력=높은 상승율

【그림2-30】 추력 무게비 방정식은 추력을 엔진 또는 항공기 무게로 나눈 비율이기 때문에 이 값이 크다는 것은 더 높은 추력이 가능하다는 것을 의미한다. 높은 추력 무게비를 갖는 항공기는 높은 가속력 그리고 높은 상승률을 갖는다. 따라서 어느 면에서는 초과추력과 일치하는 개념이기도 하다.

2.11 추력 무게비

✈ 추력 무게비(thrust to weight ratio)는 엔진 또는 항공기의 성능을 나타내는 변수로 가스터빈엔진과 프로펠러 엔진(또는 이들 엔진을 장착한 항공기)의 추력 대비 무게 비율이고 무차원(dimensionless) 단위이다. 예를 들어 F-22 전투기의 추력 무게비는 1.14(총추력 31,764 kgf이고, 연료 무게를 포함한 총무게는 27,836 kg)이다. F-35A 전투기의 추력 무게비는 0.84(총추력 18,098 kgf이고, 연료 무게를 포함한 총무게는 21,672 kg)이다. 가스터빈엔진의 추력 무게비는 추력을 엔진 또는 항공기의 무게로 나눈 값이다.

$$추력무게비 = \frac{T}{W}$$

추력 무게비는 비행 중에 계속해서 변한다. 추력은 스로틀 세팅, 비행속도 그리고 기온에 따라 달라지고 무게는 연료 소모와 페이로드의 변화에 따라 변한다. 일반적으로 추력은 항공기 중심선(세로축)을 따라서 전방을 향한다. 양력과 항력은 공기역학적 힘으로 항공기의 모양과 크기, 공기 그리고 비행 속도에 따라 달라진다. 양력은 비행경로에 수직으로 그리고 항력은 비행경로(flight path) 선상에 작용하지만, 방향은 반대이다. 양항비(lift/drag ratio)가 항공기의 공기역학적 효율계수(efficiency factor)를 지시하는 것과 마찬가지로 추력 무게비(thrust to weight ratio)는 항공기의 총 추진(total propulsion)을 위한 효율계수(efficiency factor)를 나타낸다. 순항비행에서 항공기의 추력 무게비는 공기역학적 힘이 "추력=항력, 그리고 무게=양력"의 관계가 성립되기 때문에 양항비의 역수로 나타낼 수 있다.

$$(\frac{T}{W})_{cruise} = \frac{1}{(\frac{L}{D})_{cruise}}$$

추력 무게비는 항공기의 가속(acceleration)과 밀접한 관계가 있다. 이를 위해서 뉴턴의 가속도 법칙에서 힘($F=ma$)을 적용했을 때 가속과 관계된 방정식을 유도할 수 있다. 만약 수평 가속을 고려할 때 항력을 무시한다면 순 외부 힘(net external force)이 추력이다. 이를 수직으로 작용하는 무게(W)에 적용했을 때 다음과 같다.

$W=mg$ [g; 중력상수, 32.2 ft/s 또는 9.8 m/s]

질량(m)은 W/g가 되고 이를 힘의 방정식에 적용했을 때 다음과 같다.

$$F=W\frac{a}{g}$$

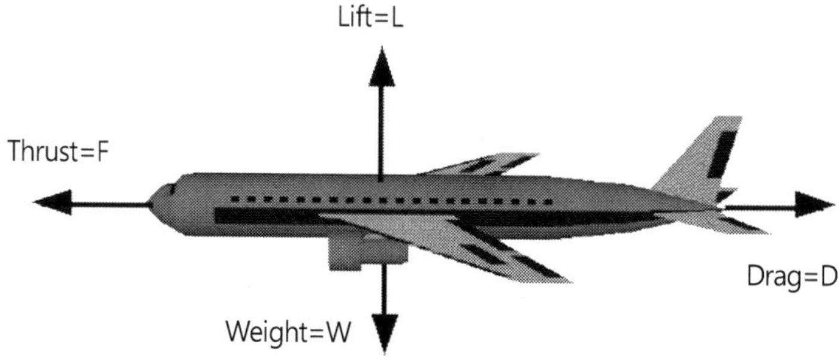

$$Ratio = \frac{F}{W} = \frac{Thrust}{Weight} = \frac{ma}{mg} = \frac{a}{g}$$

High F/W = High Acceleration = High Climb Rate

F/W > 1.0 can acclerate Vertically.

【그림2-31】 추력 무게비

따라서 추력 무게비(F/W)는 다음과 같다.

$$F/W = a/g$$

이 방정식에 따르면 추력 무게비(F/W)는 항공기의 가속에 비례하고 있음을 알 수 있다. 따라서 높은 추력 무게비를 갖는 항공기는 높은 가속력을 갖는다고 할 수 있다. 대부분 비행 조건에서 높은 추력 무게비 항공기는 또한 높은 초과추력 값을 갖는다. 높은 초과추력은 높은 상승률로 상승할 수 있다. 만약 추력 무게비가 "1"보다 크고 항력이 작다면 항공기는 로켓과 같이 수직 가속이 가능하다.

추력 무게비에 관한 데이터를 사용할 때는 주의가 요구된다. 기체와 엔진이 서로 다른 제작자에 의해서 제작될 수 있고 비록 동일 엔진이라 할지라도 다른 기체에 탑재될 수 있기 때문이다. 물론 엔진 추력 무게비(engine thrust to weight ratio)가 엔진의 추진 효율을 나타내지만, 항공기의 성능을 결정할 때는 엔진 자체만을 고려한 것보다 항공기의 추력 무게비(aircraft thrust to weight ratio)가 중요한 요소가 된다. 또 다른 문제점은 엔진 추력은 고도가 증가함에 따라 감소하지만, 무게는 일정하다. 따라서 엔진 추력 무게비는 해수면 조건에서 엔진이 생산할 수 있는 최댓값으로 인용하기도 한다.

Aircraft	Thrust to Weight ratio
F-16	1.096
F-15	1.04
F-35A	0.87
B777	0.285
B737 MAX8	0.310
A380	0.227
A340	0.2229
A320neo	0.311

2.12 정적조건과 정체조건

✈ 아음속 공기역학에서 유체흐름(fluid flows)은 비압축성으로 고려되었기 때문에 이들 기체의 성질은 정압(static pressure) 그리고 정적온도(static temperature)와 같은 정적조건(static condition)에 관해서만 다루었다. 이들 정적 성질(static properties)은 측정이 가능한 존재이기 때문에 공기밀도, 음속 그리고 화학반응 등은 국지 정적 성질들에 따라 달라질 수 있다. 그러나 항공기 속도가 음속을 초과하거나 가스터빈엔진 내부의 가스 흐름을 분석하는데 정체압력(stagnation pressure)과 정체 온도(stagnation temperature)와 같은 정체 조건 성질(stagnation condition properties)들이 사용된다. 만약 이들 정적 조건과 정체 조건을 명확하게 구분하지 않으

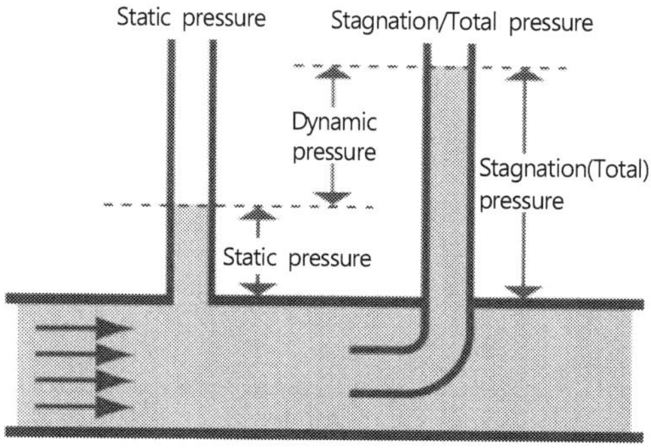

【그림2-32】 정체압력과 동적압력

면 큰 오차가 발생할 수 있다. 정적조건의 유체성질들과 달리 정체조건의 유체성질들은 흐름을 가속할 수 있는 에너지 또는 능력(energy or capacity)의 총량을 측정할 수 있게 한다. 유체흐름의 정체 성질을 가장 잘 관찰할 수 있는 것은 피토관이나 에어포일과 같은 물체의 전방에서 속도가 "0"이 되는 지점에서 존재를 인지할 수 있는 경우 외에 실제 존재를 관찰하기 어렵다.

정체압력과 온도는 기준 프레임(frame of reference)에 따라 달라진다. 예를 들어 실험자가 바람이 없는 장소에 서 있다고 한다면 정적과 정체 성질은 동일하다. 그러나 실험자가 정적대기 속을 V의 속도로 비행하고 있는 항공기에 탑승하고 있다면 실험자는 정적과 정체 성질이 동등하다고 느끼지 않는다. 비록 정적조건은 "0"이지만 실험자는 대기의 정체 성질을 감지하게 될 것이기 때문이다.

정체온도는 다음과 같은 방정식으로 산출할 수 있다. 유체흐름에서 열이 전이(transfer)되거나 외부로부터 일(work)의 전달이 없는 지속성 가스 흐름의 에너지 방정식(energy equation)은 다음과 같다.

$$h_1 + \frac{V_1^2}{2} = h_2 + \frac{V_2^2}{2}$$

이것은 열역학 제1법칙에 관한 것이다. 여기서 $h(h=c_pT)$는 엔탈피(enthalpy)이고 다음과 같이 쓸 수 있다.

$$c_p T + \frac{V^2}{2} = c_p T_0$$

여기서 T_0는 정체온도(stagnation temperature)이다. 정체온도는 유체 흐름이 어떠한 일(work)을 하거나 열전이가 없이 정지(at rest)되었을 때 온도이다. 이것은 이상기체(ideal gas)의 조건 또는 손실이 없는 조건만으로 한정되는 것은 아니다. 비열(specific heat)은 $c_p = \gamma R/(\gamma-1)$이다. 이를 위의 방정식에 대입하여 정리하면 다음과 같다.

$$\frac{T_0}{T} = 1 + \frac{(\gamma-1)}{2}\frac{V^2}{\gamma R T}$$

앞에서 정의한 것과 같이 음속은 $a=\sqrt{\gamma R T}$이고, 마하수는 $M=V/a$이다. 이를 적용했을 때 다음과 같은 정체온도 방정식을 얻을 수 있다.

$$\frac{T_0}{T} = 1 + \frac{(\gamma-1)}{2}M^2$$

따라서 정체온도(stagnation temperature)는 다음과 같다.

$$T_0 = T + \frac{V^2}{2c_p}$$

$$= T\left[1 + \frac{(\gamma-1)}{2}M^2\right]$$

이와 함께 정체압력과 정압(stagnation pressure and static pressure) 사이의 관계에 대해서도 정의할 필요가 있다. 여기서 정적조건의 압력과 온도 그리고 정체조건의 압력과 온도 사이에서 가스의 가속 또는 감속은 가역(reversible) 그리고 단열(adiabatic) 조건이고 다음과 같이 나타낼 수 있다. 따라서 정체압력(stagnation pressure)은 등엔트로픽 관계식을 이용해서 구할 수 있다.

$$p/\rho\gamma = constant \text{ 그리고 } p/T^{\gamma/(\gamma-1)} = constant$$

이들의 관계에서 p_0/p는 다음과 같다.

$$p_0/p = (T_0/T)^{\gamma/(\gamma-1)} \quad \text{또는} \quad p_0/p = [1 + \frac{(\gamma-1)}{2}M^2]^{\gamma/(\gamma-1)}$$

따라서 정체압력(stagnation pressure)은 다음과 같다.

$$p_0 = p[1 + \frac{(\gamma-1)}{2}M^2]^{\gamma/(\gamma-1)}$$

비압축성 흐름(incompressible flow)에서는 게이지 압력(gauge pressure)을 사용할 수 있지만, 압축성 흐름(compressible flow)과 관련된 일에서는 절대압력과 온도(absolute pressure and temperature)가 사용된다. 항공기 전진속도의 증가는 엔진의 전체압력비(overall pressure ratio)를 증가시키는 효과가 있다는 점을 기억하라. 전체압력비는 비행속도가 증가함에 따라 엔진의 인렛에서 정체온도와 정체압력에 따라 변할 수 있다. 예를 들어 $M = 0.85$의 속도에서 인렛 정체압력은 주변 대기압(ambient pressure)과의 비율이다. 이 비율이 $p_2/p_a = 1.604$가 되었다면 노즐 출구(nozzle exit)

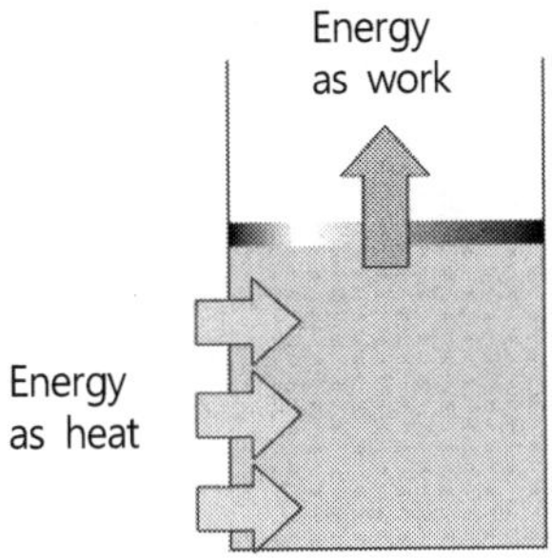

【그림2-33】 시스템이 일정한 압력을 받고 부피를 자유롭게 변화할 수 있을 때 열로 공급되는 에너지 일부는 일로써 주변으로 다시 빠져나갈 수 있다. 이 경우 내부에너지의 변화는 열로 공급되는 에너지보다 작다.

에서 흐름은 주변 정압(ambient static pressure; p_a)에 반응하기 때문에 전진비행의 결과에 따라 엔진 전체에서 압력비는 1.604 만큼 증가했다고 할 수 있다. 이것은 앞으로 다루게 될 초음속 비행에서 높은 전진비행 속도가 엔진 전체에 미치는 영향을 분석하는 기초가 된다.

2.13 엔탈피

✈ 엔탈피(enthalpy; H)는 화학과 물리학 그리고 열역학에서 시스템(system)의 총에너지를 측정한 것이다. 열역학 제1법칙에서는 시스템의 일(work), 열(heat) 그리고 에너지의 효과에 대해서 정의하고 있다. 엔탈피에는 [그림2-33]과 같이 어느 한 시스템을 생성하는데 필요한 내부에너지(internal energy) 그리고 유체상태의 변화와 이에 상응하는 부피와 압력을 형성하는데 필요한 모든 유체 에너지(fluid energy)의 양이 포함된다. 따라서 엔탈피(총에너지)는 시스템의 에너지 변화(energy change)를 측정하는데 많이 사용된다.

엔탈피의 변화는 시스템의 팽창(expansion)을 통해서 상태에 전이된 에너지를 반영하고 있기 때문이다. 가스터빈엔진 연소과정의 열역학은 일정 압력하에서(연소과정에서 작은 압력손실은 무시한다는 가정하에서) 팽창에 의

한 에너지가 변화하는 것으로 정의한다면 연소기 내부에서의 에너지 변화는 엔탈피를 적용하여 측정할 수 있다.

기체상태(state of gas)를 결정하는 것은 온도, 압력, 밀도 그리고 부피를 포함하는 여러 성질이 있다. 열역학 제1법칙에 따르면 기체의 내부에너지 역시 가변상태(state variable)이고, 가변이라는 것은 기체상태가 생성되는 과정(process)이 아닌 오직 기체상태의 변화에만 달려 있다고 정의하고 있다. 시스템의 총 엔탈피(total enthalpy)는 직접 측정할 수 없으므로 시스템에서 유입(input)된 총 엔탈피와 배출(outlet)된 총 엔탈피의 변화를 측정하는 것이 절댓값보다 더 유용하다. 만약 총 엔탈피의 변화가 양성(positive)이면 흡열 반응(endothermic reaction)이고, 음성(negative)이면 발열 과정(exothermic processes)이다. 이를 종합하여 총 엔탈피는 다음과 같이 정의한다.

$$H = E + pV$$

다음은 엔탈피라고 하는 새로운 가변(new variable) 요소의 활용 사례이다. 기체의 열역학 법칙에 따른 열전이(heat transfer; Q)와 일(work; W)과 함께 시스템에서 상태 1에서 상태 2로 내부에너지(E)의 변화는 시스템으로 전달된 열과 시스템이 행한 일(work)의 차이와 같다고 정의할 수 있다. 이를 다음과 같이 나타낼 수 있다.

$$E_2 - E_1 = Q - W$$

여기서 일과 열은 상태가 변화하는데 사용된 과정에 달려 있고 일정 압력에서 기체가 행한 일(W)은 일정 압력(constant pressure)과 팽창한 부피($V_2 - V_1$)를 곱한 값으로 다음과 같다.

$$W = p(V_2 - V_1)$$

이를 위의 방정식에 대입하면

$$E_2 - E_1 = Q - p(V_2 - V_1)$$

이것을 상태 1의 조건과 상태 2의 조건을 그룹으로 정리하면 다음과 같다.

$$(E_2 + pV_2) - (E_1 + pV_1) = Q$$

여기서 $(E + pV)$는 엔탈피(H) 값이라고 정의하였고 이를 대치하면 다음과 같다.

$$H_2 - H_1 = Q$$

열전이(heat transfer)의 정의에 따라 열량(Q)은 열량 계수(heat capacity; c_p)와 온도 변화를 곱한 값[$c_p(T_2 - T_1)$]이고 이를 적용하여 최종적으로 엔탈피 방정식을 유도할 수 있다.

$$(H_2 - H_1) = c_p(T_2 - T_1)$$

제트추진 열역학에서 엔탈피 자체보다 비엔탈피(specific enthalpy)를 더 많이 사용한다. 엔탈피를 기체 질량으로 나누어 비 값(specific value)을 구성한다. 위의 엔탈피 방정식을 기체 질량으로 나누면 다음과 같은 비엔탈피(specific enthalpy) 방정식을 얻을 수 있다.

$$(h_2 - h_1) = c_p\,(T_2 - T_1)$$

엔탈피의 단위는 국제단위계의 주울(joule)을 사용하지만, 관습적으로 BTU(British Thermal Unit)와 Calorie(칼로리)를 사용하기도 한다. 엔탈피는 유체의 에너지 방정식에 적용되고 제트추진의 고속 흐름에서 발생하는 충격파(shock waves)를 가로질러 통과하는 기체의 총 엔탈피는 일정하게 유지된다.

결론적으로 엔탈피는 시스템이 열(heat)을 통해서 발산할 수 있는 총에너지의 양이라고 정의할 수 있다. 엔탈피를 변화시킬 수 있는 유일한 방법은 열을 통해서 에너지를 가감하는 것이고 엔탈피 변화의 양(크기)은 열을 통해서 더해진 에너지의 양(크기)과 동등하다는 것을 유추할 수 있다.

2.14 엔트로피

✈ 열역학과 관련된 또 다른 중요한 용어 중 하나가 엔트로피(entropy)이다. 엔탈피가 열역학 시스템에서 총에너지(total energy)를 지정하는 것이라면 잠재된 총에너지가 모두 유용한 일을 행하는 데 활용되는 것이 아니라는 사실을 설명해 주는 것이 엔트로피이다. 이것은 가용한 유용한 일(useful work)에서 무익한 일(useless work)의 정도를 나타내는 것이다. 물리법칙에서 다양한 종류의 에너지가 존재하고 이들 에너지는 상호 호환이 가능하지만, 에너지의 총량은 항상 일정하다는 것은 주지의 사실이다.

운동에너지는 모두 열에너지로 바꿀 수 있다. 예를 들어 달리던 물체에 마찰력이 작용하면 물체가 가지고 있던 운동에너지는 모두 열에너지로 바뀌고 물체는 정지한다. 이 과정에서 모든 운동에너지가 열에너지로 전환되었다고 할 수 없고 일부만이 바꿀 수 있고 나머지는 무익한 에너지로 남을 수밖에 없다. 이처럼 에너지 총량은 변함이 없지만, 에너지 변환 과정에서 무용한 일이 존재한다는 것을 설명해 주는 것이 엔트로피 이론이다.

이 같은 현상에 대해서 1850년 독일의 클라우지우스(Rudolf Julius Emanuel Clausius)가 해답을 제시하였다. 고온 물질과 저온 물질로 구성된 시스템을 가정하자. 이 시스템은 질서상태라고 할 수 있다. 왜냐하면, 빠르고 활발한 고온 물질의 분자들과 느리고 활동이 미약한 저온 물질의 분자들이 분리되어 있기 때문이다. 그러나 이 물질들이 혼합되었을 때 열은 고온 물질로부터 저온 물질로 자연스럽게 흐른다. 열 엔진은 이 열 흐름을 활용할 수 있지만 일단 두 물질 온도가 같아지면 더 이상 일(work)을 행할 수 없다. 더 중요한 사실은 혼합된 중간 온도의 물질은 과정을 되풀이하기 위해서 자체적으로 분리될 수 없다는 것이다. 열전이(heat transfer) 과정에서 비록 손실이 없다고 해도 에너지는 더 이상 일을 할 수 없게 되었기 때문에 이 시스템의 엔트로피(무익한 일)는 증가했다.

열역학 제2법칙에 따라 엔트로피 변화는 항상 일정하거나 아니면 증가한다. 이것은 전체로서 만물의 엔트로피는 항상 최대를 향하는 경향이 있다는 것으로 에너지는 질량보존의 법칙에 따라 사라지지 않지만 유용한 형태(useful form)에서 불용한 형태(useless form)로 점차 변해가고 있다는 것을 의미한다. 수학적으로 엔트로피(S)는 열량(Q)을 온도(T)로 나눈 양이다.

$$S = \frac{Q}{T}$$

열량(quantity of heat or heat capacity)이란 물체가 가지고 있는 열에너지이다. 따라서 열에너지를 제외한 다른 에너지의 엔트로피는 열량이 없으므로 “0”이다. 그리고 열에너지의 엔트로피는 온도에 따라 달라진다. 높은 온도에 있던 열이 낮은 온도로 흘러가면 열량은 변하지 않더라도 분모에 있

$$\text{Heat Capacity, C}=\frac{\textit{Heat Supplied}(J)}{\textit{Change in Temperature}(K)}$$

- Unit: J/K or J/℃
- More useful form:
  Heat supplied=Heat Capacity × Change in Temperature
- Q=C ×ΔT

【그림2-34】 열량 단위와 식

는 온도가 낮아지므로 엔트로피는 증가한다. 엔트로피가 "0"인 운동에너지가 열에너지로 변할 때 없던 열량이 생겨나므로 엔트로피는 증가하게 된다. 결론적으로 열역학 제2법칙은 엔트로피 증가(entropy increase)의 법칙이라고도 할 수 있다.

2.15 등엔트로픽 과정

✈ 열역학에서 등엔트로픽 과정(isentropic or isoentropic process)이란 어느 시스템의 과정이 시작과 종료까지 엔트로피가 증가하거나 감소함이 없이 진행되는 것이다. 엔트로피는 항상 일정(혹은 "0") 또는 증가한다고 정의하였다. 만약 어느 시스템이 가역 단열 과정(reversible adiabatic process)이라면 이는 명백한 등엔트로픽 과정이다. 가역 등엔트로픽 과정(reversible isentropic process)이라면 시스템에서는 열에너지의 전이가 없고 엔트로피는 "0"이다. 따라서 이 과정은 항상 단열(adiabatic)이다.

그러나 비가역 과정(irreversible process)이라면 엔트로피는 증가하게 될 것이다. 이 과정에서 등엔트로픽 과정을 만들기 위해서는 필연적으로 시

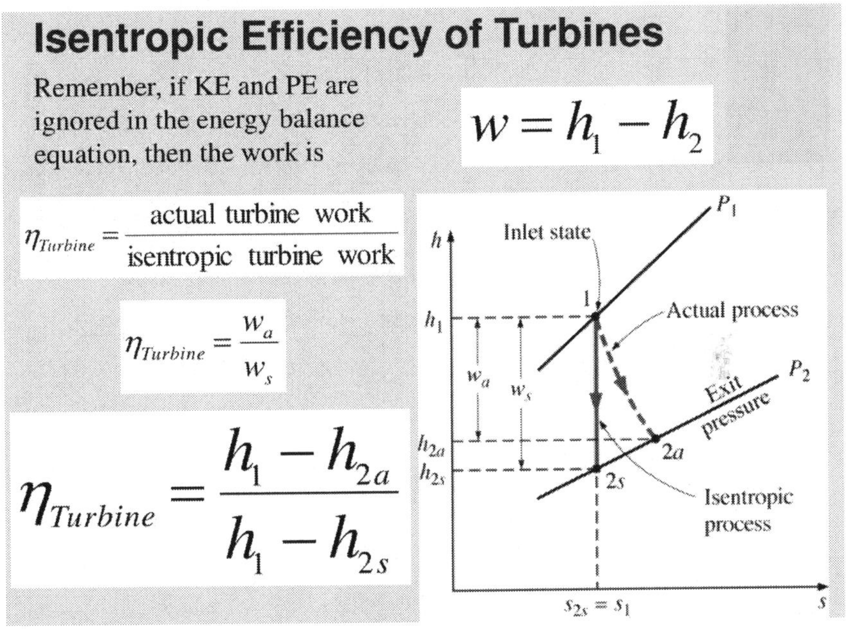

【그림2-35】 운동에너지(KE)와 잠재에너지(PE)는 에너지 균형에서 무시되는 조건

스템으로부터 열을 제거해야 한다. 등엔트로픽 흐름은 단열과 가역 모두의 조건을 갖는 흐름이다. 다시 말해서 마찰 또는 소산 효과(friction or dissipative effect)로 인하여 흐름에 열이 전이되거나 에너지 변환(energy transformation)이 발생하지 않는다는 것을 의미한다. 어느 시스템 내에서 에너지는 열 교환(heat exchange)이 발생하지 않는 한 등엔트로픽 변환(isentropic transformation)에서 흐름과 함께 에너지의 교환이 이루어질 수 있다. 이 같은 등엔트로픽 에너지 교환은 등엔트로픽 팽창 또는 압축(isentropic expansion or compression) 과정에서 관찰할 수 있다.

일반적으로 등엔트로픽 과정은 왕복엔진의 압축과 동력 행정(power stroke) 중 발생하는 것으로 고려되지만 가스터빈엔진의 압축과 터빈 선상에서 수행되는 과정을 서술하는데도 같은 방정식들이 사용된다. 왕복엔진에서는 피스톤의 왕복운동을 크랭크축(crankshaft)의 회전운동으로 전환해 프로펠러에 의한 추력을 생산한다. 실린더 내에서 피스톤이 상하운동할 때 실린더 내부의 혼합가스(연료/공기)의 부피가 변한다. 이 부피의 변화가 피스톤이 행할 수 있는 일(work)을 결정하는 가스의 압력과 온도 변화의 결과이다. 피스톤의 운동 중에 실린더 속으로 열이 전달되지 않았고 어떠한 손실이 발생하지 않는 것으로 가정한다. (실제는 약간의 손실들이 존재한다) 이것은 명백한 가역 단열 과정이다. 따라서 시스템의 엔트로피(entropy)는 일정하게 유지된다. 등엔트로픽 압축 또는 팽창에서 기체의 압력, 온도 그리고 부피와 관련된 중요한 2개의 방정식을 유도할 수 있다.

첫째, 비열계수(specific heat coefficient)의 정의로부터 일정 압력에서 비열(c_p)로부터 일정 부피에서 비열(c_v)을 뺀 값이 기체상수(R)와 같아야 한다.

$$c_p - c_v = R$$

여기서 비열비(ratio of specific heat)를 감마(gamma; γ)라 하고 다음과 같다.

$$\gamma = \frac{c_p}{c_v}$$

첫 번째 방정식을 c_p로 나누고 비열비의 정의를 적용하면 다음과 같다.

$$\frac{R}{c_p} = 1\left(\frac{1}{\gamma}\right) = \frac{(\gamma - 1)}{\gamma}$$

기체의 엔트로피 방정식을 적용하면 다음과 같다.

$$s_2 - s_1 = c_p l_n (T_2/T_1) - R l_n (p_2/p_1)$$

여기서 숫자 1과 2는 압축과정의 시작과 끝에서의 상태(state)를 나타낸다. s는 엔트로피, T는 온도, p는 압력 그리고 l_n(특성 길이)은 자연 로고함수(natural logarithm function)이다. 실린더 속으로 열전이가 없고 다른 손실들이 없는 것으로 가정하였기 때문에 엔트로피의 변화는 0이다. 따라서 엔트로피 방정식은 다음과 같이 쓸 수 있다.

$$c_p l_n (T_2/T_1) = R l_n (p_2/p_1)$$

이를 c_p로 나누면 양쪽의 지수함수(exponential functions)를 얻을 수 있다.

$$\frac{T_2}{T_1} = \left(\frac{p_2}{p_1}\right)^{\left(\frac{R}{c_p}\right)}$$

여기서 $\left(\frac{R}{c_p}\right)$는 지수함수를 나타내고 이를 위의 비열비 정의에 대입하면 압축과정 중 압력 변화에 대한 온도 변화와 관련된 함수관계를 얻을 수 있다.

$$\boxed{\frac{T_2}{T_1} = \left(\frac{p_2}{p_1}\right)^{\frac{(\gamma-1)}{\gamma}}}$$

압축과정 중 압력이 p_1에서 p_2로 증가함에 따라 온도는 이 지수방정식에 따라 T_1에서 T_2까지 상승한다. 비열비는 기체의 종류에 따라 다를 수 있고 표준대기조건에서 공기의 비열비(γ)는 1.4이다. 따라서 $(\gamma-1)/\gamma$의 값은 0.286이다. 이 때문에 압력이 두 배가 되었다면 온도비(ratio of temperature)는 1.219이다.

둘째, 부피 변화와 압력 변화 사이의 관계를 유도하기 위해서 상태방정식을 활용한다.

$$PV = RT$$

이 방정식을 온도 방정식에 대입하면 다음과 같다.

$$(p_2 V_2)/(p_1 V_1) = (p_2/p_1)^{\frac{(\gamma-1)}{\gamma}}$$

양쪽을 (p_1/p_2)로 나누면 다음과 같은 방정식을 얻을 수 있고 이것이 부피 변화와 압력 변화 사이의 함수관계식이다.

$$V_2/V_1 = (p_2/p_1)^{(-\frac{1}{\gamma})}$$ 그리고

$$\boxed{p_2/p_1 = (V_1/V_2)^{\gamma}}$$

여기서 (V_1/V_2)의 크기는 상태 1과 상태 2에서 부피의 비율이고 이를 압축비라 한다. V_2가 V_1보다 작기 위해서 압력 p_2는 p_1보다 커야 한다. 이 방정식을 이용하여 주어진 압축비(compression ratio)를 위한 압력의 변화를 결정할 수 있다. 그리고 이전 방정식을 이용하여 온도 변화를 알 수 있다. 압축비 값은 실린더 구경(bore)의 설계와 피스톤의 행정(stroke)을 결정하는 함수로 이용된다.

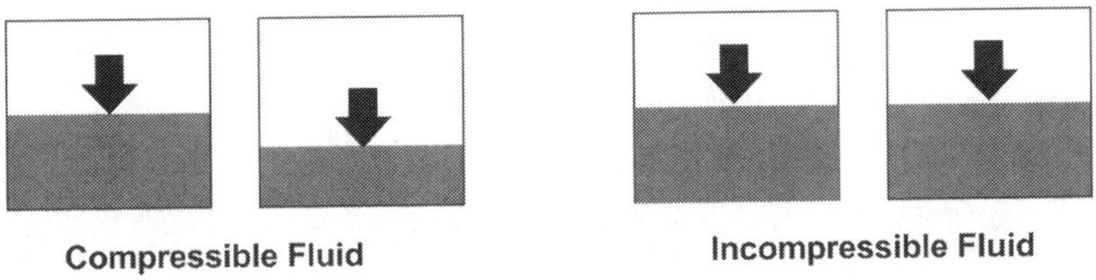

【그림2-36】 압축성과 비압축성

2.16 압축성과 비압축성 흐름

✈ 비압축성 흐름(incompressible flow)에서 유체의 밀도는 변하지 않는다. 따라서 마찰이 없는(frictionless) 지속성 유선흐름의 방정식은 다음과 같다.

$$V\,dV + dp/\rho = 0$$

밀도가 일정하다고 가정하고 적분한 것이 베르누이 방정식이다.

$$\frac{1}{2}\,V^2 + p/\rho = p_0/\rho,\,constant$$

여기서 p_0는 정체압력(stagnation pressure)이다. 이것은 흐름이 정지되었을 때(마찰이 없거나 손실이 없음)의 압력이다. $1/2\,\rho\,V^2$ 동압(dynamic pressure)이다. 피토관(pitot tube)은 정체압력을 측정하는 반면 흐름 방향에 수직으로 작용하는 압력이 정압(static pressure)을 지시한다.

정체압력은 흐름을 가속하는 데 가용한 압력이라고 할 수 있다. 예를 들어 가스터빈엔진과 같은 덕트 내부에 갇혀 있으면서 운동에너지를 보유하고 있는 것이 정체압력이다. 이것은 앞서 언급한 주변 대기압의 정압과 비교된다. 따라서 가스터빈엔진 내부의 가스 흐름은 정체 성질을 갖는다. 결론적으로 비압축성 흐름의 속도와 압축성 흐름의 속도는 다르게 고려되어야 한다.

[비압축성 흐름의 속도] $V_j^{\,2} = (p_0 - p_a)/\frac{1}{2}\rho$

[압축성 흐름의 속도] $M_j^{\,2} = \frac{2}{(\gamma - 1)}\left[(p_0/p_a)^{(\gamma-1)/\gamma} - 1\right]$

낮은 마하수(아음속)에서 유체(가스)의 밀도가 변하지 않기 때문에 베르누이 방정식이 정상적으로 적용된다. 그러나 동압이 가스 절대압력(absolute pressure)의 상당 부분을 차지할 때 베르누이 방정식은 상당한 오차가 발생한다. 이 기준이 되는 마하수는 약 0.3이다. 결론적으로 가스터빈엔진 내부에서 수행되는 가스 흐름의 속도는 마하수 0.3~1.0 이하이기 때문에 베르누이 방정식은 적용되지 않는다.

❖ 제트엔진 배기속도

현대 제트엔진을 정격 추력 수준에서 작동할 때 배기 노즐 직후방에서 603km/h를 초과할 수 있다. 최대 출력에서 항공기로부터 200피트(61m) 후방에서는 약 240km/h가 될 수 있다. 이 위치에서 제트엔진 배기속도는 허리케인 Category 5(249km/h)를 초과할 수 있을 정도이다.

3

흡입구

Air Inlet or Intake

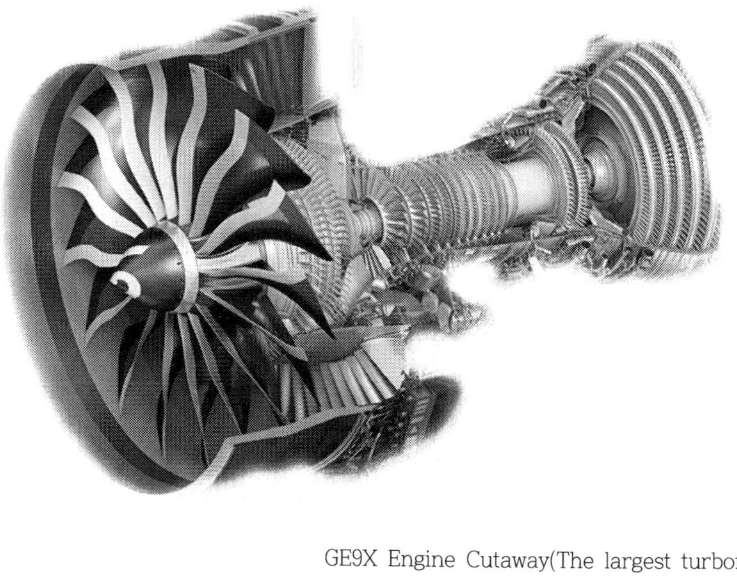

GE9X Engine Cutaway(The largest turbofan)

흡 입 구

3.1 개요

✈ 공기흡입구(air inlet or intake)는 가스터빈엔진의 제일 앞에 있는 부분으로 공기를 끌어들여(intake) 압축기(compressor)로 보내는 역할을 한다. 공기흡입구에서 행하는 실질적인 일(work)은 없으나 공기흐름의 속도와 흡

【그림3-1】 Boeing 777-300ER A6-EGO, General Electric GE90-115B

【그림3-2】 터보프롭 엔진 공기흡입구, 위에 배열되거나 원형 공기흡입구 설계된다.

입구의 유형에 따른 기능은 엔진 성능에 큰 영향을 줄 수 있다. 일반적으로 에어-인렛 덕트(air-inlet duct)는 엔진부가 아닌 기체(airframe)의 한 부분으로 고려되지만, 엔진의 전체 성능과 최적 추력을 생산하기 위한 엔진의 성능에 매우 중요하다. 인렛은 가스터빈엔진의 종류에 따라 다양하다. [그림3-2]의 소형 터보프롭과 터보축 엔진은 완전히 다른(completely different) 인렛 설계가 요구되는 [그림3-1]과 같은 대형 터보팬 엔진보다 작은 양의 공기흐름으로 작동한다. 대부분 터보프롭, 보조동력장치(APU), 그리고 터보축 엔진은 이물질손상(foreign object damage; FOD)을 방지하기 위해서 인렛을 덮을 수 있는 스크린을 사용하기도 한다.

❖ 가스터빈엔진의 분류

- 터보제트(turbojet) 엔진
- 터보팬(turbofan) 엔진
- 터보프롭(turboprop) 엔진
- 터보샤프트(turboshaft) 엔진

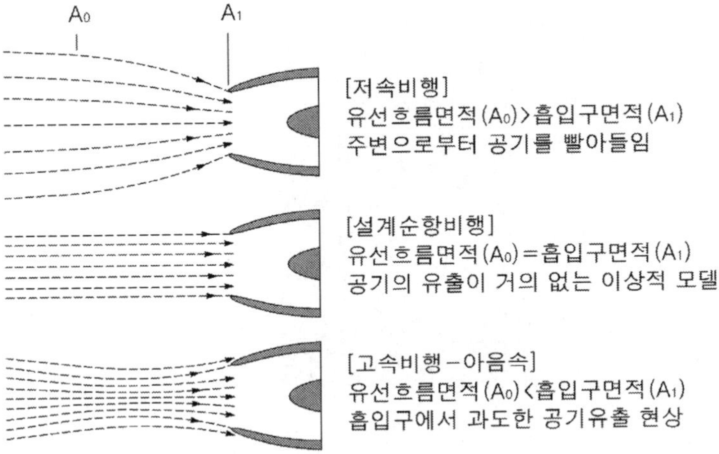

【그림3-3】 모든 항공기의 흡입구는 설계 순항속도에서 양질의 공기흐름이 유입될 수 있도록 설계된다. 위의 그림은 저속, 순항비행 그리고 고속비행 조건에서 흡입구 테두리 면적과 자유공기 유선흐름 면적의 관계를 보여주고 있다. 정지 또는 저속비행 조건에서는 주변 혹은 후방으로부터 많은 양의 공기를 빨아들일 수 있어야 하므로 과도한 양이 흡입될 수 있다. 그러나 고속비행 조건에서는 흡입구 앞쪽의 공기흐름이 압축되면서 유선흐름 면적이 테두리 면적보다 작아지는 현상이 발생할 수 있다. 이때는 과도한 공기누출이 발생하여 실제 공기흡입구에 유입되는 적정량이 부족할 수 있다.

3.2 기본 설계 요건

1. 유선흐름

기본 공기흡입구 설계조건은 [그림3-3]과 같이 엔진이 필요로 하는 적정 공기량을 유선흐름으로 공급할 수 있어야 한다. 가스터빈엔진의 엔진 인렛은 압축기의 입구에 필요한 양을 상대적으로 직선(distortion-free flow of air) 공기흐름을 제공할 수 있도록 설계되어야 한다. 대부분 엔진이 직선 흐름을 제공하고 압축기의 첫 단(first stages) 속으로 유도하기 위해서 인렛 가이드 베인(inlet guide vanes; IGV)을 사용한다. 균등하고 지속적인 공기흐름은

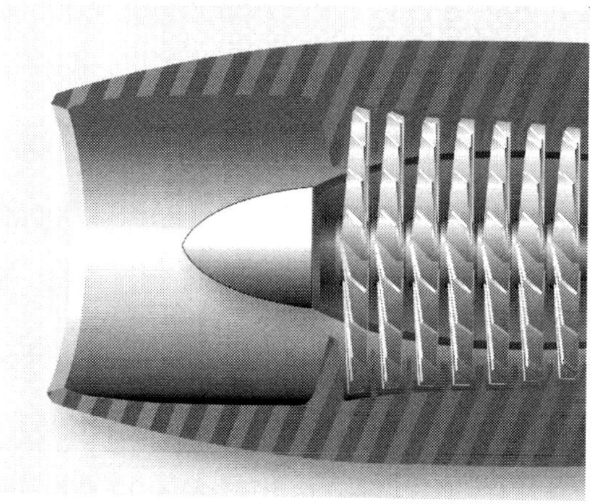

【그림3-4】 터빈엔진
공기흡입구 덕트는 공기흐름의 속도를 낮추고 정압을 증가시킬 수 있도록 설계되어야 한다.

압축기 실속과 터빈부에서 과도한 내부 엔진 온도를 피하는 데 필수이다.

2. 대용량 흡입구

가스터빈엔진은 왕복엔진과 비교해서 상당히 많은 양의 공기흐름이 필요하므로 공기 유입 통로(인렛)가 매우 크다. 특히 고속에서 엔진과 항공기 성능을 결정하는 데 있어서 더 중요하게 고려된다. 불충분한 인렛 덕트는 엔진의 다른 구성품들을 통해서 연속적으로 손실이 확대되는 결과를 초래한다.

3. 램 회복

항공기 속도가 증가함에 따라 추력(thrust)은 약간 감소하는 경향이 있다. 항공기가 특정 속도에 도달했을 때 램 회복(ram recovery)이 속도 증가로 인한 손실을 보상한다. 인렛은 [그림3-4]와 같이 자유 공기흐름의 총 압력을 가능한 한 많이 회복할 수 있어야 한다. 공기 분자들이 인렛에 갇히고 압축이 시작됨에 따라 압력손실 대부분을 회복한다. 엔진의 인렛에서 이 부가 압력(extra pressure)은 총 압력을 증가시킨다. 이를 램 회복 또는 총 압력 회복(total pressure recovery)이라 한다. 인렛 덕트는 가능한 한 유연하고 압력 변동 없이 압축기 인렛에 공기를 공급할 수 있어야 한다.

【그림3-5】 와류발생기는 엔진 외부뿐만 아니라 내부에서도 난기류가 발생하지 않도록 정밀한 설계가 필수이다.

4. 충격파 제어 설계

항공기의 속도영역에 따라 아음속(subsonic)에서 운항하는 가스터빈엔진의 흡입구는 단순히 속도의 변화를 일으켜 최대한 압력회복(pressure recovery)에 초점을 두지만, 초음속(supersonic) 가스터빈엔진의 흡입구는 [그림3-4, 6]과 같이 초음속에 따른 충격파(shock waves)들을 효과적으로 이용할 수 있는 구조를 갖추어야 하므로 정밀한 공기역학적 설계(aerodynamic design)와 더불어 기계적으로 매우 복잡한 구조를 갖는다. 특히 초음속 공기흡입구를 다루는 데 있어서 충격파의 종류와 행태(shock waves behavior)에 대한 이해가 선행되어야 한다.

5. 와류발생기

일부 터보팬 엔진의 지름은 성인의 키만큼이나 크다. 이것은 공기에 노출되는 전면면적(front area)이 그만큼 크다는 것을 의미하는 것으로 항력을 낮추기 위해서 [그림3-5]와 같은 와류발생기(vortex generator) 설계는 필수이다. 따라서 가스터빈엔진 인렛 덕트는 항공기에 영향을 줄 수 있는 항력을 최소화할 수 있도록 설계되어야 한다. 엔진 인렛에서 공기 압력강하(pressure drop)는 덕트의 양 측면을 따라서 공기의 마찰 그리고 덕트 계통

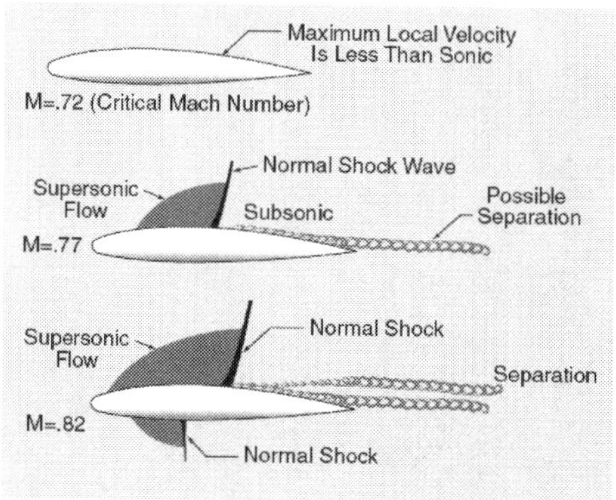

【그림3-6】 엔진 내부에서 충격파가 발생한다면 엔진은 성능을 발휘할 수 없다. 반드시 이를 제어할 수 있어야 한다.

에 있을 수 있는 굽어짐으로 인한 것이다. 유연한 흐름은 공기가 덕트에 유입될 때 난기류를 최소화하는데 달려 있다. 낮은 흐름율(low flow rates)에서 공기흐름이 굽어지게 설계하는 것은 엔진 나셀을 더욱 작게 할 뿐만 아니라 항력도 작다. 터보팬 엔진에서 덕트는 높은 공기흐름 때문에 유연한 흐름과 균등한 공기흐름(even airflow)을 보장하기 위해서 충분한 직선 섹션이 필요하다. 덕트 입구의 형상을 선택하는 것은 해당 항공기에서 엔진의 위치 그리고 항공기를 운용하고자 하는 대기속도, 고도, 자세가 반드시 고려되어야 한다.

6. 엔진 내부 아음속 설계

공기흡입구(air inlet)의 기능은 외부 공기흐름을 압축기 입구에 이어지도록 하면서 동시에 압축기 작동에 맞게 공기흐름을 조절해 줄 수 있어야 한다. 일반적으로 현대 가스터빈엔진의 압축기에서 필요로 하는 마하수는 약 0.3~0.5 정도이다. 따라서 공기흡입구는 압축기의 최대 효율을 달성할 수 있도록 공기흐름 속도를 감소시켜야 한다. 가스터빈엔진은 높은 아음속에서부터 음속을 초과하는 초음속 비행에 적합한 유형이라는 점을 고려한다면 공기역학적으로 일반 아음속에서 다루었던 공기흐름의 행태와는 크게 다르다는 점을 인식해야 한다. 비록 초음속(supersonic)으로 비행하는 제트엔진 항공기라 할지라도 공통으로 확실하게 인식해야 할 사항 중 하나는 가스터빈 엔진 내부에서 이루어지는 모든 과정(processes)에서 공기흐름은 반드시 아음속이어야 한다. 만약 엔진 내부에서 초음속이 존재한다면 압축기와 터빈 블레이드들에서 서지(surge) 혹은 강한 실속(stall)이 발생할 수 있을 뿐만 아니라 정교하게 설계된 수축 및 확산 덕트 등에서 초크현상(choked)이 발생하여 엔진 성능이 급격히 감소하기 때문이다.

또한, 공기흐름 속도를 아음속으로 제어해야 하는 근본적인 목적은 액체연료를 효과적으로 연소시킬 수 있어야 하기 때문이다. 공기흡입구는 지상 이동부터 순항속도에 이르기까지 전체 작동 조건(operating conditions)에서 균등하고 안정된 고품질의 유선형 공기흐름을 공급할 수 있어야 하고 이 과정은 최소한의 에너지 손실로 수행되어야 한다. 흡입구는 엔진 분야라기보다는 기체(airframe) 분야로 볼 수 있어 최적 솔루션을 위해서 관련 분야와 정밀한 조화가 필수이다.

3.3 현대 항공기 인렛 설계

1. 공기흡입구의 작동 모드

공기흡입구는 항공기의 속도에 따라 [그림3-3]과 같이 흡입구 전방 그리고 주변에서 흡입하는 자유공기 유선흐름 면적(airstream tube area)과 흡입구 테두리 흐름 면적(intake lip flow area) 사이에 다양한 변화가 발생한다. 대부분의 항공기 수명은 순항속도에서 운항하기 때문에 공기흡입구 테두리 면적과 자유공기 유선흐름 면적을 일치시키도록 설계함으로써 공기흐름의 유출(spillage)을 방지하고 엔진이 필요로 하는 적절한 양의 공기를 공급할 수 있다. 그러나 항공기 속도가 순항속도보다 낮거나 높을 때 이들 두 면적 사이에 변화가 발생할 수 있다.

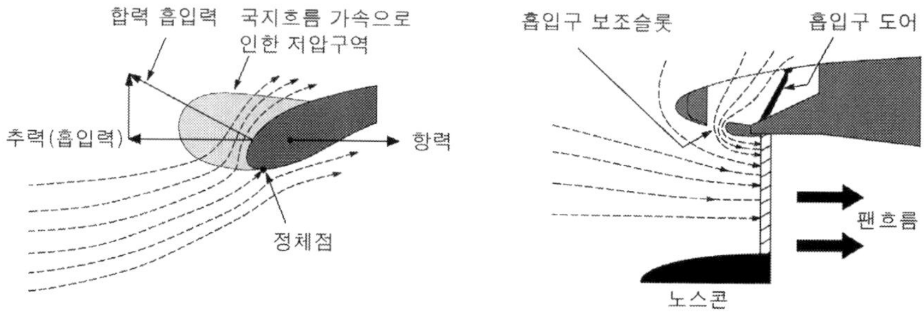

【그림3-7】 지상에서 이륙을 위한 최대동력을 적용했을 때 흡입구 전방뿐만 아니라 측면 혹은 후방으로부터 공기가 빨려들어 올 수 있다. 주변에서 흡입되고 있는 공기흐름이 국지적으로 강한 측풍과 합류되었을 때 흡입구 테두리에서 국지적으로 음속에 도달할 수도 있다. 이 같은 문제점을 해결하기 위해서 왼쪽 그림과 같이 흡입구 테두리에서 국지 흐름 가속에 의한 부분 추력을 얻을 수 있도록 정체점의 위치를 정교하게 수정하거나 오른쪽과 같이 보조 흡입구 도어를 설치하여 필요로 하는 양의 공기를 제공할 수 있도록 설계되었다.

[그림3-7]의 오른쪽 그림과 같이 항공기가 지상에 정지해 있거나 활주 또는 이륙과 같은 저속에서 공기흐름은 전방뿐만 아니라 측방 그리고 후방에서 공기를 빨아들인다. 이 상황에서 자유공기 유선흐름 면적은 흡입구 테두리 면적보다 크게 존재한다. [그림3-3]의 중간 그림과 같이 흡입구 설계 비행 마하수(intake design flight Mach number)에서 두 면적은 동등해지고 최적의 조건이 된다. 그러나 이보다 높은 속도에서 자유공기 유선흐름 면적이 흡입구 테두리 면적보다 작아지는 현상이 발생할 수 있고 많은 양의 공기흐름이 테두리 위로 빠져나간다.

속도가 마하 0.85 근처에 도달했을 때 공기는 흡입구 스로트(intake throat)를 통해서 가속됨에 따라 충격파(shock waves)들이 발생할 수 있다. 따라서 흡입구 테두리를 공기역학적으로 유연하게 그리고 둥그렇게 설계함으로써 전체 비행운용 범위에서 최적의 흡입구 압력회복(intake pressure recovery)을 달성할 수 있다.

【그림3-8】 공기흡입구가 동체 양쪽으로 분리되어 있다.

2. 분리 흡입구 덕트

현대 고성능 항공기들의 공기역학적 설계는 공기흡입구를 동체의 측면이나 아래에 배치한다. 이 같은 설계는 수행하는 임무의 특성과 항공기의 성능을 최적화하기 위한 설계와 통합되어야 한다. 만약 엔진이 필요로 하는 공기량보다 적다면 엔진 효율은 현저하게 떨어질 수 있다. 반대로 너무 과도한 양(excess airflow)의 공기는 엔진이 이를 처리하는데 큰 동력이 필요하므로 적당한 공기량만 공급되고 나머지는 외부 혹은 배기 흐름으로 내보내는 장치가 필요하다.

조종실이 기수 가까이 그리고 동체의 아래에 있도록 설계되어야 하는 고속 단발 또는 쌍발엔진 군용 항공기의 필수요건은 현대 항공기에서는 사용되고 있지 않은 기존의 단일-입구 덕트(single-entrance duct)의 사용을 어렵게 한다. 이를 해결하는 한 방법으로 동체의 양 측면에서 공기를 흡입하는 분리 덕트의 형태가 많이 사용되고 있다. 이 분리-입구 덕트(divided entrance duct)는 [그림3-8]과 같이 동체의 양 측면에서 날개-루트 인렛 또는 스쿠프(wing-root inlet or a scoop)의 형태이다.

어느 종류의 덕트이든 항공기 설계자는 항력을 최소화하면서 충분한 공기 스쿠프 면적(air scoop area)을 제공하는 것이 어렵기 때문에 단일-인렛 덕트에 비해서 어려운 과제이다. 내적인 면에서 가능한 한 최소의 굽힘으로 합리적인 길이의 덕트를 제작해야 하는 단일 인렛 덕트와 같은 문제에 직면한다. 동체의 측면에 스쿠프가 이용되기도 한다. 이들 측면 스쿠프(side scoops)는 압축기 인렛을 향하여 점진적인 굽어짐을 허용할 수 있도록 가능한 한 전방으로 멀리 위치함으로써 단일 인렛 덕트의 것과 같은 공기흐름 특성을 부여한다. 때로는 사이드-스쿠프 인렛(side-scoop inlet)에 일련의 회전 베인(turning vanes)을 장착하여 유입 공기흐름을 직선으로 만들고 난기류(turbulence)를 방지하는 데 사용되기도 한다.

3. 가변 기하 덕트

인렛 덕트의 주요 기능은 엔진 인렛에 정확한 공기량을 공급하는 것이다. 터보제트와 저바이패스비 터보팬 엔진을 탑재한 전형적인 군용 항공기에서 최대 공기흐름 필수요건은 엔진 직전에서 공기흐름의 마하수는 마하 1.0 이하가 되어야 한다. 엔진을 통과하는 공기흐름은 전 시간 마하 1.0 이하가 되어야 한다. 따라서 모든 비행 조건에서 공기가 공기흡입구에 유입될 때 공기흐름의 속도는 압축기에 유입되기 전에 덕트를 통해서 감소해야 한다. 이를 위해서 흡입구 덕트는 디퓨저(diffusers)와 같은 기능을 수행할 수 있게 설계하여 [그림3-9]와 같이 덕트를 통과할 때 속도를 낮추고 공기의 정압(static pressure of the air)을 증가시킬 수 있다.

군용 초음속(supersonic) 항공기에서 디퓨저는 점진적으로 하류 방향에서 면적이 감소한다. 따라서 초음속 인렛 덕트는 유입되고 있는 공기의 속도가 마하 1.0까지 감소할 때까지 이 같은 형상이 되어야 한다. 덕트의 후방 섹션은 [그림3-9]와 같이 면적이 증가하여 이 부분에서는 아음속 디퓨저(subsonic diffuser)로서 작용한다. 실제 초음속 항공기의 인렛 덕트는 항공

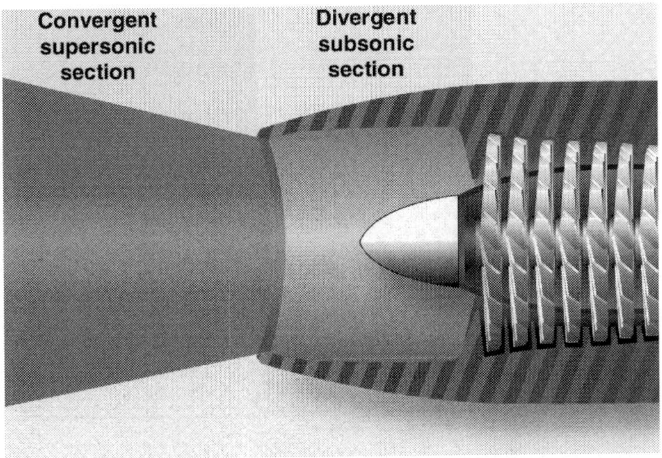

【그림3-9】 아음속 디퓨저로 작용하는 인렛 덕트의 후방부
• 수렴 초음속 섹션(convergence supersonic section)
• 확산 아음속 섹션(divergence subsonic section)

기의 설계 특징에 따라 이 같은 설계 요건에 따른다. 고속 항공기를 위해서 덕트의 내부 면적은 항공기 속도의 증가 또는 감소에 따라 기계장치(mechanical device)로 변화될 수 있고 이를 가변 기하 인렛 덕트(variable-geometry inlet duct)라 한다.

군용 항공기는 초음속에서 흡입구 공기를 확산시키고 공기흐름의 속도를 낮추기 위해서 위에서 설명한 3가지 방법을 사용한다. 인렛 덕트의 면적 또는 기하 형상(geometry)을 변형시키기 위한 한 방법으로 덕트 내부에 램프 또는 웨지(ramp or wedge)와 같은 가동(movable) 제어장치를 장착한다. 다른 시스템에서는 엔진의 전방 덕트로부터 흡입구 공기흐름의 일부를 빼내는 가변 공기흐름 바이패스 배열(variable airflow bypass arrangement)과 같은 방법이 사용된다.

일부 항공기에서는 이들 두 방식을 결합한 방법이 사용된다. 세 번째 방법은 공기흐름 속에 충격파(shock waves)를 이용하는 것이다. 충격파는 공기흐름의 속도, 압력, 밀도, 그리고 온도의 급격한 변화가 발생하는 공기흐름에 존재하는 얇은 불연속 영역(thin region of discontinuity)이다. 충격파가 강할수록 공기흐름의 성질에서 더 큰 변화가 발생한다. 충격파는 높은 마하수에서 덕트에 돌출된 작은 제한기 또는 작은 장애물에 의해서 덕트에 유입되고 있는 초음속 공기흐름 속에 형성된다. 충격파는 반대로 공기흐름의 속도가 감소하는 확산 공기흐름 속에서도 발생한다. 항공기 설계에서 확산 작용을 일으키는 충격파 방식과 가변-기하 방식 모두가 상호 결합하여 사용된다. 덕트의 면적을 변화시키는 동일 장치 역시 덕트 내에서 유입되고 있는 공기의 속도를 더 감소시키는 충격파를 발생시킨다. 덕트 면적의 변화 그리고 충격파의 크기는 항공기의 대기속도와 함께 자동으로 변한다.

❖ 램 효과(ram effect)

램 효과(ram effect)는 공기흐름에 인해서 얻을 수 있는 압축 효과이다. 흡입구에 유입되는 공기 속도는 공기의 운동량과 압력 모두에 영향을 준다. 항공기 속도가 감소하면 흡입구에서 압력이 높아져(램 효과) 밀도가 증가함으로써 추력이 증가한다. (아래 그래프) 터빈엔진의 디퓨저에서 압축공기 속도가 감속하면서 압력이 높아진다. (램 효과)

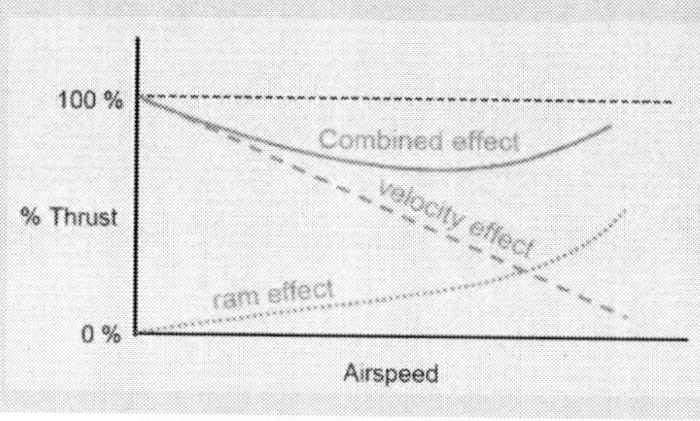

【그림3-10】 구소련과 미국에서 생산된 주력 전투기인 F-86과 Mig 15 전투기의 측면과 전면 모습이다. 공기흡입구는 대부분 둥그렇게 그리고 테두리가 두껍게 제작되어 있다. 당시의 기술로는 높은 아음속과 낮은 초음속에 적합한 유형이지만 현대 초음속 항공기의 흡입구와는 다르다. 또한, 기수 전면에서부터 동체를 거쳐 후미 배기구까지 긴 터널은 상당한 공기역학적 손실의 원인이다.

3.4 가스터빈엔진 공기흡입구 발달

✈ 초창기 가스터빈엔진의 공기흡입구는 [그림3-10]과 같이 기수 자체가 공기흡입구 역할을 할 수 있도록 타원형, 반원, 원통 그리고 슬롯(slot) 모양으로 설계하여 공기는 압축기 입구까지 직선으로 유입될 수 있도록 한다. 특이한 것은 기수에서 꼬리까지 긴 동체를 관통하도록 설계된 점이다. 이 같은 공기흐름이 긴 덕트를 관통하는 과정에서 동적 손실(dynamic loss)이 크게 발생하기 때문에 현대 항공기에서는 사용되지 않는다. 아음속 영역에서 운용하는 항공기의 공기흡입구를 피토 인렛(pitot air intake)이라 한다. [그림

3-10]은 1947년도에 제작된 미국과 구소련의 대표적인 초음속 전투기들이다. 이들 전투기는 음속에 가까운 속도로 비행할 수 있지만 높은 아음속 영역의 항공기로 분류할 수 있고 충격파 발생 영역에서 벗어나 있다. 대부분 터보프롭 엔진의 공기흡입구 모양은 약간씩 다를 수 있지만 모두 피토 공기흡입구로 분류한다. [그림3-11]은 운송용 가스터빈엔진 항공기의 엔진 포드(engine pod)에 장착된 전형적인 엔진의 전면을 보여주고 있다. 이들 항공기는 날개 하단의 엔진 포드에 장착되어 있어 흡입구의 길이를 크게 단축할 수 있다.

최근에 제작된 초음속 전투기 엔진은 동체에 위치하지만, 공기흡입구는 동체 좌우에 배치되고 흡입구의 모양도 둥근 형태에서 직사각형 혹은 반원형 등 다양하게 설계되어 있다. 예를 들어 F-16 전투기는 마치 상어 입(big mouth) 모양의 커다란 공기흡입구가 동체 전방 하단에 장착되어 있고, F-22 전투기는 동체의 양측 면에 마름모꼴의 공기흡입구가 배열된 것을 볼 수 있다. 따라서 초음속 항공기들의 공기흡입구는 아음속과는 다르게 설계되어야 한다는 것을 알 수 있다. 이들 초음속 영역에서 운용하는 항공기의 공기흡입구를 가변 단면 공기흡입구(variable section air intake)라 한다. 가변 단면 공기흡입구는 흡입구의 면적을 필요에 따라 조절할 수 있는 기능을 갖추어야 하므로 기계적 복잡성과 무게의 증가가 최대의 단점이다. 최근에 등장한 F-35 수직이착륙 전투기는 가변 단면 흡입구의 단점을 보완한 무변환기 초음속 흡입구(diverterless supersonic inlet; DSI)를 개발하여 기계적 복잡성과 무게감소 효과를 거두었다.

❖ 플레임아웃(flameout): 연소 3요소 중 하나의 부족으로 인한 연소 꺼짐 현상
❖ 이물질 손상(FOD): 항공기에 손상을 줄 수 있는 각종 이물질이고, 이로 인한 손상을 이물질 손상(foreign object damage or foreign object debris)이라 한다.

【그림3-11】 현대의 높은 아음속 터보팬 엔진의 공기흡입구는 초기 터보팬 엔진 흡입구와 달리 안쪽으로 길게 설계되어 있다. 이는 피토관 원리를 적용하여 공기흐름이 압축기 입구에 도달할 때까지 압력을 최대로 회복할 수 있다. 흡입구 테두리 역시 두껍게 그리고 공기역학적으로 둥그렇게 설계함으로써 정지 혹은 저속에서 공기흐름의 분리를 방지하고 유연하게 흐를 수 있도록 하고 있다. 피토 인렛은 높은 아음속 영역에서 충격파의 영향을 고려하지 않아도 되기 때문에 자유공기 유선흐름 면적과 흡입구 테두리 면적을 일치시켜 공기 손실을 최소화하여 최적의 흡입구 효율을 달성하도록 설계되어 있다.

3.5 아음속 공기흡입구

1. 피토 공기흡입구

압축기의 원활한 작동을 위한 조건 중 하나로 흡입 공기(intake air)는 흡입구 전체 면적을 통해서 단일 압력으로 균등하게 분포되어야 한다. 이 목적을 달성하기 위해서 채택된 것이 피토관 모양 흡입구(pitot-type inlet)이다. 피토 인렛은 공기흐름 방향과 90도가 되도록 둥그런 모양으로 공기역학적으로 유연하게 다듬어졌기 때문에 아음속 또는 낮은 초음속 영역에서 운항하는 터보제트 훈련기, 터보팬 그리고 터보프롭 엔진 항공기에 적합한 모델이다.

【그림3-12】
엔진 포드에 장착된 엔진의 모양

초창기 단발 가스터빈엔진 항공기의 공기흡입구와 긴 덕트가 필요하므로 만족할 만한 결과를 얻을 수 없다. 따라서 긴 터널의 덕트를 피하기 위해 동체 후방에 장착하거나 [그림3-12]와 같이 날개 하단의 포드에 장착된다. 전투 항공기는 날개뿌리 부분의 동체 측면에 분리형 흡입구(divided - type intake)를 채택하기도 한다. 이 유형의 흡입구는 [그림3-13]과 같이 항공기

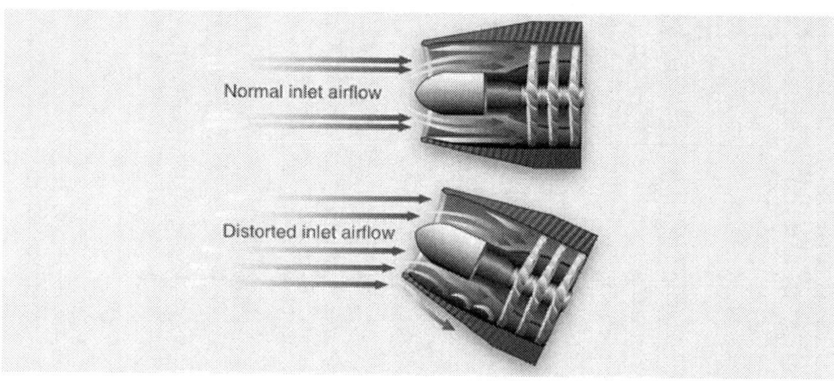

【그림3-13】 공기가 공기흡입구 속으로 직선으로 유입될 때 최적의 효율을 달성할 수 있다. 그러나 공기흡입구와 비행경로가 일치하지 않거나 과도한 요 자세(yaw attitude)에 있을 때 유입되는 공기흐름이 흩어질 수 있다. 위의 흡입구에서 정상적인 공기흐름을 관찰할 수 있고 아래 흡입구와 같이 흩어진 공기흐름은 압축기 성능에 영향을 줄 수 있다. 이는 압축기 실속 또는 서지의 직접적인 원인이 될 수 있다.

가 요(yaw) 자세에 있을 때 공기흐름의 간섭을 받을 수 있으며 불규칙한 공기가 압축기에 유입될 수 있다. 또한, 흡입구가 동체의 양 측면 전방에 위치된 항공기에서도 이와 유사한 요 간섭 효과(yaw interference)를 받을 수 있다.

2. 터보프롭과 터보샤프트 공기흡입구

터보프롭 엔진의 인렛은 프로펠러 구동축, 허브 그리고 스피너(spinner)와 같은 부품들을 다른 인렛 설계 요소들과 함께 고려해야 하므로 다른 가스터빈엔진보다 더 복잡할 수 있다. 일반적으로 [그림3-14]와 같은 덕트 배열(ducted arrangement)이 공기흐름과 공기역학적 특성과 관계없이 터보프롭 엔진의 최상 흡입구 설계로 고려된다. 대부분의 터보프롭 엔진을 위한 인렛은 흡입구 테두리에 전기 열선(electrical elements)을 이용해서 착빙(icing)을 방지한다.

엔진 또는 나셀의 어느 한 부분의 덕팅은 공기흐름을 엔진의 인렛으로 향하도록 한다. 디플렉터 도어(deflector doors)는 [그림3-15]와 같이 얼음 또는 먼지 입자를 흡입구로부터 배출하는 데 사용된다. 일부 엔진에서는 공기가 스크린을 통과하여 엔진에 유입된다. 때로는 터보프롭과 터보팬 엔진에서 표면에 얼음이 형성되는 것을 방지하기 위한 원뿔 스피너(conical spinner)를 사용한다. 스피너와 인렛 덕트의 배열은 엔진의 작동과 성능에서 중요한 역할을 한다.

A400M과 ATR 72와 같은 많은 터보프롭 항공기에서 공기흡입구는 프로펠러 아래에 위치하는 경향이 있다. 공기흡입구가 높은 위치에 있을수록 지상 운용 중 이물질이 유입되어 손상될 위험을 줄이는 데 도움이 되지만, 대부분 공기흡입구가 여전히 프로펠러 아래에 장착되어 있다. 이 같은 이유 중 하나는 관성 분리기가 엔진 아래에 있을 때 중력에 의해 더 효과가 좋을 수 있다. 비행 중 얼음 입자라든지 이물질을 아래로 더 쉽게 배출할 수 있는 장

【그림3-14】 터보프롭 엔진 인렛은 공기를 대기에서 엔진으로 끌어들이는 단순한 역할을 한다.

점이 있다. 관성은 공기가 엔진으로 회전하는 동안 고체를 지정된 지점에서 낮게 유지하도록 한다. 일부 터보프롭 저익 항공기는 프로펠러 위쪽에 인렛이 있으며, 프로펠러 주위에 원형 인렛도 있다. 그러나 언더 배치의 이점은 더 많은 공기가 날개의 위쪽(흡입구)에 영향을 미칠 수 있다. 프로펠러 허브 위의 인렛은 날개의 위쪽 표면에 형성된 저압이 실제로 양력의 주요 원천이기 때문이다.

엔진 코어의 대부분은 [그림3-14]와 같이 날개의 구조 부재와 겹쳐서 장착되며, 날개 스퍼의 아래 또는 위쪽에 있다. 프로펠러는 보통 터빈 중심선에서 프로펠러 샤프트를 상쇄하는 속도 감소 기어박스를 통해 구동된다. 이 오

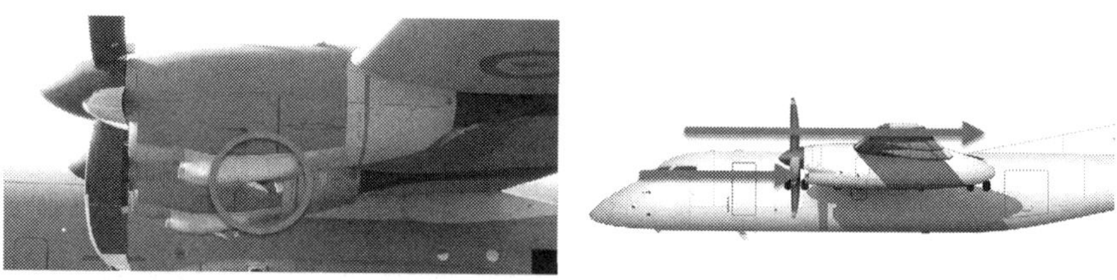

【그림3-15】 관성 원리를 이용해서 무거운 이물질을 걸러낸다. 프로펠러 윗부분과 아랫부분의 공기흐름

프셋은 날개 중심선 근처에 프로펠러를 배치하여 공기흐름을 최적화하는 데 사용된다. 터빈에 대한 가장 직접적인 공기흡입 경로는 프로펠러와 기어박스 코어의 반대쪽이다.

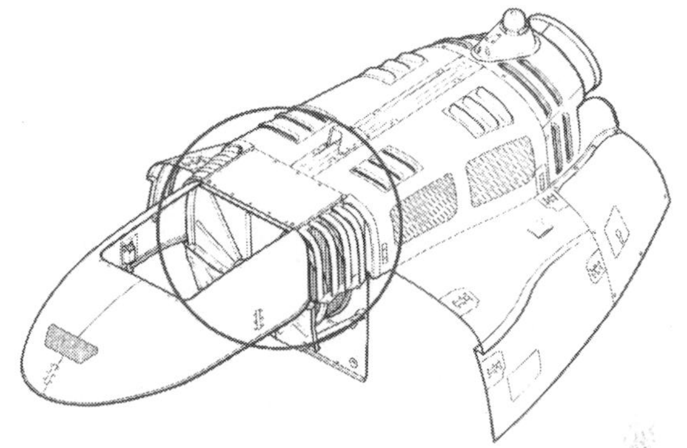

【그림3-16】 헬리콥터 터보축 엔진 공기흡입구는 다양한 형태의 망으로 이물질을 걸러내고 있다. (UH-1D 공기흡입구)

【그림3-17】 헬리콥터 공기흡입구에 먼지 분리기가 장착되어 있다. 이 시스템은 공기가 압축기의 입구부터 첫 단까지 곡선 경로를 따르도록 함으로써 이물질을 걸러낸다. 관성 때문에 공기보다 무거운 입자들은 흡입구 돌출부의 중심인 곡선의 바깥쪽으로 밀려난다. 분리기의 공기는 배플을 통해 공기 중의 먼지를 분리시키고, 그 후 외부로 이어지는 통로를 통과한다. 채널 끝에 블리딩 공기 노즐이 배플 섹션에 진공 상태를 만들어 먼지를 제거한다. 이 시스템은 블리딩 공기로 압축비를 낮추기 때문에 엔진 성능이 약간 떨어질 수 있다.

【그림3-18】 고바이패스비 터보팬 엔진 인렛

3. 터보팬 엔진 인렛

고바이패스(high bypass) 터보팬 엔진은 압축기의 전방 앤드에 대형 팬을 갖추고 있다. [그림3-18]은 전형적인 터보팬 인렛 섹션을 보여주고 있다. 때로는 인렛 카울(inlet cowl)이 엔진의 전면에 볼트로 장착되어 있어 엔진 속으로 공기흐름 경로(airflow path)를 제공한다. 듀얼 압축기 엔진에서 팬은 저속으로 회전하는 저압 압축기와 함께 통합되어 있고 팬 블레이드는 최상 팬 효율성(best fan efficiency)을 위한 낮은 팁 속도(low tip speed)에서 회전한다.

팬은 전통적인 공기흡입구 덕트(conventional air inlet duct)를 사용할 수 있도록 하여 인렛 덕트 손실(inlet duct loss)이 낮다. 팬은 인렛으로 빨려 들어온 이물질을 원심작용으로 외측으로 밀어내면서 엔진 코어를 통과하지 않고 팬 방출(fan discharge)로 통과시켜 이물질로부터 손상을 방지한다. 엔진으로부터 뜨거운 브리드 공기(warm bleed air)를 끌어들여 방빙(anti-icing)을 위해서 인렛 테두리(inlet lip)의 내부에서 순환시킨다. 팬 허

【그림3-19】
마모성 고무 스트립

브 또는 스피너(fan hub or spinner)는 앞에서 언급한 바와 같이 뜨거운 공기 또는 전기 열선으로 가열시킨다.

인렛 내부는 [그림3-19]와 같이 비행경로의 변경으로 인하여 순간적인 팬 블레이드 팁의 마찰(스침)을 허용하는 마모성 고무 스트립(abraidable rub strip)으로 구조되어 있다. 또한, 인렛 내부는 팬에서 발생하는 소음(noise)을 낮추기 위해서 흡음재(sound-reducing materials)로 채워져 있다.

고바이패스 엔진에서 팬(fan)은 [그림3-20]과 같이 지름 84인치 이하에서부터 112인치 이상까지 회전 블레이드(rotating blades)와 고정 베인

【그림3-20】 고바이패스비 터보팬 엔진의 대형 팬 블레이드

(stationary vanes)의 한 단(stage)으로 구성되어 있다. 블레이드는 티타늄 또는 복합소재로 제조된다.

팬 블레이드의 팁(외측)에서 가속된 공기는 코어엔진(core engine)을 통과하지 않고 덕트 안의 외측(ducted overboard)으로 흐르는 2차 공기흐름(secondary airstream)을 형성한다. 고바이패스비 엔진에서 이 2차 공기흐름은 추력의 약 80%를 생산한다. 팬 블레이드의 내부를 통해서 흐르는 공기는 [그림3-21]과 같이 코어엔진으로 흐르는 1차 공기흐름(primary airstream)이 된다. 팬 배기로부터 공기는 다음과 같은 두 방법으로 방출된다.

첫째, 팬 직후방에 짧은 덕트(2개의 배기노즐)를 통해서 외부로 배출하는 방식

둘째, 혼합 배기노즐(mixed exhaust nozzles)을 통해서 외부로 배출되는 엔진 후방까지 닫힌 덕트를 사용하는 덕트 팬(ducted fan) 방식. 이 종류의 엔진을 덕트 팬(ducted fan) 엔진이라 하고 코어 공기흐름과 팬 공기흐름이 공통 배기노즐(common exhaust nozzle)에서 합류한다.

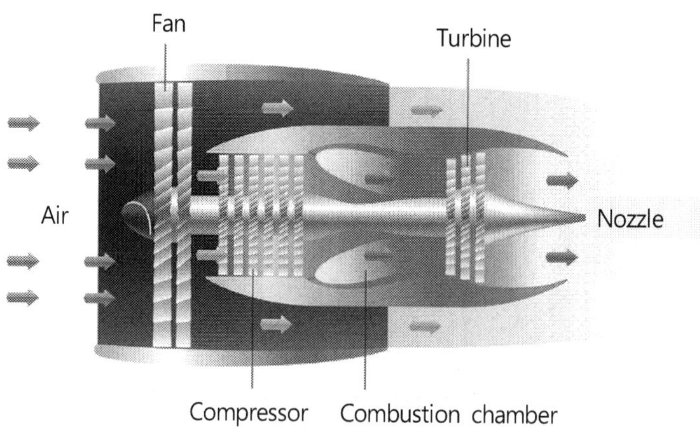

【그림3-21】 고바이패스비 터보팬의 바이패스 흐름과 코어 흐름은 배기계통에서 합류하여 배출된다.

3.6 초음속 공기흡입구 설계 요건

1. 초음속 공기흡입구와 충격파

초음속 항공기의 공기흡입구는 초음속 특성을 반영해야 하므로 단순한 아음속 공기흡입구와는 공기역학적 그리고 기계적으로 더 복잡하다. 초음속 흡입구의 설계조건은 흡입구에 유입된 공기흐름의 속도가 압축기 입구에 도달하기 전에 반드시 아음속으로 감속되어야 한다. 항공기가 음속을 초과하면서 동체, 날개, 기수, 각종 외부 구조물 주변에서 다양한 종류의 충격파들이 형성될 수 있고 공기흡입구는 이들 충격파의 영향을 반드시 고려하여 설계해야 한다. 충격파의 특성을 효과적으로 활용한다면 높은 초음속에서도 흡입구 공기흐름의 속도를 아음속으로 제어할 수 있다.

일부 엔진 흡입구 설계는 천음속과 초음속에서 작동 기체(working air)의 압축을 높여준다. 충격파 발생으로 인한 압력상승(pressure rise)을 압축기의 흡입구 압력을 높이는 데 활용될 수 있도록 흡입구 충격파의 위치를 정밀하게 조정하는 것이다. 이를 위해서 흡입구 테두리(inlet lip)로부터 전후로 상대적 위치를 조절할 수 있는 스파이크(spike) 또는 원뿔이나 램프(cone or ramp) 등이 활용된다.

2. 초음속 흡입구의 최적 설계조건

현대의 고속 풍동시설과 컴퓨터 시뮬레이션의 발달은 초음속에서 공기흐름의 행태를 정밀하게 관찰할 수 있다. 실험을 통해서 충격파의 유형과 항공기 유형에 맞게 설계함으로써 공기흡입구의 효율을 높일 수 있고 이것은 엔진 효율을 개선하는 데 크게 이바지하였다. 여기서 충격파의 전반적인 행태는 공기흡입구와 연관된 충격파의 행태에 대해서 간단하게 다룬다.

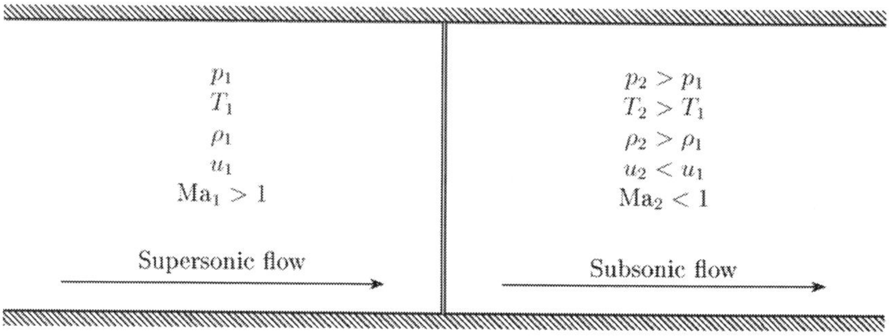

【그림3-22】 충격파를 통과한 후 흐름 성질은 명확하게 변화가 발생한다.

(1) 수직충격파

수직충격파(normal shock waves)는 공기흐름의 방향과 수직으로 형성된다. 수직충격파는 대부분 뾰쪽한 전면(sharp front)에서 형성되고 충격파 뒤쪽의 흐름은 아음속으로 감속된다. 수직충격파는 정체압력(stagnation pressure)을 크게 떨어뜨리는 경향이 있다. 기본적으로 수직충격파에 대한 초음속 입구 마하수(entry Mach number)가 높을수록 아음속 출구 마하수(exit Mach number)와의 차이가 더 벌어지고 충격파는 더 강해진다. 이것은 충격파를 통과하면서 더 큰 정체압력(stagnation pressure)의 손실이 발생할 수 있다는 것을 의미한다.

흡입구의 최종 위치에서 적정 수직충격파가 형성될 수 있도록 설계되어야 한다. [그림3-22, 23]과 같이 압축기 또는 팬 직 전방에서 수직충격파의 존재는 이들 입구에서 항상 아음속을 유지할 수 있다. 그러나 만약 스로틀을 줄였다면 LP(저압) 압축기/팬에 유입되는 수정된 공기흐름(corrected airflow)의 감소가 발생할 수 있지만, 초음속 상태에서 흡입구 테두리에서의 수정된 공기흐름은 일정하게 유지된다. 왜냐하면, 공기흐름은 비행 마하수와 흡입구 취부각(intake incidence)으로 결정되기 때문이다. 이 불연속성(discontinuity)은 [그림3-23]과 같이 입구에서 마하수를 더 감속시킬 수 있도록 수직충격파를 덕트 내의 단면적이 더 좁은 곳으로 이동시켜 발생시킴으로써 극복한다.

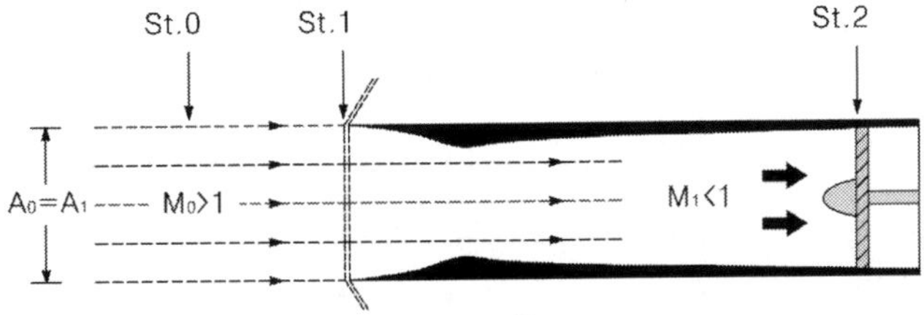

[임계 작동 조건]

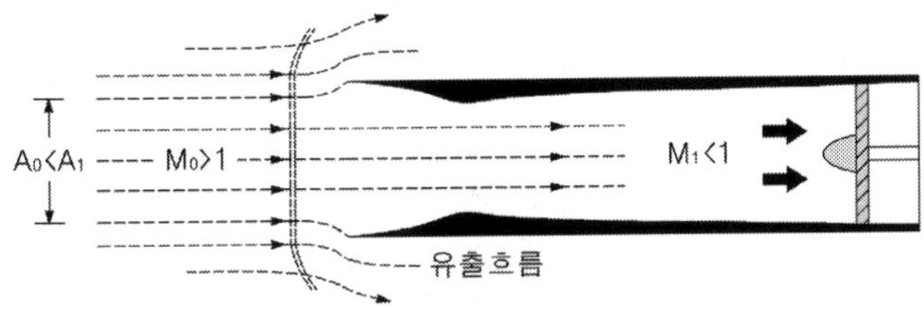

아임계 작동 조건–내부 압력이 너무 크다.

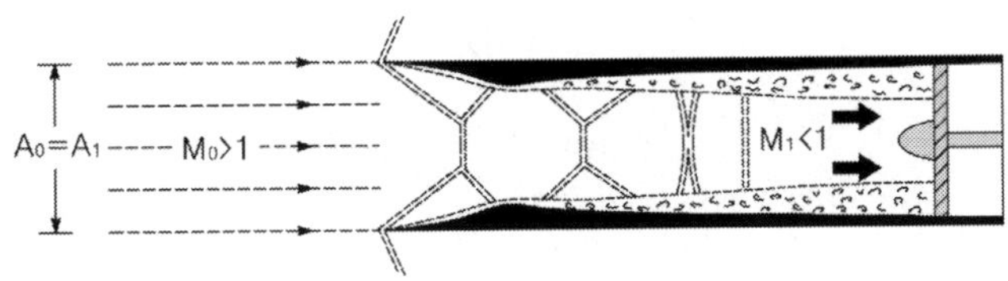

초임계 작동 조건–내부 압력이 너무 작다.

【그림3-23】 초음속 항공기 엔진의 첫 번째 필수요건은 항공기 비행속도가 초음속을 크게 웃돌더라도 압축기 입구의 속도는 반드시 적정 아음속까지 감속되어야 한다. 그렇다고 특별한 기계장치를 사용하여 감속하기보다 비교적 낮은 초음속에서는 기하학적 흡입구 모양으로 감속 효과를 달성하고 있다. F-16 전투기의 공기흡입구가 이 같은 기하학적 모양으로 초음속에서 원하는 효율을 달성할 수 있다. 반면 F-14 혹은 F-15 전투기 등은 흡입구의 모양을 변형시킬 수 있는 기계장치를 사용하여 동일 효과를 거둘 수 있으나 최종적으로 압축기 입구에서는 적정 아음속을 달성하기 위한 적정 수직충격파는 필수이다. 위의 그림은 흡입구에서 수직충격파의 행태를 보여주는 것으로 설계 속도를 초과했을 때 수직충격파 후방의 공기흐름 필수요건이 엔진에 부적합하다는 것을 보여주고 있다. 초임계 작동 조건에서는 테두리에서 발생하는 경사충격파들과 반사 충격파들 그리고 관의 내부 벽에서 강한 경계층이 조화되어 유효 단면이 크게 감소하였고 내부 압력은 이미 상당 수준 떨어진 상태이다.

이 과정에서 더 약해진 충격파는 흡입구 전체 압력회복을 향상하는 데 기여한다. 따라서 압축기/팬 입구에서는 더 높은 입구 압력 때문에 수정 공기흐름이 감속하더라도 절대 공기흐름은 일정하게 유지된다. 또한, 스로틀 세팅(throttle setting)에 따라 과도한 흡입구 공기흐름이 수직충격파를 강제로 너무 앞쪽에서 발생하게 함으로써 경사(원뿔)충격파의 형성을 방해하지 않도록 해야 하고 이를 위해서 흡입 공기의 일부를 외부로 배출시키거나 배기장치로 흘려보내는 장치가 필요하다.

(2) 원뿔 충격파와 수직충격파의 결합

[그림3-24]와 같이 경사충격파(oblique shock wave; 2D) 또는 3차원으로 관찰했을 때 원뿔 충격파(conical shock wave)는 뒤쪽으로 경사지는 경향이 있고 흡입구 설계에서 콘 또는 램프(cone or ramp)와 같이 흐름을 방해하는 물체로부터 마치 선수파(bow wave)와 같이 경사 혹은 원뿔 모양이 된다. 이들 충격파는 등가의 수직충격파에 비해서 약하고 흐름 속도를 낮추어주기는 하지만 계속해서 초음속이 유지되는 경향이 있다. 또한, 이들 충격파에서 흐름은 충격파의 경사 방향을 따라 흐르는 경향이 있다.

만약 하류 흐름에서 이 흐름을 방해하는 또 다른 물체가 존재한다면 충격파 흐름은 다시 새로운 방향으로 흐르는 경향이 나타난다. 높은 초음속에서 강력한 단일 수직충격파로 인한 압력손실이 크기 때문에 압축기에서 필요로 하는 충분한 압력회복(pressure recovery)을 달성할 수 없다. 따라서 일차적으로 원뿔충격파 또는 경사충격파를 발생시켜 초음속을 더 낮추고 후속 흐름은 수직충격파를 통과하도록 설계한다면 압축기에서 원하는 압력회복(pressure recovery) 수준을 달성할 수 있다. 실제 대부분의 초음속 항공기의 흡입구는 경사(원뿔) 충격파와 수직충격파를 적절히 활용하고 있다.

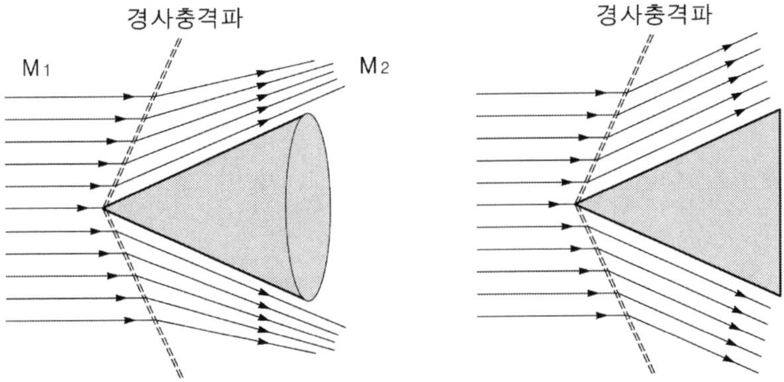

【그림3-24】 초음속에서 경사충격파는 초음속을 감속시키는 데 매우 유용하게 활용된다. 수직충격파와 다른 점은 충격파를 통과한 공기흐름의 속도가 여전히 초음속을 유지하고 있다는 점과 뾰쪽한 물체 혹은 표면의 코너 지점 등에서 발생하지만 표면의 경사를 따라서 이동하는 특징이 있다. 경사충격파는 물체의 종류에 따라 위의 그림과 같이 2가지 유형으로 분석할 수 있다. 왼쪽 그림은 원뿔 도형으로 일종의 3차원으로 고려되고 오른쪽은 쐐기 도형으로 2차원 흐름으로 고려된다. MIG 21 전투기 등은 원뿔형 흡입구를 채택하고 있고 F-16 전투기 등은 2차원 경사충격파를 적용하고 있다. 이들의 차이점은 충격파들이 원뿔 물체에서 경사져 통과하면서 후방에서 합류되는 특성이 다르다.

(3) 다중 경사(원뿔) 충격파의 활용

경사(원뿔) 충격파가 테두리에 형성될 수 있도록 비행 마하수를 설계한다. 경사(원뿔) 충격파를 [그림3-25]와 같이 흡입구 테두리에 접하도록 설계한다면 유선흐름 획득면적(capture area)과 흡입구 테두리 면적(intake lip area)을 일치시킬 수 있다. 그러나 만약 설계 비행 마하수 이하로 비행한다면 경사(원뿔) 충격파의 각도가 감소하여 테두리에 접근하고 있는 유선흐름은 콘 또는 램프(cone or ramp)의 존재 때문에 굴절되는 현상이 발생할 수 있다. 결국, 유선흐름 획득면적(capture area)은 흡입구 테두리 면적(lip area)보다 작아지는 결과가 나타나고 이는 곧 흡입구 공기흐름의 감소를 의미한다. 따라서 공기흐름의 특성에 따라 흡입구 공기흐름을 최대로 높이기

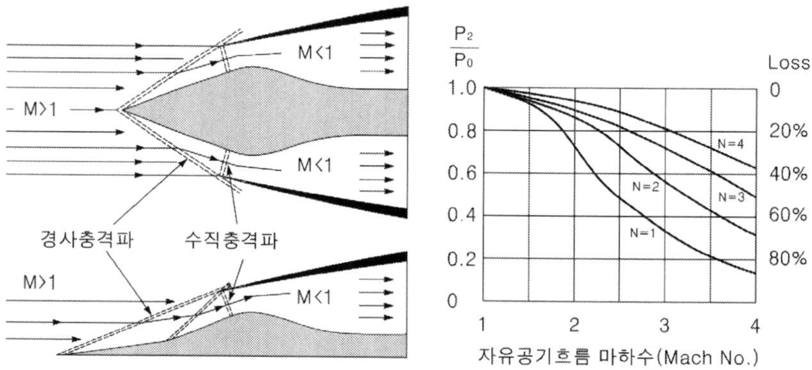

【그림3-25】 전형적인 원뿔 흡입구의 구조에서 경사충격파들이 어떻게 활용되고 있는지를 잘 보여주고 있다. 오른쪽 그래프와 같이 단일 경사충격파일 때 압력회복이 매우 낮아 그만큼 손실률도 높다. 그러나 3개 혹은 4개의 경사충격파를 발생시켰을 때 압력회복률이 높고 그만큼 손실이 감소하고 있음을 알 수 있다. 어느 유형의 경사충격파 또는 원뿔충격파의 수와 관계없이 최종적으로 적절한 위치에서 적정 마하수의 수직충격파는 필수이다.

위해서는 충격파의 위치를 재조정해야 할 필요가 있고 이를 위해서 램프(ramp)의 각도를 낮추거나 콘(cone)을 후방으로 이동시켜야 한다.

3.7 초음속 공기흡입구의 종류

✈ 초음속 항공기의 공기흡입구는 공기흐름의 수정이 필요하므로 복잡하게 설계되고 수행하는 임무에 맞게 모양은 다양하게 설계된다. 전형적인 초음속 항공기의 공기흡입구는 다음과 같이 분류할 수 있다.

① 초음속 피토 공기흡입구(pitot inlet)

② 원뿔형 공기흡입구

- 원뿔(cone)
- 반원뿔(half cone)

- 이중 원뿔(biconic)

③ 램프형 공기흡입구
- 수직 램프
- 수평 램프

④ 무변환기 초음속 흡입구(diverterless supersonic inlet; DSI)

1. 초음속 피토 공기흡입구

일반적으로 피토 공기흡입구가 아음속 가스터빈엔진에 적합한 모델이기는 하지만 일부 초음속 가스터빈엔진의 흡입구에서도 채택되고 있고 중간 초음속 영역에 적합하다. 초음속 피토 흡입구와 아음속 피토 공기흡입구의 차이가 있다면 수직충격파를 유도할 수 있도록 흡입구의 테두리가 얇고 뾰족하게 설계된 점이다. 얇고 뾰족한 테두리(thin and sharped - lip)에서 수직충격파(normal shock wave)가 형성되어 후방의 공기흐름을 아음속으로 유도할 수 있다. 일부 공기흡입구에서는 속도가 더 증가함에 따라 흡입구 직 전방에 이탈수직충격파(detached normal shock wave)가 형성되기도 한다. 그러나 너무 강력한 수직충격파는 테두리에서의 정체압력(stagnation pressure)을 크게 떨어뜨려 결정적으로 압력회복(pressure recovery)을 악화시키는 결과가 초래된다. 전형적인 초음속 피토 흡입구(supersonic pitot inlet)를 사용한 기종으로는 [그림3-27]과 같이 F-100 Super Sabre가 있다.

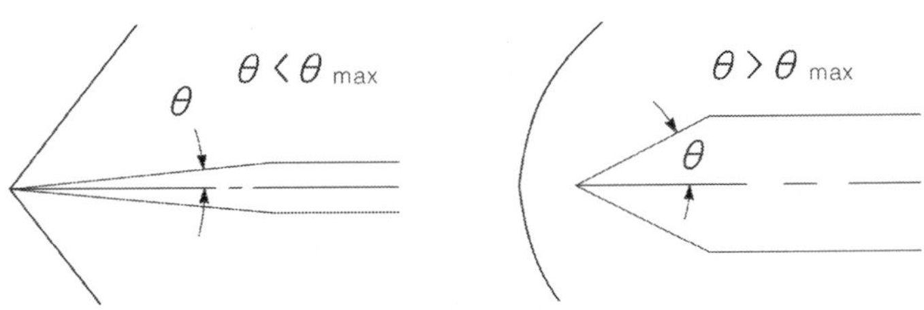

【그림3-26】 부착 경사충격파(왼쪽) 원뿔각(θ < θmax), 원뿔각 증가에 따른 이탈 경사충격파(오른쪽) (θc > θmax)

【그림3-27】 F-100 Super Sabre 타원형 공기흡입구

2. 원뿔형 공기흡입구

초창기의 높은 아음속 제트엔진의 공기흡입구는 단순한 피토관 모양으로 제작되었으나 이 유형의 공기흡입구는 초음속 비행에서는 강한 충격파로 인하여 적절한 효율을 달성할 수 없다. 앞서 언급한 것과 같이 항공기가 초음속으로 비행한다는 것은 공기흡입구의 공기흐름의 속도 역시 초음속이고 이 흐름이 그대로 압축기에 전달되었을 때 결코 정상적인 작동이 불가능하다. 초음속에서 충격파 발생은 피할 수 없는 현상이고 충격파의 행태를 정확하게 이해하고 활용할 수 있는 장치들이 개발되었다.

전형적인 2세대 공기흡입구로 개발된 것이 [그림3-28]과 같은 공기흡입구 원뿔(inlet cone)이다. 공기흡입구 원뿔의 근본적인 목적은 원뿔의 전단에서 원뿔충격파(cone shock wave)를 발생시키는 것이다. 원뿔충격파 후방의 공기흐름은 결코 아음속으로 감속시키지 못하지만 높은 마하수를 낮은 마하수까지 감속시키는 역할을 한다. 원뿔충격파에서 일차적으로 낮은 마하수로 감속시킨 후 흡입구 내부의 디퓨저(diffuser) 후방에서 수직충격파의 발생을 유도한다. 수직충격파 후방의 공기흐름은 항상 아음속이다. 따라서 압축기에

【그림3-28】 원뿔형 흡입구는 3차원 경사충격파의 장점을 가장 잘 활용하였다. 원뿔충격파는 2차원 경사충격파와 유사한 특성이 있지만, 공기흐름이 후방에서 더욱 조밀해지는 특성이 있다. 공기흐름이 압축되는 성향은 램 효과에 의한 압력회복 효과를 얻을 수 있어 우수한 흡입구 효율을 갖지만, 결정적으로 원뿔 자체가 다양한 기동성에서 균등한 공기흐름을 제공할 수 없는 문제가 있다. 이에 대한 대안으로 개발된 것이 램프형 흡입구이고 다양한 기동성에 대응할 수 있는 흡입구이다.

유입되는 공기흐름을 효과적으로 아음속까지 낮출 수 있다. [그림3-28]과 같이 기수 전방으로 길게 뻗어 나온 흡입구 원뿔체(inlet cone)를 관찰할 수 있다. 이 유형의 전형적인 기종은 Mig 21, English Electric Lighting 등이다.

항공기의 속도가 초음속에 접근함에 따라 원뿔 전단에서부터 원뿔 충격파가 형성된다. 속도가 점차 증가함에 따라 원뿔각이 후방으로 기울어지면서 원뿔은 좀 더 좁아진다. 결국, 원뿔은 흡입구 테두리에 접하는 각도에 도달하게 되면서 [그림3-25]와 같이 흡입구 테두리 앞쪽의 유선흐름 면적과 테두리 면적이 같아져 엔진이 필요로 하는 최적의 공기흐름을 제공한다. 동일 목적으로 흡입구를 동체 측면에 장착하기도 한다. 동체의 측면에는 [그림3-29]와 같이 반원뿔(half conic) 모양으로 장착되지만 앞서 설명한 원뿔과 같은 원리가 적용된다. 일부 공기흡입구에서는 이중원뿔 표면(biconical

【그림3-29】 반원형 흡입구와 고정 반원뿔 흡입구는 원뿔에서 발생한 경사충격파들이 흡입구 테두리와 정확하게 접하게 설계함으로써 공기흐름 속도를 감소시키고 후속해서 수직충격파를 발생시켜 최종적으로 아음속까지 감속시킨다. 전형적인 기종으로는 F-104 Starfighter, BAC TSR-2 등이다.

surfaces)을 갖도록 설계된다. 이 설계는 기본적으로 원뿔 충격파의 특징을 활용한 것이다. 여러 개의 원뿔 충격파에서 첫 번째 원뿔 충격파 다음에 발생하는 원뿔 충격파들은 후속해서 약한 원뿔 충격파가 발생하면서 연속적으로 마하수를 더 낮출 수 있다. [그림3-24, 25]와 같이 첫 번째 원뿔 충격파에 의해서 후속 원뿔 충격파는 더 약하게 형성된다. 후속 원뿔 충격파는 두 원뿔 표면이 만나는 지점에서부터 발생한다. 일반적으로 이중원뿔 흡입구는 등가의 단일 원뿔 충격파와 비교해서 효율(efficiency)이 높다. 왜냐하면, 수직충격파에 대한 입구 마하수(entry Mach number)가 후속 원뿔 충격파의 존재로 인해 약해지기 때문이다.

【그림3-30】 F-4, F-5 전투기의 공기흡입구는 동체 측면에 장착되고 테두리가 공통으로 뾰쪽하게 설계되어 있다. 흡입구 외측 테두리에 램프가 형성될 수 있도록 설계되어 공기흐름을 제어한다. 흡입구는 동체와 일정한 간격으로 떨어져 장착된 것은 동체에서 발생하는 경계층을 회피하기 위한 설계이다. 압력이 규정치 이상으로 증가하는 것을 방지하기 위해서 동체 측면 판에 여러 개의 구멍을 뚫어 놓았다.

3. 램프형 흡입구

이제까지의 흡입구는 원뿔형 혹은 반원뿔체 또는 피토 인렛을 소개하였으나 이들 흡입구보다 더 효율이 높은 직사각형 혹은 약간 변형된 모양의 직사각형 모양의 흡입구가 개발되었다. 이들 3세대 흡입구는 흡입구 내에 램프(ramp)와 함께 설계되는 특징이 있고 이를 램프형 흡입구(intake ramp)라 한다. 초기 램프형 흡입구는 동체 양 측면에 수직 램프 형태로 설계되었다. 미국의 Century Series 제트엔진 항공기에서는 흡입구의 외측 수직 테두리(outer vertical edge)에 램프가 형성되도록 하였다. 이들 램프는 동체를 향하여 후방 안쪽으로 향하는 각도를 갖도록 설계되었다. 수직 램프를 사용하는 항공기는 [그림3-30]의 Republic F-105(Thunderchief), F-4(Phantom)가 있다. 이후 외측 수직 테두리(vertical edge)보다는 수평 테두리의 상부

(top of horizontal edge)에 가동 램프를 장착하게 개량되었다. 이들 램프는 후방 그리고 아래를 향하도록 설계되었다. 이 설계는 흡입구의 구조를 더 단순하게 하였을 뿐만 아니라 엔진으로 유입되는 공기흐름을 조절할 수 있는 가변 램프(variable ramp)를 사용할 수 있도록 하였다. 이 장치는 1960년대 초부터 대부분의 초음속 항공기흡입구로 채택되었고 전형적인 기종으로는 F-14(Tomcat), Panavia Tornado, Concorde 등이 있다. [그림3-31]은 전형적인 램프형 흡입구를 장착한 F-14, F-15 전투기를 전면과 측면 모양을 잘 보여주고 있다. 이들 램프 역시 흡입구 압축과정(compression precess)을 보조하기 위한 장치이다. [그림3-31, 32]와 같이 램프는 상하로 움직일 수 있도록 설계되어 있고 원뿔 흡입구와 달리 초음속을 감속시키는데 경사충격파(oblique shock wave)를 활용한다.

공기흐름의 방향이 전환될 때 램프의 전방 끝단에서 경사충격파가 발생하는 특징을 이용한 것이다. 높은 마하수의 공기가 경사충격파를 통과할 때 급격히 낮은 마하수까지 감속시키고 압력은 상승한다. 일반적으로 램프는 2개 또는 그 이상이 연속으로 위치하도록 설계되고 하류 쪽에 있는 램프의 경사각이 더 깊은각을 갖도록 설계된다. 공기는 최초 경사충격파와 후속 반사 경사충격파(reflected oblique shock wave)를 통과하면서 낮은 마하수까지 감속되고 최종적으로 수직충격파(normal shock wave)를 통과하면서 압축기에 유입되기 전까지 아음속으로 감속시킨다.

램프형 흡입구는 특히 높은 초음속에서 등가의 피토 인렛보다 양호한 총압력회복 성능을 갖는다. 경사충격파는 흡입구 테두리(intake lip)에 접할 수 있도록 설계함으로써 공기유출(spillage)을 방지하고 방향이 전환되는 유선흐름 면적의 외측 경계구역에 존재하는 입구 항력(entry drag)을 감소시킨다. 이 때문에 램프가 고정 취부각 만을 갖도록 설계되었다면 이 항공기는 오직 특정 비행 마하수에서만 최적의 효율을 달성할 수 있다. 왜냐하면, 충격파의 각도는 비행속도의 증가에 예민하게 반응하기 때문이다. F-14

【그림3-31】 콩코드, F-14, F-15 항공기들의 공기흡입구 외형이다. 이들 항공기의 공기흡입구는 공통으로 사각형 모양으로 설계되었다. 이들 공기흡입구에서 어떻게 충격파들을 발생시키고 활용하고 있는지를 [그림3-32]와 비교하여 관찰했을 때 명확하게 이해할 수 있다. 현대에 개발되는 대부분의 초음속 항공기들의 공기흡입구는 동체 주변의 경계층 영향을 최소화할 수 있고 공기유출을 방지할 수 있는 기하학적 모양으로 설계된다. F-15 전투기의 왼쪽 모양은 비행속도에 따른 적정 공기량을 제공할 수 있도록 램프의 각도를 조절하고 있다. 저속에서 공기 질량 유동률을 높이기 위해서 면적을 최대로 확장한 모습이고 속도가 증가할수록 면적을 줄여 적정 공기량이 유입될 수 있도록 설계되었다.

Tomcat 전투기는 3개의 수평 램프(horizontal ramps)를 활용하여 초음속 비행할 때 4개의 충격파(3개의 경사충격파와 1개의 수직충격파)를 발생시킨다. 첫 번째 충격파는 고정 램프(fixed ramp) 앞전에서 발생하도록 한다. 이 충격파는 안쪽의 가동 램프(movable ramp)로 제어되는 충격파들과 서로 조화될 수 있어야 한다. 첫 번째 가동 램프는 고정 램프 구조에 장착되어 두 번째 가동 램프를 위한 가동 힌지(hinge) 역할을 한다. 세 번째 램프는

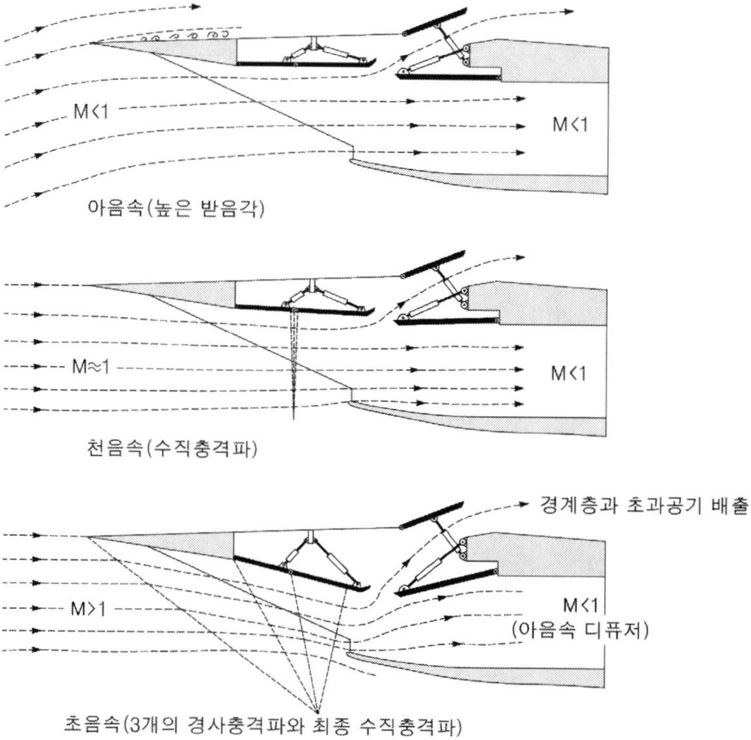

【그림3-32】 콩코드, F-14, F-15 항공기들은 여러 개의 가동 수평 램프를 장착하여 공기흐름을 조절할 수 있도록 설계되어 있다. 위의 그림은 F-14 전투기의 수평 램프에 의해서 어떻게 공기흐름을 제어하고 있는지를 잘 보여주고 있다. 엔진작동에 무리를 줄 수 있을 정도로 많은 양이 유입되고 있다면 일정량의 공기를 배출시켜야 한다. 3번째 그림은 설계마하수에서 3개의 경사충격파와 1개의 최종 수직충격파를 발생시켜 엔진이 필요로 하는 양질의 아음속 공기흐름을 제공하고 있다.

후방을 향하고 있으며 흡입구 구조물에 장착되어 있고 아음속 디퓨저와 스로트 슬롯(diffuser and throat slot) 높이를 형성한다. 램프의 가동은 에어데이터 컴퓨터(air data computer)에서 보내온 마하 신호(Mach signal)에 따라 자동으로 작동한다. 흡입구 상부에 있는 브리드 도어(bleed door)는 2단-위치 조절장치로 되어 있어 높은 받음각에서 엔진 실속 마진(engine stall margin)을 보전하고 고속에서 엔진 진동을 방지한다.

4. 스필링 장치

가스터빈엔진 내부를 관통하는 공기흐름이 아음속을 유지해야 하므로 초음속에 근접하지만, 아음속에서 비행하는 대부분의 대형 운송용 항공기(Mach=0.85~0.95)는 이를 제어하기 위한 특별한 설계가 필요하지 않다. 그러나 콩코드, SR-71(black bird) 그리고 F-22와 같은 항공기는 Mach 2.0을 초과하는 초음속으로 비행하기 때문에 공기흡입구에 유입되는 자유 공기흐름의 속도는 자연적으로 Mach 2.0을 초과하는 속도로 유입된다. 높은 초음속은 흡입구가 수용할 수 있는 한계까지 흡입구 압축(intake compression)을 상승시킨다. 이를 제어하는 또 다른 방법으로 흡입구에서 과도한 공기를 빼낼 수 있는(spilling) 가변 스로트 면적(variable throat area)을 제공할 수 있는 특수 설계조건이 필요하다.

스필링 장치(spilling system)는 용어가 의미하는 것과 같이 흡입되는 공기 일부를 의도적으로 대기로 배출하여 램 압력(ram pressure)을 회복하는 장치이다. 흡입구와 압축기 입구 사이에 스필링 장치를 설치하여 공기흐름의 속도를 제어할 수 있다. 예를 들어 Mach 2.02로 순항비행하는 콩코드(Concorde)는 압축기 입구에서의 공기흐름 속도는 M=0.7~0.8 사이를 유지할 수 있도록 설계되었다. 또한, F-22 전투기에서 보는 것과 같이 사각형 모양의 흡입구(square - shaped intake)는 이 같은 스필링 효과(spilling effect)를 얻을 수 있는 설계이다.

5. 초음속 피토 인렛 사례

전형적인 초음속 피토 인렛은 F-16 전투기를 포함한 [그림3-33]의 전투기들에서 채택하고 있다. 이들 전투기는 초음속 비행을 하면서도 흡입구에 유입되는 공기흐름을 흡입구의 기하학적 모양만으로 양질의 아음속으로 감속시키고 있다. 이들 전투기의 공기흡입구는 공통으로 외형이 거의 유사하다. 그리고 동체에서 발생하는 강력한 경계층(boundary layers)을 제어하

【그림3-33】 F-16, Eurofighter, J-10a 전투기들의 공기흡입구이다. 기본적으로 이들 전투기는 높은 기동성을 목표로 하므로 공기흡입구 역시 높은 받음각 조건에서도 양질의 공기흐름을 제공할 수 있어야 한다. 공기흡입구를 기수 아래 동체에 가깝게 위치시킴으로써 동체 하부 표면이 높은 받음각 조건에서 공기흐름을 흡입구로 유도하는 역할을 한다. 이들 항공기의 공기흡입구는 앞으로 돌출된 뾰쪽한 테두리로부터 단일 수직충격파를 유도하여 흡입구 내에서 압력회복 효과를 얻을 수 있도록 설계되어 있다. 또한, 동체와 일정한 거리를 유지하고 있는 것은 동체 경계층을 회피하기 위한 설계이다. 이외에도 미사일을 발사했을 때 분출되는 고온가스가 흡입구에 유입되지 않도록 하는 것도 중요한 설계 필수요건이다.

기 위한 분리판(splitter plate)을 사용하고 있다. 흡입구는 동체 하단, 후방에 장착되어 있어 [그림3-34]와 같이 높은 받음각 조건이 요구되는 기동성에서도 양호한 공기흐름을 제공한다. 또한, 긴 전방 동체는 공기흐름이 위쪽으로 흐르는 것을 효과적으로 차폐하는 기능을 하여 양호한 유선흐름을 제공한다. 흡입구 길이가 상대적으로 짧아 무게감소와 함께 압축기 전면에서 공기흐름의 흩어짐을 방지한다. 무장장치의 포구가 스트레이크(strake) 위에 장착되어 있으므로 포구에서 방출되는 고온의 배기가스가 흡입되지 않도록 설계되었다. 이들 전투기의 특징은 속도가 증가할수록 압력손실이 증가하여 최대속도가 제한되기는 하지만 속도보다 높은 기동성을 더 중요시한다. 동체

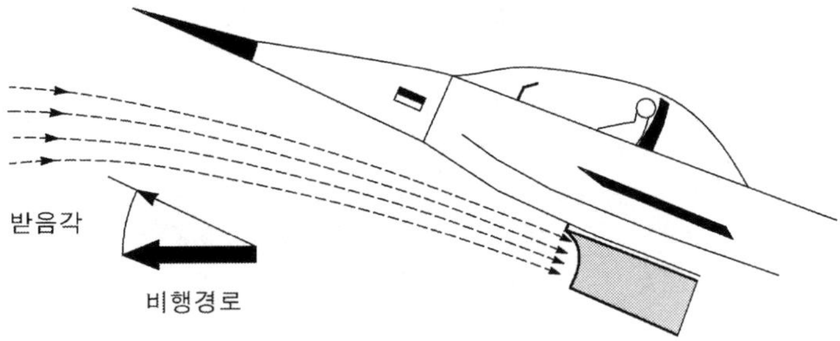

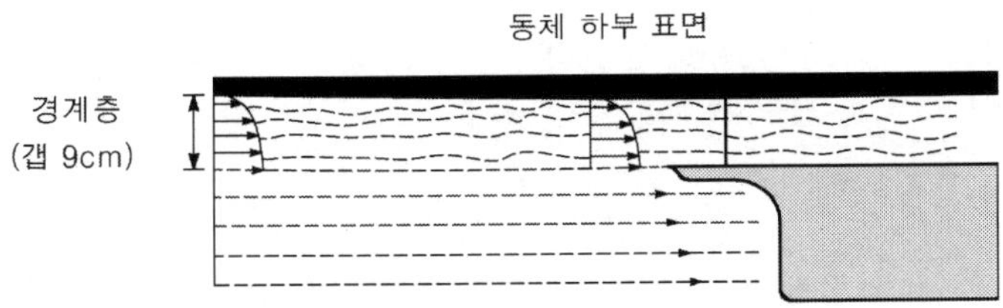

【그림3-34】 F-16 전투기의 공기흡입구와 동체 위치의 상관관계 그리고 동체에서 발생하는 저에너지 공기흐름인 경계층을 회피하기 위한 설계를 관찰할 수 있다. 이 흡입구 설계 역시 흡입구의 돌출된 윗면 테두리와 아랫면의 둥근 테두리에 경사충격파의 발생을 유도하여 1차 감속 효과를 얻고 압축기 직전에서 수직충격파를 발생시켜 최종적으로 적정 마하수의 양질의 아음속까지 감속시킨다.

로부터 두꺼운 경계층이 흡입구에 유입되지 않도록 흡입구는 동체로부터 약 9cm 정도 이격시켜 장착되어 있다. 흡입구 카울(cowl)은 앞쪽으로 약 25cm 정도 확장된 분리판이 사용되고 있고, 아래쪽은 뭉툭한 테두리로 제작되어 있다. 분리판은 동체 경계층으로부터 흡입구 수직충격파를 분리한다.

길이가 짧게 설계된 분리판은 경계층 축적을 작게 형성될 수 있도록 함으로써 분리판 위의 경계층을 날려 보낼 필요가 없다. 아래의 뭉툭한 테두리(blunt lip)는 흐름 분리를 방지하기 위한 것으로 높은 받음각에서 기동 중인 항공기의 공기흐름이 흩어지는 것을 방지한다. 최신 고성능 F-16과 F-18 전투기들은 수직충격파와 디퓨저의 손실이 더 크게 발생하는 조건에서도 최대속도 Mach 2.0을 무난히 달성하였다.

【그림3-35】 이 항공기는 터보제트 엔진과 램제트의 조합에 의해서 추력을 얻는다. 최대 속도영역에서는 램제트 엔진에 의한 동력을 얻기 때문에 순수 터보제트 엔진에 의한 마하수 3.2를 기록했다고 할 수 없다. 공기흡입구는 커다란 가동형 스파이크가 장착되어 있어 비행속도에 따라 전후로 자동으로 움직인다. [그림3-36]과 비교했을 때 이 항공기가 어떻게 적정 아음속까지 감속시킬 수 있는가를 잘 보여주고 있다.

6. 다중원뿔 경사충격파 공기흡입구(SR-71)

SR-71의 Pratt& Whitney J58 엔진은 앞서 언급한 것과 같이 일반 가스터빈엔진에서는 보기 드문 터보램제트(turboramjet) 엔진으로 재연소터보제트(afterburning turbojet)와 램제트(ramjet) 엔진이 결합한 유형이다. [그림3-35, 36]은 SR-71 흡입구의 외형을 잘 보여주고 있다. SR-71의 Pratt& Whitney J58 엔진은 일반 원뿔 흡입구(inlet cone)보다 더욱 복잡하게 설계되어 있다. 원뿔 스파이크(conical spike)는 엔진 나셀 내에서 전후로 움직이는 가동 원뿔(movable cone)을 채택하고 있다. 순항속도 마하 3.2에서는 램제트로 작동하기 때문에 추력의 약 80%가 흡입구의 성능에 의

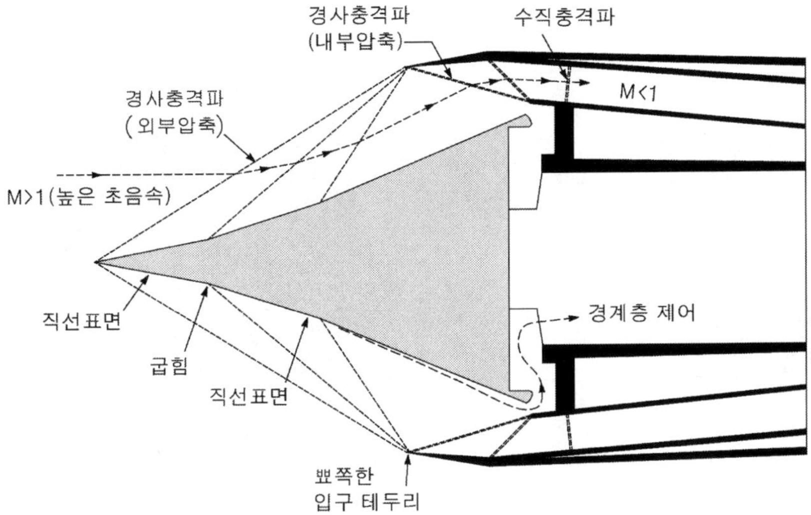

【그림3-36】 인렛의 특이한 설계는 비록 원뿔이기는 하지만 여러 각도로 설계되어 각도가 변화되는 지점에서 각각의 원뿔충격파 발생을 유도하고 있는 점이다. 설계 비행속도에서 경사파들은 흡입구 테두리로 집중되어 1차 외부 압축 효과를 얻고 테두리 내부에서는 또 다른 경사충격파들을 발생시켜 2차 내부 압축을 유도하여 최종적으로 수직충격파에 의한 적정 아음속을 달성하고 있다.

존하고 나머지 20%의 추력만이 엔진에서 생산한다. 인렛 스파이크(inlet spike)의 목적은 양호한 압축 성능을 제공할 수 있는 위치를 유지하면서 동시에 충격파의 위치를 정밀하게 조정함으로써 엔진 내부에 유연한 공기흐름을 제공하여 실속을 방지한다. 아음속에서 뾰쪽한 스파이크는 완전 전방 위치에 고정되어 있다. 속도가 증가함에 따라 스파이크는 잠금이 풀리면서 잭 스크루(jack screw)에 의해서 후방으로 프로그램화된 인렛 스로트(throat) 속으로 이동한다. 속도가 더 증가함에 따라 스파이크에 형성되는 경사충격파의 각도가 증가하고 경사충격파의 각도가 흡입구 테두리에 접할 수 있도록 더 후방으로 이동하도록 설계되어 있다.

【그림3-37】 F-22 전투기의 공기흡입구는 마름모꼴로 설계된 점이 특이하다. F-14 혹은 F-15 전투기와 같은 외형적으로 램프를 작동시킬 수 있는 장치들이 없다. 물론 입구 테두리에서 필요로 하는 충격파들을 발생시킬 수 있도록 설계되어 있기는 하지만 엔진 성능이 엔진작동 전 범위에서 양질의 공기를 처리할 수 있으므로 어느 정도의 공기유출에도 영향을 받지 않는다. 오른쪽의 확대 그림은 공기흡입구와 동체가 일정 간격을 두고 장착된 것을 알 수 있다.

7. 내부 슬롯과 슬랏에 의한 공기흐름 제어(F/A-18, F-22)

최신형 F-22 전투기의 흡입구 설계 역시 공기흐름을 효과적으로 전환하고 아음속까지 감속시키기 위해서 흡입구 내부에 슬롯과 슬랫(slot and slat)을 장착하여 공기흐름을 제어하는 것으로 알려져 있다. F-15 전투기와 같이 외형상 가동 램프를 채택하지 않은 것은 엔진 성능이 최소한의 공기유출에 지장이 없을 정도로 강력한 성능을 갖추고 있다는 점과 대부분의 초음속 전투기들의 흡입구가 레이더 전파에 취약한 점을 고려한 스텔스 기능을 위해서도 흡입구 내부에서 공기흐름을 제어할 수 있도록 고안되었다. F-22의 흡입구는 [그림3-37]과 같이 마름모꼴 모양으로 설계되어 전체 마하수 영역과 비행조건에서 공기유출은 오직 마름모꼴의 후방 하부 코너에서만 발생한다. F-22와 같은 최신 전투기 엔진은 매우 강력한 엔진을 탑재하고 있어 흡입구에서 어느 정도의 공기유출(spillage)에도 문제가 되지 않고 경량의 고정 구조를 적용할 수 있는 장점이 있다. F-16, F-15 전투기의 기수 부분과 달리 F-22의 나셀은 둥그런 외측 테두리 모양으로 설계되었기 때문에 유출된 공기를 다시 수평 방향으로 되돌아오도록 하는 역할을 한다. 따라서 나셀은 엔진에서 필요로 하는 것보다 큰 부피를 수용할 수 있도록 매우 큰 단면적으로 설계된다.

❖ 경계층(boundary layer)

경계층은 공기역학에서 중요한 특징 중 하나이다. 층류에서 공기가 표면 위로 흐를 때 표면과 직접 접촉하는 공기는 움직이지 않는다. 표면으로부터 멀어질수록 공기흐름 속도는 빨라져 어느 높이게 도달해서는 자유공기 흐름과 같아진다.

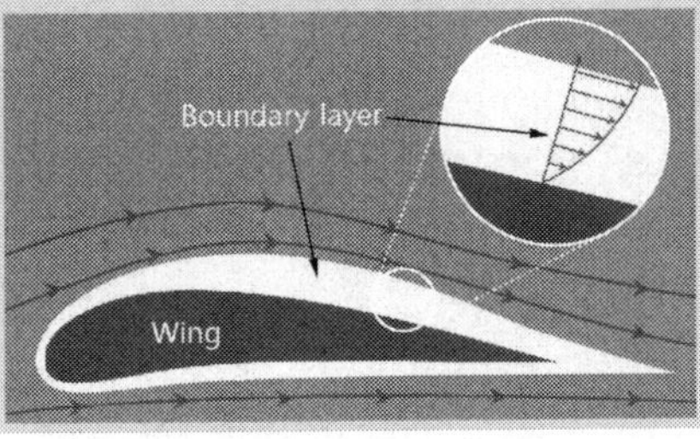

❖ 선수파(bow wave)

탄두 앞에 형성되는 선수파를 관찰할 수 있다.

【그림3-38】 F-16 전투기의 DSI 시험 모델로 개조된 모습이다. 조종석 하부에 있는 연료 탱크 바닥이 불룩하게 개조되었고 테두리는 앞쪽으로 돌출된 모습을 관찰할 수 있다. 흡입구가 기존의 개념과는 달리 동체와 일체형으로 설계되었다.

3.8 무변환기 초음속 흡입구

✈ 전투기의 흡입구는 광범위한 속도영역(정지에서부터 초음속), 고도 그리고 다양한 기동성을 보장하기 위해서 엔진에 고품질(high quality)의 공기 흐름을 제공할 수 있도록 설계되어야 한다. 이를 위해서 기존의 전투기 흡입구들은 고정 혹은 가동 원뿔 흡입구(inlet cone or spike) 그리고 직사각형 램프 인렛(ramp inlet) 등은 전적으로 공기흐름의 방향을 전환하는 다이버터(diverter)와 통합되었음을 알 수 있다. 이를 작동시키기 위한 복잡한 기계장치와 그에 따른 무게의 증가는 결정적으로 항공기의 기동성을 떨어뜨리는 단점으로 지적되었다.

이 같은 문제점에 대한 해결책(solutions)을 제시한 것이 무변환기 초음속 인렛(diverterless supersonic inlet; DSI)이다. 물론 F-16, Eurofighter, J-10a 전투기들의 인렛 역시 F-15 전투기의 인렛과 같은 어떠한 기계장치를 갖추고 있지 않았기 때문에 무변환기라고 볼 수 있으나 동체와 흡입구가 분리되어 있으므로 완전한 형태의 무변환기 초음속 공기흡입구로 분류하지 않는다. 무변환기 초음속 인렛(DSI)의 개념은 1994년 통합타격전투기(joint strike fighter; JSF)를 개발하는 과정에서 항공기 전체의 무게감소와 함께 복잡한 기계장치를 경감시키기 위한 노력으로 개발되었다. 이 과정에서 [그림3 - 38]과 같이 F-16 전투기의 재래식 공기흡입구를 무변환기 초음속 공기흡입구로 개조하였다. 무변환기 공기흡입구를 장착한 F-16 전투기의 시험비행에서 기존의 F-16 전투기의 전체 비행영역과 기동성에서 만족한 성과를 거두면서 F-35 전투기에 최초로 무변환기 초음속 인렛(diverterless supersonic inlet; DSI) 설계를 적용하였다.

[그림3-39]의 F-35(Lighting II) 전투기는 가장 최근에 개발된 일명 5세대 전투기로 알려져 있다. 이 전투기 역시 초음속 비행을 하면서 스텔스 기능을 갖추고 있어 공중전(dogfight)에서 탁월한 성능을 갖추고 있다. 최대속도가 Mach=1.67(2,065km/h)이기 때문에 초음속 비행을 위해서는 흡입구에서 공기흐름을 아음속으로 감속시켜야 하는 설계조건이 필수이다. 또 다른 고려요소는 전체 속도영역에서 동체의 표면에 들러붙어 있는 저에너지의 경계층(boundary layer)이다. 초음속에서 발생하는 충격파의 효과와 경계층을 제어할 수 있는 기술이 동시에 적용된 모델이 F-35 전투기의 흡입구 설계이다. 무변환기 초음속 인렛(DSI)의 기본 설계 개념은 다음과 같다.

- 동체-흡입구 일체형
- 앞젖힘 흡입구 카울(forward - swept inlet cowl)
- 동체 돌출부(fuselage bump)

DSI는 [그림3-39]와 같이 기존의 초음속 흡입구와 달리 동체와 한 몸통으로 제작되었다.

【그림3-39】 F-35 수직이착륙 전투기는 통합타격전투기의 개발과정에서 차세대 흡입구 구조에서 복잡한 기계장치를 제거하고도 원하는 흡입구 효율을 얻을 수 있도록 설계되었다. F-35 전투기의 나셀이 기존의 전투기들과 달리 길이가 짧고 부피가 상당히 크게 설계되어 있으며 나셀 부분이 볼록(bump)하게 설계되어 있다. 나셀의 불룩한 부분은 외부 공기 압축을 위한 설계이다. 이외에도 공기흡입구 성능을 저하시키는 경계층을 제거하는 역할을 한다. 아래 그림은 F-16 전투기에 적용된 DSI 모델이지만 실제 적용되지는 않았다.

또한, 흡입구 전면에 동체의 일부가 불룩(bump)하게 튀어나왔으며 흡입구 카울(inlet cowl)이 앞젖힘(forward-swept)으로 설계되어 있다. 이 범프는 일종의 3차원 외부 공기 압축장치 역할을 하여 경계층 흐름이 흡입구에 영향을 주지 않도록 외측으로 밀어내는 역할을 한다. 또한, 초음속 비행에서 공기흐름을 외부에서 압축하여 일차 감속된 속도에서 경사충격파 속으로 유입될 수 있도록 하는 역할을 한다.

3.9 공기흡입구와 이물질

1. 터보팬 엔진 원심작용

가스터빈엔진은 대량의 공기를 처리할 수 있어야 하므로 공기흡입구가 매우 크다. 특히 운송용 항공기 엔진으로 사용되고 있는 고바이패스비 터보팬 엔진의 인렛 지름은 [그림3-40]과 같이 보통 성인의 키보다 크다. 이처럼 커다란 흡입구로 비, 눈, 얼음조각 또는 미세한 구름 입자(cloud particles)들이 빨려 들어갈 수 있다. 이보다 더 위험한 것은 각종 조류(birds)와 같은 제법 큰 물체들이 엔진 흡입구로 빨려들어 왔을 때 심각한 위험을 초래할 수 있다. 특히 비행 중 조류 흡입은 즉각적인 엔진 고장의 직접적인 원인이다.

2009년 1월 15일 LaGuardia 공항을 이륙한 Airbus A320-214 (CFM56-5B4/P 터보팬 엔진) 항공기가 이륙 직후 고도 약 3,200피트 상공에서 기러기 떼와 충돌하면서 일부가 엔진 흡입구 속으로 빨려들어 와 두 엔진 모두 고장 난 사고사례가 있다. 기장은 즉각 비상절차(emergency procedures)에 따라 인근 허드슨강에 비상착수(ditching)하여 승객과 승무원 모두 안전하게 구출되었다.

【그림3-40】 고바이패스비 터보팬 엔진 흡입구의 지름은 3m를 초과하기도 한다. 지상운용 중 혹은 이륙 및 착륙경로 선상에서 빗물, 먼지 및 각종 비산물 그리고 각종 조류 등과 같은 이물질들이 흡입될 수 있다. 특히 조류의 활동이 활발한 고도 영역에서 조류충돌로 인한 사고가 빈번하게 발생하고 있다. 비록 작은 이물질이라 할지라도 음속에 가까운 속도로 회전하고 있는 블레이드에 흡입되었을 때 치명적 손상을 입을 수 있다.

[그림3-41]은 조류충돌로 인한 압축기 팬의 손상 정도를 잘 보여주고 있다. 이외에도 활주로 주변의 각종 비산물이나 이물질들 역시 엔진에 빨려 들어가 엔진 고장의 원인이 될 수 있다.

제트엔진의 연소가 지속 유지되기 위해서는 연료(fuel), 불꽃(source of heat) 그리고 산소(oxygen)가 반드시 존재해야 한다. 이 중 어느 하나라도 공급이 중단된다면 연소는 꺼지게 될 것이다. 항공기 운용 중 엔진의 기계적 결함(mechanical failure)으로 발생하는 엔진 고장 외에 연소의 3요소 부족으로 엔진이 꺼지는 현상을 플레임아웃(flameout)이라 한다. 그러나 강수(precipitation)로 인하여 플레임아웃이 발생하는 사례는 매우 드물다. 왜냐하면, 흡입구에 유입되는 공기흐름 속에 포함된 수분은 전체 공기량과 비교

【그림3-41】 왼쪽 압축기 팬은 조류가 흡입구에 흡입되어 팬 블레이드들이 상당 부분 파손된 상태이고 오른쪽 그림은 부주의로 혹은 주변의 이물질이 엔진에 흡입되어 압축기 블레이드들이 파손된 상태이다. 조류충돌 또는 이물질에 의한 손상(FOD)이 얼마나 심각한지를 보여주고 있다. 이외에도 지름이 큰 우박 역시 이에 못지않게 심각한 파손의 원인이 될 수 있으나 대부분 강수는 전방 팬에서 원심력으로 밖으로 배출하거나 극소량이 코어엔진에 유입될지라도 순간적으로 증발한다.

하면 지극히 소량이기 때문이다. 비록 이들 강수가 공기흐름 속에 포함되어 유입되었다 할지라도 위험 요소로 고려되지 않는 것은 연소기의 높은 온도에서는 순간적으로 증발(evaporate)해 버리기 때문이다. 그러나 비록 미세한 양이라 할지라도 연소과정에서 수증기의 존재로 인해서 연공비(fuel-air ratio)에 영향을 줄 수 있으므로 연소 효율을 약간 감소시킬 수 있다. 보통 강도의 폭풍우(moderate storms)는 많은 비 또는 눈을 동반하기는 하지만 엔진에 큰 영향을 주지 않는다. 그러나 매우 강력한 폭풍우(very intense storms)는 엔진 출력(engine's output)에 영향을 줄 수 있어 반드시 우회하여 비행해야 한다.

터보제트의 흡입구에 비해서 터보팬의 흡입구에서는 전면에 팬의 회전력을 이용한 원심작용(centrifugal action)으로 공기흐름 속에 포함된 상대적으로 무거운 강수(습기)를 바이패스 덕트를 통해서 배출할 수 있는 장점이 있다. 이 같은 방법으로 공기 속에 포함된 수분(물)을 걸러내어 코어엔진을 통과하지 않고 배기가스에 합류시킬 수 있다. 미세한 양이 코어엔진 속으로 유입되었다 할지라도 순식간에 증발하기 때문에 엔진 출력에 거의 영향을 미치지 않는다. 항공기 운항에 실질적인 위험 요소로 고려되는 강수는 큰 우박(heavy hail), 착빙(icing), 그리고 어는비(빙우; freezing rain)이다. 이 같은 위험 강수들은 통상 매우 강력한 폭풍우를 동반하고 비록 이들 강수뿐만 아니라 강력한 난기류(strong turbulence)의 존재는 항공기 안전을 위협할 수 있는 요소들이기 때문에 반드시 우회하여 통과해야 한다. 특히 우박은 엔진 흡입구 또는 여러 표면에 부딪혔을 때 상당한 위험을 초래할 수 있다.

어는비(freezing rain)는 일종의 과냉각 물방울(supercooled water droplet)이다. 공기흡입구 또는 항공기 표면에 부딪히면서 얼어붙는 특성이 있다. 이를 내버려 뒀을 때 표면에 형성된 얇은 얼음 위에 계속 쌓이면서 큰 얼음이 되어 공기흐름을 방해하여 연소과정에 영향을 줄 수 있다. 일부 떨어져 나간 얼음조각들이 팬 또는 압축기 블레이드 속으로 빨려 들어가 부품들을 손상시킬 수 있다. 대부분 착빙은 엔진 제빙 혹은 방빙(anti - icing or de - icing) 장치를 작동시켜 얼음이 형성되기 전에 예방하는 조치가 필요하다. 터보팬 엔진의 팬 스피너(fan spinner)는 착빙에 매우 취약한 부분으로 때로는 큰 얼음이 형성될 수 있다.

일부 엔진의 중심 허브(center hub)는 얼음의 축적을 방지하기 위해서 고무 부트(rubber boot)로 덮여 있어 얼음이 형성되었을 때 진동이나 부트를 부풀려 얼음을 날려 보낸다. 폭우가 내리고 있는 상황에서는 비정상적으로 많은 양의 물이 유입될 수 있으므로 언제든지 플레임아웃(flameout)이 발생할 수 있다.

이를 방지하기 위해서 연소장치에는 스파크 플러그(spark plug)와 유사한 이그나이터(igniter)를 갖추고 있다. 플레임아웃이 발생할 수 있는 비행 조건에서 이그나이터는 연료와 공기의 혼합가스를 지속 재점화(reignition)시켜 플레임아웃을 방지한다. 대부분의 항공기 제작자들은 방빙 장치(anti - icing equipment)를 작동시켜야 할 조건이거나 강력한 폭풍우 속을 비행해야 할 때는 연소과정을 보조하기 위해서 이그나이터를 작동시킬 것을 권장한다. 또한, 많은 물이 활주로 위에 고여 있는(standing water) 조건에서 이륙할 때 바퀴들이 고속으로 지나가면서 뿌리는 물줄기가 엔진 속으로 유입되어 플레임아웃의 원인이 되는 것을 방지하기 위해서 이그나이터를 작동시킬 것을 권장한다. 일부 최신형 엔진에는 연소과정의 상태를 탐지하여 점화기의 작동 여부를 결정할 수 있는 정보를 제공할 수 있는 전자장치를 갖추고 있다.

2. 압축기 인렛 스크린(터보프롭/터보축)

압축기 흡입구 스크린(compressor inlet screen)은 엔진 인렛으로 이물질이 빨려 들어가는 것을 방지할 수 있도록 인렛 덕트의 특정 위치에 설치될 수 있다. [그림3-42]는 터보프롭과 APU 엔진에 FOD를 방지하기 위해서 설치된 흡입구 스크린이다. 이들 스크린은 장단점이 있다. 알루미늄 압축기 블레이드(aluminum compressor blades)를 장착하고 있는 축류 압축기의 경우와 같이 엔진이 내부 손상(internal damage)에 취약하다면 인렛 스크린이 필수이다. 그러나 스크린은 명백하게 인렛 덕트 압력손실이 있을 수 있고 착빙에 매우 취약하다.

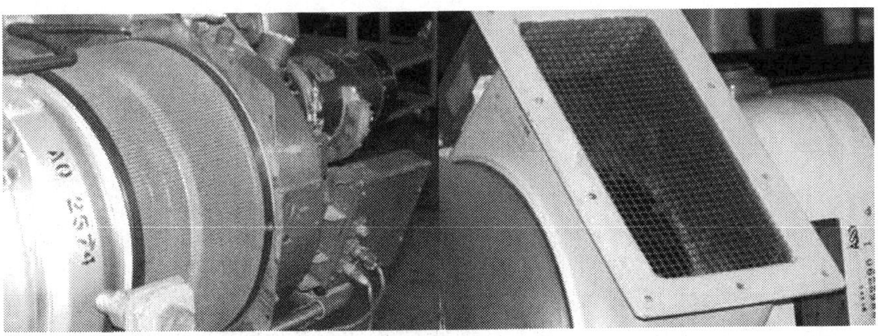

【그림3-42】 터보프롭 인렛 스크린과 APU 인렛 스크린

장기간 운용에 따른 피로로 인한 고장 역시 문제이다. 때로는 파손된 스크린이 때로는 스크린이 없을 때보다 더 큰 문제를 일으킬 수 있다. 일부 사례에서 인렛 스크린은 탈착할 수 있고 이륙 또는 착빙 상태를 벗어난 후 내부로 접어 넣을 수 있다. 이 과정에서 스크린은 기계적 손상(mechanical failure)을 입을 수 있고 무게와 크기가 더해질 수 있다. 쉽게 손상을 입지 않는 스틸(강철) 또는 티타늄 압축기 팬 블레이드로 되어 있는 대형 터보팬 엔진은 압축기 스크린의 단점이 더 크기 때문에 사용되지 않는다.

3.10 벨 마우스 압축기 인렛

✈ 벨 마우스(bell mouth) 압축기 인렛은 통상 테스트 셀(test cell; 엔진의 성능을 시험하기 위해서 마련된 공간)에서 시험 중인 엔진에 사용된다. 이들 인렛은 [그림3-43]과 같이 흡입구 온도와 압력(total and static)을 측정할 수 있는 게이지로 사용되는 여러 개의 탐침(probes)이 설치된다. 엔진 시험 중 외부 정적 공기(outside static air)는 가능한 한 최저 항력으로 엔진 속으로 흐를 수 있도록 하는 것이 중요하다. 벨 마우스는 테스트 스탠드(test stand; 시험대, 항공기 엔진 혹은 로켓을 완전히 고정 상태에서 엔진의 성능을 시험하는 장치대이다.)의 가동부에 장착되고 엔진과 함께 움직인다.

추력 스탠드(thrust stand)는 하나는 비가동(non - moving) 그리고 다른 하나는 가동 구성품으로 이루어져 있다. 이것은 엔진 시험 중 가동 구성품(moving component)이 로드 셀(load cell)에 대해서 밀 수 있도록 하여 추력을 측정한다. 벨 마우스는 매우 높은 공기역학적 효율(aerodynamic efficiency)을 얻기 위한 단일 목적 설계이고, 이를 위해서 실질적으로 공기저항을 없애기 위해서 [그림3-43]과 같이 둥그런 테두리가 정밀하게 다듬어진 벨마우스 흡입구는 필연적으로 벨 모양 깔때기(bell-shaped funnel)이

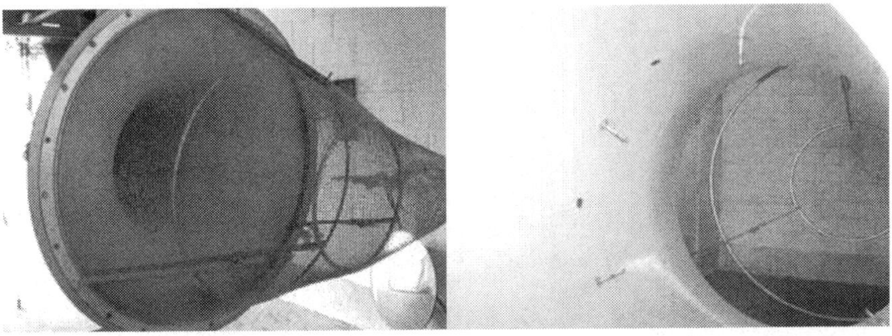

【그림3-43】 테스트에 사용되는 벨 마우스 인렛과 각종 자료를 검출하기 위한 인렛 벽에 설치된 탐침

다. 덕트 손실은 제로로 고려할 수 있을 정도로 아주 작다. 따라서 엔진은 설치된 항공기 인렛 덕트에 공통으로 나타나는 손실로부터 초래되는 복잡성 없이 작동할 수 있다. 벨마우스 흡입구를 사용함으로써 정격 추력(rated thrust)과 추력 비연료소모(thrust specific fuel consumption)와 같은 엔진 성능 데이터를 얻을 수 있다. 일반적으로 인렛은 보호 스크린(protective screening)과 함께 설치된다. 이 경우 매우 정밀한 엔진 데이터가 필수적일 때 공기가 스크린을 통과하면서 발생하는 효율 손실(efficiency lost)을 반영해야 한다.

❖ 수직충격파 행태

- 공기흐름 방향에 수직으로 형성된다.
- 수직충격파는 뾰쪽한 전면에서 형성된다.
- 충격파 뒤쪽의 흐름은 아음속이다.
- 수직충격파는 정체압력을 크게 떨어뜨린다.

❖ 원뿔/경사충격파 행태

- 경사 충격파는 물체 경사를 따라 평행하게 흐른다.
- 원뿔 충격파는 물체 후방에 합류한다.
- 이들 충격파 뒤쪽의 흐름은 초음속이다.
- 이들 충격파는 선수파와 유사하다.

4

압 축 기

Compressor

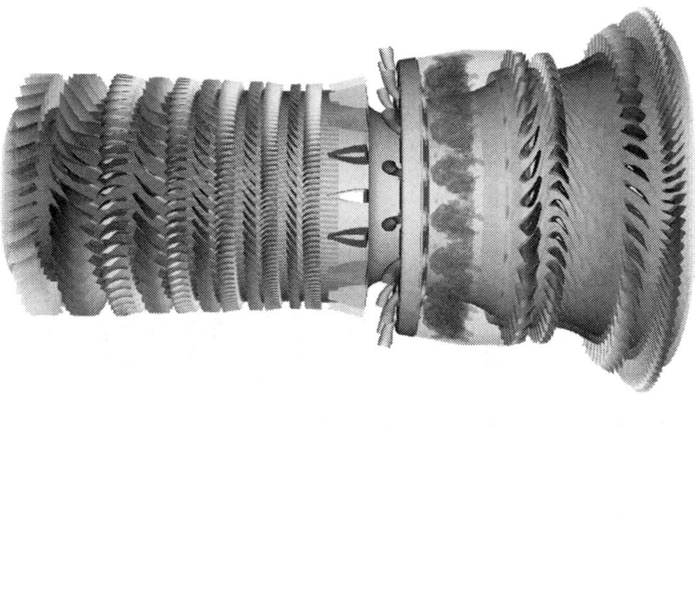

압 축 기

4.1 개요

✈ 압축기(compressor)는 [그림4-1]과 같이 공기흡입구(inlet or intake) 다음에 있는 구성품으로 공기를 압축하는 일(work)을 수행하지만 엔진 전체로 보았을 때 저온부(cold section)에 속한다. 제트엔진의 작동 유체(working fluid)는 기체(gas)이고 양호한 압축성(compressibility)을 갖는

【그림4-1】 Rolls-Royce RB.41 Nene (designed 1944-45), Centrifugal compressor turbojet engine

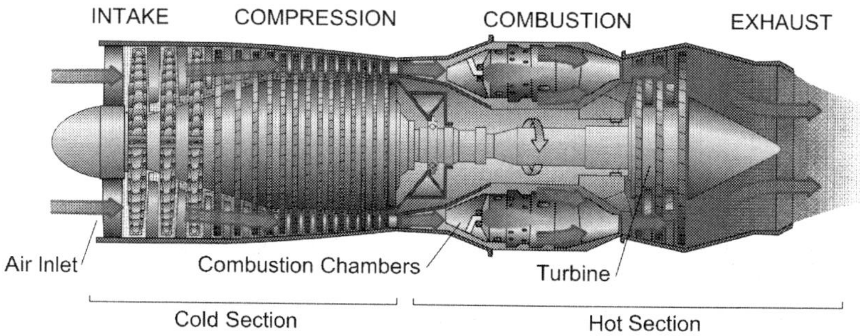

【그림4-2】 터보제트 엔진의 기본 그래픽 구성도이다. 공기흐름은 공기흡입구-압축기-연소기-터빈-노즐 순으로 진행되어 최종적으로 대기로 배출되면서 추력을 발생시킨다. 제트엔진에서 압축은 공기를 밀어내면서 압축 효과를 얻어야 하므로 고효율 회전 블레이드와 정밀한 덕트 설계가 필수이다. 이 그림은 현대 터보제트 엔진에서 채택하고 있는 전형적인 축류 압축기이다. 기본적으로 압축기는 많은 로터 블레이드들과 스테터 베인들에 의해서 높은 압력으로 공기를 압축시킨다. 위의 압축기는 17개 열(rows)로 구성되어 있다. 전체적인 특징은 로터 블레이드의 크기가 입구 쪽에서 크고 안쪽으로 갈수록 작다. 공기가 압축되면서 부피가 점점 작아지고 있는 것을 알 수 있다. 이것은 어느 압축기에서나 공통으로 적용되는 설계이다. 위의 그림에는 나타나 있지 않지만 로터 블레이드의 열(row)과 동일 열로 구성된 스테터 베인들로 구성된 케이싱이 있다.

다. 압축기란 가스의 부피(volume)를 감소시켜 압력(pressure)을 증가시키는 터보 기계장치이다. 주변에서 쉽게 관찰할 수 있는 자전거 타이어에 공기를 주입할 수 있는 펌프(pump)는 전형적인 공기 압축장치의 하나이다. 어느 압축장치를 막론하고 공기의 압축과정에서 적지 않은 열(heat)이 발생하는 것을 관찰할 수 있다. 이것이 일반적으로 잘 알려진 부피를 감소시켜 압축 효과를 얻는 방식이지만 가스터빈엔진에서는 이와 다른 방식으로 공기를 압축한다.

가스터빈엔진은 입구와 출구가 개방된 도관에서 공기를 계속 밀어 넣는 방식으로 압축 효과를 얻고 이를 동적 압축기(dynamic compressor)라 한다. 물론 압축 성능을 높이기 위해서는 작동 유체의 속도와 정체압력(stagnation pressure)의 변화를 발생시키기 위한 공기역학적 설계는 필수이다. 제트엔진 성능의 중요 핵심의 하나는 공기를 어떻게 효율적으로 압축시킬 수 있느냐에 달려있고 실제 압력비(pressure ratio)가 높을수록 순추력(net thrust)을 크게 증가시킬 수 있다. 이 과정에서 부수적으로 높은 열은 엔진 성능을 제한하는 요소로 작용한다. 이 과제에서는 제트엔진에 사용되는 압축기의 종류와 압력비를 증가시키는 방법 그리고 어떠한 제한사항들이 있는지를 다루게 될 것이다.

❖ 정체압력(stagnation pressure)

정체압력(stagnation pressure)은 정체점에서 유체 속도는 "0"이고 모든 운동에너지는 압력에너지로 변환된다. 이 효과는 공기역학(속도 측정 또는 램 공기 흡입)에 많이 사용된다. 정체압력은 자유 흐름의 동적 압력(dynamic pressure)과 자유 흐름의 정적 압력(static pressure)의 합과 같다. 정체압력은 피토관을 사용하여 측정하기 때문에 때때로 피토 압력이라고도 한다. 피토관은 유체 흐름 속도를 측정하는 데 사용되는 압력 측정 장치이다.

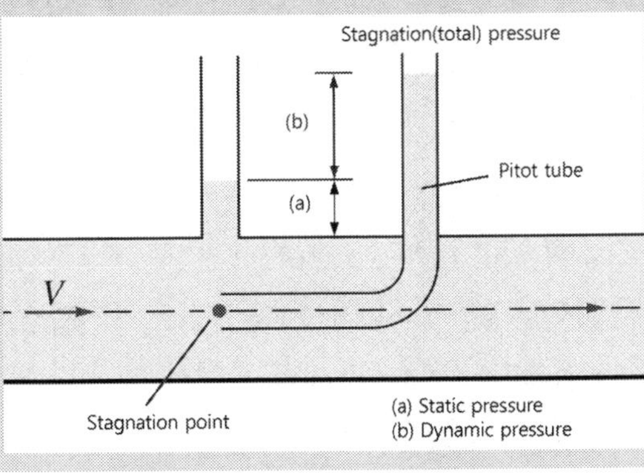

4.2 압축기 발달

✈ 현대적 개념의 압축기가 개발되기 전에는 연소기(combustor)에 압축공기(compressed air)를 제공하기 위해서 공기흡입구에 과급기를 장착하는 방법이 고안되기도 했다. 이 같은 유형으로 제작된 엔진을 제트모터라 하였고 이를 완전한 제트엔진으로 간주하지 않는 것은 자력(self-sustaining)으로 엔진작동을 유지할 수 없었기 때문이다. 초기 가스터빈엔진에서는 [그림 4-1]과 같은 원심압축기(centrifugal compressor)의 형태가 사용되었으나 이 압축기로는 압축 성능을 증가시키는 데 한계가 있다. 이후 축류형 압축기가 개발되면서 항공기 유형에 따라 축류 압축기(centrifugal compressor)와 원심압축기(axial flow compressor)로 명확하게 분류되었다. 현대의 고성능 민간항공 엔진의 압축기는 축류 압축기가 절대적으로 선호되고 있지만, 소형 무인항공기, 미사일 혹은 고성능 헬리콥터에서는 원심압축기가 항공기 유형에 따른 우수한 면이 있어 더 많이 채택되고 있다.

원심압축기의 원리는 당시의 대형 왕복엔진의 성능을 향상하기 위해서 사용된 슈퍼 과급기(supercharger)를 제트엔진의 압축기에 응용한 것으로 높은 압력비를 얻기 위해서는 기본적으로 임펠러(impeller)의 지름이 커지는 구조적 단점을 갖는다. 고속비행을 달성하기 위해서는 필연적으로 전면면적(front area)이 가능한 한 작게 설계되어야 한다. 이를 위해서 각국의 항공공학자들은 거의 동시대에 이 문제를 해결하기 위한 새로운 압축기 개발에 착수했다. 이 같은 개발의 성과가 공기흐름 방향과 평행하게 흐르면서 공기를 압축시킬 수 있는 축류형 압축기이다.

축류 압축기는 원심압축기의 최대 단점으로 지적된 공기흐름의 방향을 전환하지 않으면서 전면면적을 감소시킬 수 있는 장점 때문에 큰 기대를 모았으나 실제 제트엔진에 적용되었을 때 압력비는 4~5:1 정도에 불과하였다.

【그림4-3】 압축기는 공기를 압축하는 일(work)을 수행한다. 기본적으로 압축기를 회전시키는 원동력은 터빈이다. 위의 그림과 같이 압축기(왼쪽)와 터빈(오른쪽)은 하나의 축으로 연결되어 있다. 이상적인 조건이라면 고온가스로부터 추출된 에너지가 행한 기계적 일과 압축기가 공기를 압축하는 데 행한 일은 동등해야 하지만 여러 원인 때문에 대략적인 효율은 약 90% 정도이다.

이외에도 잦은 압축기 실속(compressor stall)으로 인하여 제트엔진에 비실용적이라는 비판에 직면하였다.

그러나 현대 제트엔진 압축기의 압력비는 최대 40:1까지 달성할 수 있을 정도로 발전하였다. 이처럼 압력비의 놀라운 향상은 항공기 성능을 크게 높이는 결과를 얻을 수 있었다. 그러나 헬리콥터와 터보프롭 엔진의 특성상 공기흐름이 직선 흐름을 요구하지 않는다. 엔진 길이를 최소화하면서 때로는 가스 흐름을 역으로 흐르게 하여(reverse flow) 엔진에 남아 있는 잔여 에너지(residual energy)를 모두 활용할 수 있는 설계가 필수이다. 이 같은 설계에서는 축류 압축기보다 원심압축기가 더 효율적일 수 있다.

4.3 압축기 구동

✈ 가스터빈엔진은 자력 회전속도(self-rotating speed)를 유지할 수 있다고 정의하였다. 물론 엔진 시동(engine starting) 과정은 내부 혹은 외부 동력이 필요하지만 일단 시동이 걸린 후부터는 자력으로 필요한 회전력을 발생시킨다. 자력 회전이 유지될 수 있는 원동력은 터빈의 작동원리이다. 터빈의 활용을 소개한 바와 같이 연소기에서 급팽창(rapid expansion)된 가스가 터빈을 회전시키기 시작한다면 터빈 축(turbine shaft)으로 연결된 압축기를 회전시킨다. 이때부터는 항공기가 정지된 상태라 할지라도 자력으로 공기를 빨아들여 엔진 내부에 공급할 수 있으므로 자력 회전 상태라 한다.

압축기(compressor)는 매우 높은 속도로 회전하면서 공기흐름에 에너지를 부여하고 동시에 더 작은 공간 속으로 밀어 넣어 압축시킨다. 압축되는 공기는 압력과 온도가 급격히 상승한다. 물론 압축기를 통과한 대부분의 압축공기가 연소기에 보내져 연소에 활용되지만, 압축부에서 일부 공기를 빼내어 엔진작동 외에 다양한 목적(공기조화, 가압장치, 엔진 흡입구 방빙과 터빈 냉각...)으로 사용된다. 이 같은 목적으로 압축기에서 뽑아낸 공기를 블리드/추출 공기(bleed air)라 한다. 압축기에서 추출된 공기가 다목적으로 활용되기는 하지만 전체 엔진의 효율(efficiency)을 떨어뜨릴 수 있으므로 압축공기(compressed air)의 활용은 효율 상실을 충분히 보상할 수 있어야 한다. 그러나 분명히 인식해야 할 사항은 이륙과 같이 최대동력이 필요한 조건에서 비록 약간의 효율 상실이라 할지라도 중요하게 인식되어야 하므로 필수 장비를 작동시키는 목적 외에는 공기의 추출을 최소화하여야 한다.

❖ 블리드 에어(bleed air)

항공기 객실과 방빙 및 제빙 장비와 같은 시스템을 위해 항공기 터빈 엔진에서 추출한 압축공기이다. 예를 들어 고도 10,000피트 이상의 고도에서 비행한다면 탑승객은 저산소증 또는 산소 부족을 예방하기 위해 보충산소가 필요하고, 편안한 수준의 객실 기압 제어가 필수이다. 블리드 에어는 압축기에서 뽑아낸 공기로 폐쇄된 항공기 객실에 장시간 공급되었을 때 오염이 축적되어 탑승객의 건강을 해칠 수 있다. 20세기 후반에 더욱 가시화된 문제는 블리딩 공기 시스템에 의해 유입된 오염물질로 인한 건강상의 위험이었다. 이것은 공기 독성 증후군으로 알려지게 되었고, 승무원과 빈번한 승객들은 호흡기와 다른 문제들을 호소했다. 높은 엔진 온도는 엔진실의 유압 오일, 연료 또는 윤활유를 분해할 수 있으며, 이로 인해 발생한 가스가 공기 시스템을 통해 객실로 공급될 수 있다. 이 문제는 추출 공기를 사용하지 않는 (no-bleeding air) 객실 공기 시스템을 개발하는 결정적 배경이 되었다.

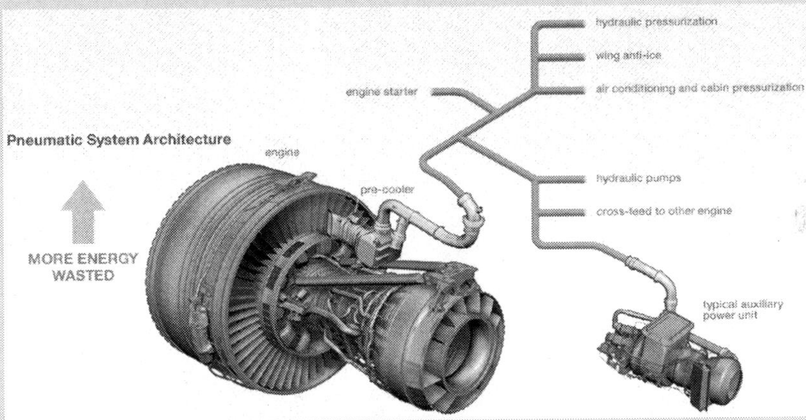

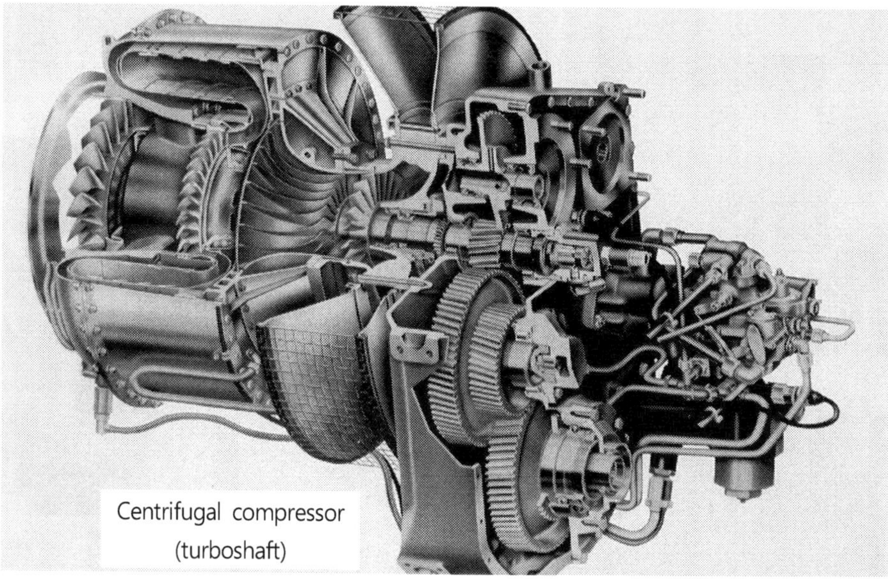

【그림4-4】 전형인 원심압축기를 사용하고 있는 터보축 엔진의 절개 도면이다. 단면 임펠러에 의해서 공기를 압축시키고 있다. 터빈은 2단으로 구성되어 있다. 연소기 다음의 터빈은 원심압축기를 구동시키는 동력을 제공하고 뒤쪽의 터빈은 자유동력터빈으로 축동력을 생산하는 데 사용된다.

4.4 원심압축기

1. 원심압축기 활용

고압의 압축공기(pressured air)가 있어야 하는 가스터빈엔진의 특성상 원심압축기는 [그림4-4]와 같이 제트엔진 초기부터 사용됐다. 현대의 대부분의 고성능 운송용 항공기 혹은 전투기들은 더 높은 압력비를 얻을 수 있는 축류 압축기가 사용되고 있지만 원심압축기의 장점을 이용한 대부분의 고성능 헬리콥터 엔진으로 원심압축기를 사용하고 있다. [그림4-6]은 1942년도 개발된 전형적인 터보제트 엔진의 한 종류이다. 엔진을 보조하는 부속품들을

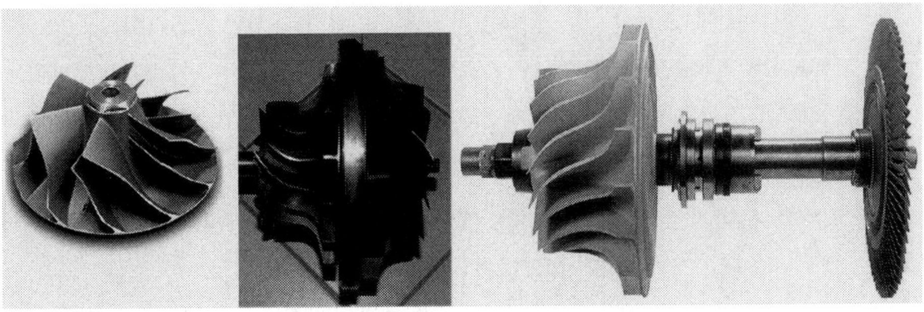

【그림4-5】 원심압축기의 핵심은 임펠러이다. 초기에는 단면 임펠러가 사용되었으나 압축효과를 높이기 위해서 양면 임펠러가 개발되었다. 일부 압축기에서는 단면 임펠러를 평행하게 2개를 장착한 2단 임펠러 형식을 사용하기도 하였다. 왼쪽 임펠러의 베인들은 공기의 유입을 더욱 효과적으로 유도하기 위한 설계이다. 중앙의 임펠러는 앞뒤에서 공기를 유입하고 있다. 전면 임펠러는 공기흐름을 직선 방향에서 받아들이지만, 후면 임펠러로 공기가 유입되기 위해서는 공기흐름의 방향을 180도 전환할 필요가 있다. 오른쪽은 소형 제트엔진 항공기에 사용된 원심압축기에서 임펠러와 터빈이 축으로 연결된 모습을 보여주고 있다. 원심압축기는 압축공기를 연소기에 공급하기 위해서는 공기흐름의 방향을 90도로 전환해야 한다.

제외하고 압축기의 임펠러(impeller)를 뚜렷하게 관찰할 수 있고 연소기와 터빈부 그리고 배기부의 구조를 관찰할 수 있다. 오른쪽의 작은 사진은 이 엔진을 탑재한 항공기이다. 공기흡입구는 양쪽 날개뿌리 근처에 장착되어 양쪽에서 공기를 흡입하는 구조이다. 원심압축기는 전면면적(front area)이 크고 둔탁하지만, 상대적으로 제작이 단순한 장점이 있다. 또한, 원심압축기는 다양한 환경에 대응하기 위해서 둔탁함과 단순성이 상호 조화된 소형 가스터빈엔진에 적합하다.

2. 기본 구조

원심압축기(centrifugal compressor)의 작동원리와 구조는 매우 간단하다. 원심압축기는 [그림4-5]와 같이 원심력(centrifugal force)에 의해서 공기를 원판(disk) 외측으로 밀어내 압축시킬 수 있도록 회전원판(rotating disk)에 베인(vanes)들이 부착된 구조물이 있다. 이를 임펠러(impeller)라 한다. 압축된 공기를 효과적으로 모아 연소실로 보내는 구성품이 있고 이를 디퓨저(diffuser)라 한다. 원심압축기는 자동차와 같은 일반 기계장치에서 공기를 압축하는 데도 많이 사용된다. 항공기에서 사용되는 원심압축기는 압력비를 높이기 위해서 임펠러를 1단 또는 2단(stages)으로 설계되거나 비록 1단의 임펠러이지만 베인이 회전원판의 양면에 장착되어 압력비를 높이는 양면 임펠러(double entry)의 형태가 있다.

양면 임펠러로 설계될 때는 뒷면을 향하는 공기흐름은 역방향이 되어야 하므로 플래넘 체임버(plenum chamber; 공기를 채울 수 있는 일정 공간)가 필요하다. [그림4-5]와 같이 임펠러의 실물 사진들로 단면 임펠러와 양면 임펠러의 차이를 뚜렷하게 관찰할 수 있다. 오른쪽 사진은 소형 제트엔진에서 임펠러와 터빈이 하나의 축으로 연결된 전형적인 1축(single shaft) 엔진 구조이다. 원심압축기에서 임펠러가 공기에 에너지를 부여하여 속도 증가와 압력 일부를 증가시키는 역할을 한다면 디퓨저는 나머지 압력상승(pressure rise)을 일으키는 작용을 한다.

[그림4-6]은 초기 제트엔진 항공기(de havilland Goblin II)에 탑재된 터보제트 엔진(de Havilland DH.108 Swallow-VW120)의 절개 단면이다. 엔진을 둘러싸고 있는 주변의 부품들을 제외하면 실제 엔진의 구조는 매우 간단하다. 전면에 커다란 공기흡입구(3)가 있고 흡입 공기를 압축시키는 1개의 단면 임펠러(12)가 있다. 압축공기의 방향을 90도로 전환하여 연소기(6)로 보내고 연소과정에서 고온의 팽창 가스로 터빈을 회전시킨다. 나머지 배기가스는 배기노즐을 통과시켜 추력을 얻는 방식이다. 터빈은 축(7)으로 압축기와 연결되어 있으므로 터빈의 회전이 그대로 압축기에 전달되어 공기를 압축하는 일을 수행한다. 원심압축기의 기본 구조는 간단하지만 여기서 간과할 수 없는 것은 공기의 압축은 임펠러만의 역할이 아니라 상당한 압력 증가가 디퓨저에서 수행되고 있다. 원심압축기를 장착한 엔진은 임펠러의 지름에

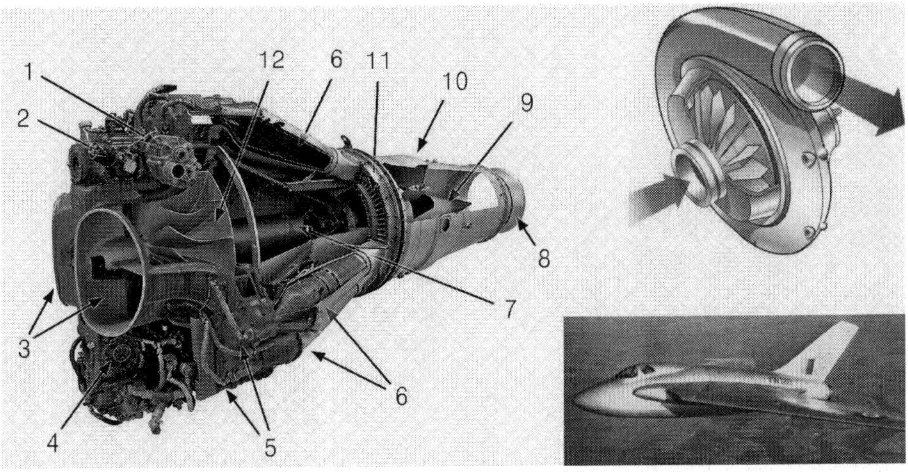

【그림4-6】 1. Pressure-cabin air compressor
2. Pneumatic system air compressor (wheel brakes, etc...)
3. Air intakes (supplied from intakes in aircraft wing root)
4. Starter motor (not fitted) mounting
5. Fuel lines to injectors inside combustion chamber
6. Combustion chambers (inside flame cans) arranged around engine
7. Main shaft connecting impeller and turbine
8. Tail cone (turbine fairing)
9. Jet pipe
10. Muff around jet pipe supplying hot air for cabin heating
11. Turbine stator blades
12. Impeller (centrifugal compressor) attached to turbine via main shaft

[Rolls & Royce, 인터넷 자료]

따라 공통으로 전면면적이 상당히 크다. 이는 고속 항공기의 공기역학적 항력이 매우 크게 유발되기 때문에 현대의 고정날개 항공기 엔진으로 사용되지 않는 이유 중 하나이기도 하다. 오른쪽 위의 그림은 주변에서 쉽게 관찰할 수 있는 원심 압축장치의 하나이다. 그림과 같이 유입된 공기를 임펠러에서 고속으로 회전시켜 좁은 통로로 밀어 넣는 방식의 압축이다.

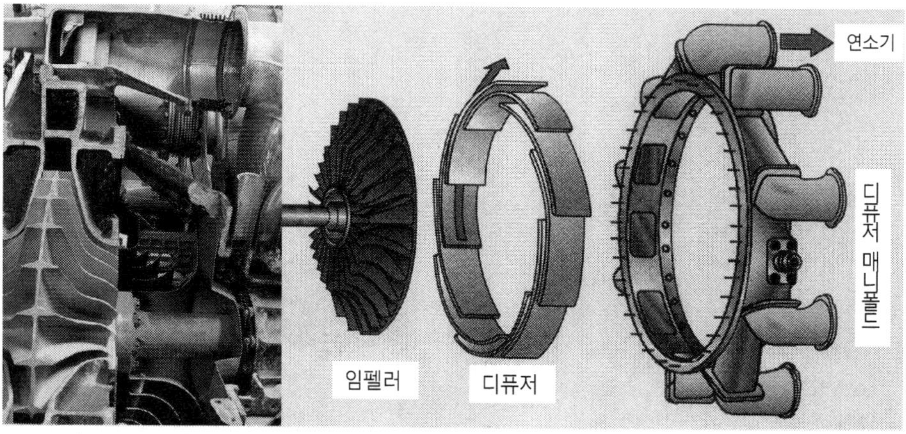

【그림4-7】 왼쪽 그림은 원심압축기의 임펠러와 디퓨저 부분을 확대하여 상세하게 관찰할 수 있는 절개 단면이다. 양면 임펠러가 사용되었음을 알 수 있고 임펠러 위의 2개의 직사각형 구멍들이 디퓨저이고 수평으로 확산관 모양으로 절개된 부분이 디퓨저 매니폴드이다. 디퓨저의 배열은 오른쪽 그림과 같이 임펠러 베인들에 가까울수록 통로의 크기가 작고 외측으로 갈수록 점점 커지도록 설계되어 있다. 비록 디퓨저는 기계적 일을 수행하여 공기를 압축하는 것은 아니지만 확산 덕트의 특성이 있으므로 공기흐름의 속도는 느려지고 압력은 점점 증가하는 효과를 얻는다. 최종 위치에서 수평으로 연결된 통로가 디퓨저와 연소기를 연결하는 매니폴드이다.

압축기의 임펠러는 공기를 계속해서 압축하는 동안에 공기를 가속시키고 디퓨저(diffuser)는 공기흐름 속도가 감소하는 동안에 계속해서 압력을 증가시킨다. 디퓨저는 [그림4-7]과 같이 고정 베인들로 구성되어 있다. 디퓨저 베인(diffuser vanes)의 끝단은 [그림4-8]과 같이 임펠러에서 방출된 공기흐름의 합력 방향과 일직선이 되어야 한다. 만약 임펠러 끝단(impeller tip)과 디퓨저 베인 끝단의 공기흐름 합력 방향이 일치하지 않거나 두 끝단의 간격이 너무 가깝게 배열되었을 때는 공기역학적 버피팅 충격(aerodynamic buffeting impulse; 난기류에 의한 심한 진동 현상)이 임펠러에 전달되어 불규칙한 공기흐름과 진동이 발생한다.

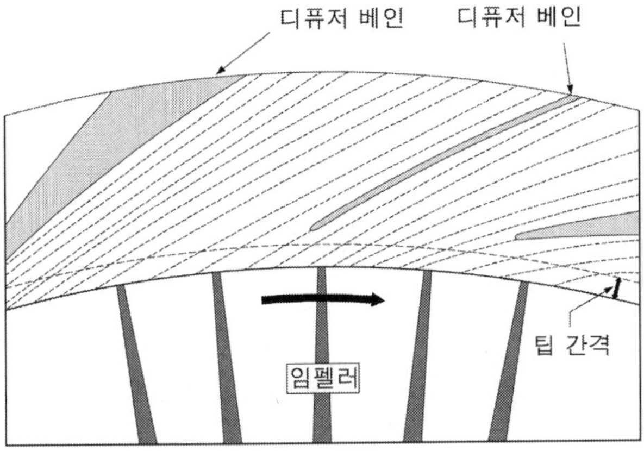

【그림4-8】 공기흐름의 방출 각도와 디퓨저 배열의 불일치는 난기류 흐름으로 변질될 수 있다. 양질의 공기흐름을 절대적으로 필요로 하는 엔진 성능에 치명적 영향을 미칠 수 있다. 따라서 임펠러 팁과 베인의 간격이 최대한 좁게 설계되어야 공기의 누출을 방지하고 임펠러에서 고속으로 방출된 공기흐름이 디퓨저 베인에 의해서 방해받지 않고 직선으로 흐를 수 있도록 하는 것이 원심압축기의 핵심 기능이다.

3. 작동원리

임펠러의 회전은 [그림4-9]와 같이 공기흐름을 중심으로 끌어들여 원심력에 의해 외측으로 불어 보낸다. 이를 레디얼 운동(radial motion)이라 한다. 임펠러는 공기를 가속하고 압축된 공기는 [그림4-7]과 같이 디퓨저 베인 링(diffuser vane ring) 속을 통과하면서 공기흐름은 감속되고 압력은 더욱 높아지는 효과를 얻는다. 이 과정을 통해서 압축공기는 연소기로 향하는 통로 역할을 하는 압축기 매니폴드(manifolds) 속으로 합류된다.

임펠러 팁(impeller tip)은 초당 1,600피트(ft/sec)/487미터(m/sec)에 이를 정도로 고속으로 회전한다. 이같이 고속 팁 속도(high tip speed)는 공기흐름을 유연하고 효과적으로 운동에너지에서 압력에너지로 전환하는데 필수적인 고속 공기흐름을 생산한다. [그림4-9]의 왼쪽 그래프와 같이 원심압축기의 전체 압력상승(overall pressure rise)의 절반이 임펠러에 의해서 생산되었고 나머지 절반은 디퓨저에서 생산되고 있음을 알 수 있다. 회전 임

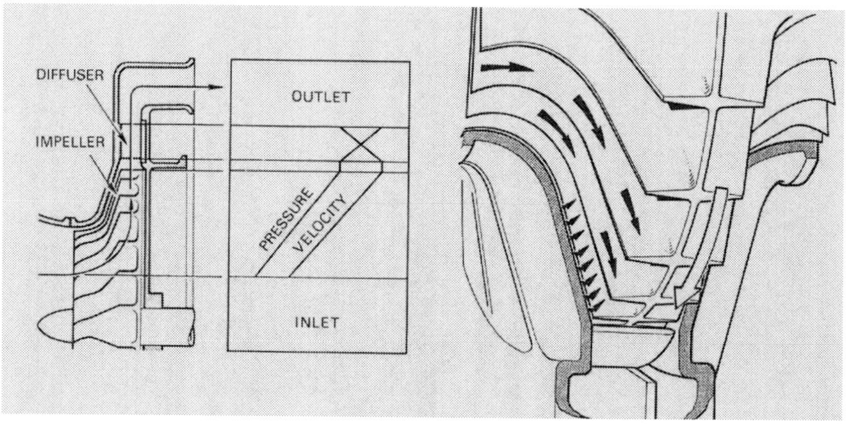

【그림4-9】 원심압축기에서 압력은 그래프에서 보는 것과 같이 임펠러와 디퓨저에서 거의 동일 양이 수행되고 있음을 알 수 있다. 원심압축기 전체 과정을 거치면서 공기의 압력과 속도가 어떻게 변화하고 있는지 잘 보여주고 있다. 압력은 임펠러와 디퓨저를 통과하면서 지속 상승하고 있음을 알 수 있다. 반면 공기흐름의 속도는 임펠러에서는 지속 상승하지만, 디퓨저에서는 확산관의 특성이 있어 감소하고 있는 것을 알 수 있다. 이 같은 상반된 효과는 효율적인 연소를 위해서 매우 바람직하다. 공기흐름의 속도가 너무 빠르면 연소가 어려울 수 있기 때문이고 연소과정에서 압력은 거의 변함없이 유지될 수 있기 때문이다. 오른쪽 그림은 임펠러와 디퓨저의 간격을 최소화하여 공기유출을 방지하고 아울러 임펠러와 케이스 사이의 간격 역시 좁을수록 공기유출을 방지하는데 기여한다.

펠러(rotating impeller)와 고정 케이스(stationary case) 사이에는 공기의 누출(leakage)을 최소화하기 위해서 매우 좁은 간격(clearance)이 유지되어야 한다. 또한, 임펠러와 디퓨저 어셈블리를 위한 미세한 간격은 진동(vibration)을 방지하기 위해서 정밀하게 조정되어야 한다. 일반적으로 디퓨저는 압축기 매니폴드와 통합된 부품(integral parts)으로 제조되거나 분리된 어셈블리로 장착될 수도 있다. 어느 종류이거나 디퓨저의 확산작용(diffusion action)은 임펠러에 접해있는 곡선 베인(curved vanes)들에 의해서 달성될 수 있다. 압축 효율을 높이기 위해서 [그림4-8]과 같이 임펠러의 중심 위에서 고정 소용돌이 베인(static eddy vanes)들이 최적 각도로 직접 흡입 공기를 받아들이도록 설계된다. 일부 임펠러 베인들은 [그림4-5]

와 같이 앞전의 중심부가 회전 방향 앞쪽으로 굽어 있다. 소용돌이 베인들과 동일하게 작용함으로써 이들 굽어진 부분의 공기흐름을 임펠러 속으로 유연하게 흐르게 한다. 굽어진 앞전 부분들은 임펠러 베인들에 통합될 수도 있고 분리된 조각(부품)들로 있을 수 있으나 후자가 더욱 정밀한 기계 가공이 필요하다. 임펠러 디스크는 레디얼 베인(radial vanes)과 통합하여 단조(forging) 방식으로 제조된다. 디스크의 방사 베인들이 압축기 케이스와 맞물렸을 때 확산 통로(divergent passage)를 형성한다.

4.5 축류 압축기

✈ 축류 압축기(axial flow compressor)가 원심압축기와 비교하면 압축 성능이 뛰어나다는 것은 이미 여러 차례 강조되었다. 터보제트 엔진에서 공기 흡입구의 아음속 공기흐름을 배기노즐(exhaust nozzle)에서 초음속 이상의 배기 제트(exhaust jet)로 가속하기 위해서는 연소과정에서 높은 팽창이 필요하고 이는 필연적으로 고압력비(high pressure ratio)가 요구된다. 축류 압축기는 공기흐름이 직선 방향으로 흐른다는 점에서 원심압축기와 근본적으로 다르다. 또한, 전면면적(front area)이 매우 작은 특징과 동일 지름의 전면면적을 가진 원심압축기에 비해서 상당한 양의 공기흐름을 처리할 수 있으며 운용상의 다양한 융통성을 갖는다.

축류 압축기는 [그림4-10]과 같이 매우 조밀하고 정교한 단(stage)과 단 간격 그리고 많은 수의 회전 블레이드(rotating blades) 그리고 고정 베인(stationary vanes)들은 외부에서 유입되는 모래 혹은 금속조각 등에 의한 이물질손상(foreign object damage; FOD)에 취약하지만 높은 압력비를 제공할 수 있기 때문에 현대 고성능 전투기나 대형 상업용 항공기에서 선호되는 이유이다.

【그림4-10】 1950년대 후반에 제작된 실물 J58 터보제트 엔진의 절개 단면 구조이다. 왼쪽이 공기흡입구이고 가이드 베인들 그리고 8단 압축기로 구성되어 있다. 압축공기는 후방 가이드 베인들을 통해서 연소실에 직선 흐름으로 공급된다. 2단 터빈으로 구성되어 있고 터빈과 한 개의 축으로 압축기에 연결되어 압축기가 일을 행할 수 있도록 하고 있다. 이 설계는 전형적인 1축(스풀) 터보제트 엔진이다.

1. 압축기의 단

축류 압축기를 구성하는 핵심 구성품은 회전자(rotor)와 고정자(stator)이고 회전자는 회전축에 장착되어 있고 고정자는 케이스에 장착된다. 회전자는 축(shaft)에 직접 부착된 디스크와 그 위에 블레이드가 부착된다. 반면 고정자는 케이스에 부착된 단순한 에어포일이고 이를 베인(vane)이라 한다. 압축기와 터빈 터보 기계역학은 유사하고 고정 베인(stator vane)과 회전 블레이드(rotating blade)의 한 쌍을 1단(single stage)이라 정의한다. 축류 압축기는 여러 단으로 구성된다. 비록 첫 단에서 압력비는 높지 않지만, 후속 단으로 보내지면서 압력비를 크게 증가시킬 수 있다.

[그림4-10]의 축류 압축기는 8단 그리고 터빈은 2단으로 구성된 1축 엔진이다. [그림4-12]는 2축(스풀) 엔진이다. 각 축은 최적의 회전속도로 구동시킬 수 있으므로 1축 엔진에 비해서 높은 압력비와 함께 비설계점의 유리한 작동 특성을 갖는다.

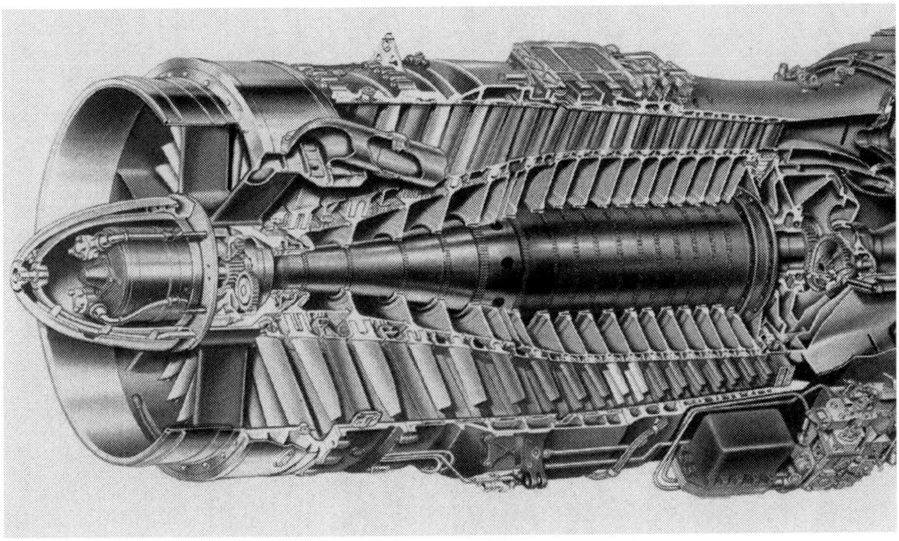

【그림4-11】 축류 압축기의 핵심 구조물인 로터 블레이드와 스테터 베인의 배열이다. 로터 블레이드들의 1열과 스테터 베인들의 1열이 압축기 1단(stage)을 구성한다. 그리고 압축기-축-터빈의 배열을 1축(스풀) 엔진이라 한다. 위의 그림은 전형적인 1축 엔진으로 압축기는 18단이다. 왼쪽이 공기흡입구 방향이고 블레이드는 상대적으로 크고 블레이드 사이의 간격이 비교적 넓게 배열되어 있지만, 오른쪽으로 갈수록 블레이드 크기는 작고 조밀하게 배열되어 있음을 알 수 있다. 이 같은 배열의 특성이 압축 성능을 높이기 위한 설계이다.

2. 엔진 스풀/축

압축기의 구조에서 스풀(spool)이라는 용어가 자주 등장한다. 일상생활에서 스풀은 실을 감는 데 사용되는 실패(bobbin)라는 뜻으로 사용된다. [그림4-10]과 같이 제트엔진에서 압축기(compressor)와 터빈(turbine)이 하나의 축(shaft)으로 연결되어 마치 실패와 유사한 모양이다. 압축기와 터빈이 하나의 축으로 이루어진 것을 1축(스풀) 엔진(single spool engine)이라고 한다. 또 다른 면에서 보았을 때 압축기와 터빈이 하나의 축(shaft)으로 연결되었기 때문에 1축 엔진(single shaft engine)이라 한다. 따라서 축과 스풀은 동일 의미이다. 기본 터보제트 엔진이 1축 엔진이지만 압력비를 향상시키기 위해서 터보팬(turbofan) 엔진에서는 2축 또는 3축 엔진으로 제작된다.

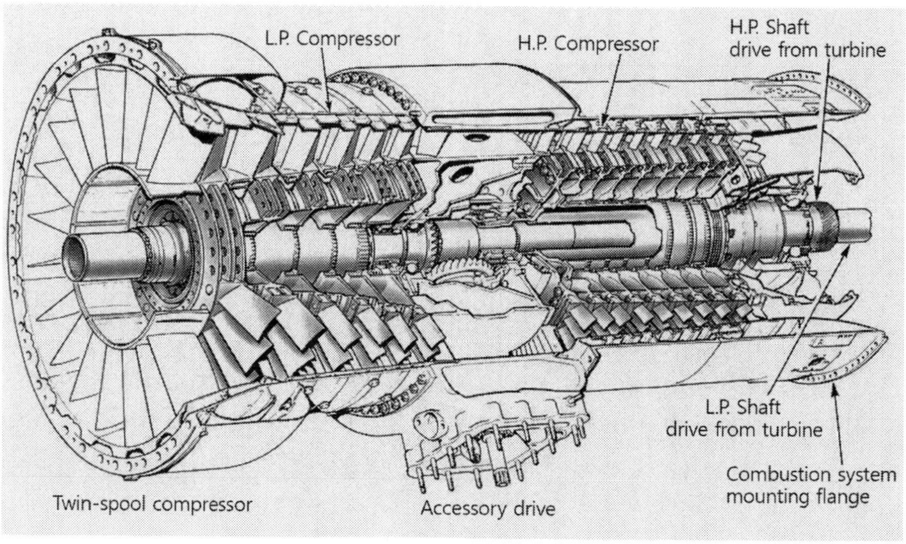

【그림4-12】 2축 엔진으로 저압 압축기(LP; N1) 6단과 고압 압축기(HP; N2) 9단으로 구성되어 있다. 축류 압축기는 마치 선풍기의 팬과 유사하지만 여러 개의 단이 연속으로 배열되어 있어 여러 단을 통과하면서 지속해서 압축시키는 효과를 얻는다.

여기서 2축(스풀) 엔진은 2개의 압축계통과 2개의 터빈 계통이 각각 다른 축으로(동심축; 동일 축선 상이지만 회전축이 각각 다름) 작동되고 있다는 것을 의미한다. 스풀 설계 개념이 도입된 것은 압축기의 성능을 향상하기 위함이다.

실제 현대 고성능 전투기 및 운송용 항공기에서 30:1 혹은 40:1 정도의 압력비를 얻을 수 있었던 것은 압축기가 다축(multi - shaft)으로 설계되었기 때문에 가능하였다. 축류 압축기의 특성상 여러 개의 단(multi - stage)을 나란히 연결하여 압력비를 높이는 구조라면 압축기 앞, 중간 그리고 뒷부분에서 필요로 하는 최적의 속도를 구현할 수 있다면 뒤쪽으로 갈수록 더욱 높은 압축 효과를 얻을 수 있을 것이다. 기본 1스풀(single spool engine)에서는 전 과정이 동일 속도로 이루어지기 때문에 압축 효율이 다소 떨어지지만, 구간별 최적 속도로 회전할 수 있는 압축기(저단 압축기, 중간 압축기, 고압 압축기)로 설계함으로써 압력비를 크게 높일 수 있었다.

3. 압축기 구조

축류 압축기는 명확하게 서로 다른 기능을 수행하는 수많은 부품으로 구성된다. 항공기가 수행하는 임무의 유형에 따라 엔진은 다양한 형태로 제작되겠지만 축류 압축기는 전방 프레임(front frame), 케이싱(casing), 로터 어셈블리(rotor assembly) 그리고 후방 프레임(rear frame)으로 구성되어 있다. 이들 프레임과 케이싱은 로터 어셈블리에서 발생하는 높은 하중(high loads)을 지지하고 이를 프레임과 케이싱을 통해서 기체에 분산시키는 기능을 수행한다.

이외에도 프레임을 구성하고 있는 지지대(supporting struts)들은 경량의 재료로 제작되고 대부분 속(hollow)이 비어있다. 내부의 공간은 다목적으로 활용된다. 예를 들어 베어링에 윤활유를 공급하거나 다목적 공기 통로, 각종 전기장치의 배선을 위한 공간(spaces) 그리고 가이드 베인의 방빙(anti-icing) 및 제빙(de-icing)을 위한 뜨거운 공기(hot air)를 공급하는 통로 등으로 활용된다.

(1) 압축기 전방 프레임

전방 프레임(front frame)은 [그림4-13]과 같이 공기흡입구와 압축기를 연결해 주는 구조물로 알루미늄 합금과 같은 경량(lightweight)의 재질로 제작된 링 모양의 구조물이다. 외측 링(outer ring)과 중심 허브(centre hub)는 여러 개의 유선형 지지대(streamlined supporting struts)들로 연결되어 있다. 중심 허브에 로터 베어링(rotor bearing)이 장착되고 로터의 하중은 지지대를 통해서 외측 케이싱(outer casing)에 전달하는 기능을 수행한다. 일부 가이드 베인은 가변 기능을 갖추어 회전 블레이드에 더욱 양호한 공기흐름 방향(직선 흐름)을 제공한다. 이들 가변 가이드 베인(variable inlet guide vanes)은 특히 높은 기동성(고도와 속도의 변화)이 요구되는 전투기 엔진의 필수 구성품이다.

【그림4-13】 압축기의 종류에 따라 약간씩 다를 수 있지만 모든 엔진에서 압축기를 장착할 수 있는 장치를 갖추고 있다. 이를 전방 프레임이라 한다. 그림은 SR-71 고공정찰기에 탑재된 J58 터보제트 엔진의 전방 프레임이다. 프레임은 원형 프레임과 중앙에 압축기 회전 베어링 장착부 그리고 공기흐름을 유도하는 고정 가이드 베인들로 구성되어 있다. 가이드 베인은 공기흡입구를 통과한 공기흐름을 최적 방향에서 압축기 첫 단으로 유입될 수 있도록 하는 역할을 한다. 일부 가이드 베인은 가변 기능을 갖추고 있으므로 회전 블레이드에 최적의 공기흐름 방향을 제공할 수 있는 각도로 변화할 수 있다.

(2) 압축기 케이싱

압축기 케이싱(casing)은 [그림4-14]와 같이 내부에 로터 어셈블리(rotor assembly)를 감싸고 있는 원통형으로 되어 있다. 엔진 조립과 정비를 쉽게 할 수 있도록 길이 방향으로 분리된다. 케이싱 역시 경량의 티타늄 단조(titanium forging) 방식으로 제작된다. 고성능 엔진의 케이싱은 엔진작동

【그림4-14】 아래 그림은 상하로 된 압축기 케이싱이다. 내부 벽에 베인들이 장착된다. 위 그림은 1개의 단을 분리한 것으로 선분원의 베인 어셈블리이다. 이들의 크기가 다른 것은 압축기의 특성상 뒤쪽으로 가면서 부피가 작아지기 때문이다.

중에 발생하는 열팽창(thermal expansion)을 허용할 수 있는 재료로 제작되기 때문에 로터 팁 마진(rotor tip margin) 내에서 운용할 수 있는 융통성을 갖는다. 케이싱의 핵심 구조는 고정자 베인(stator vane)이다. 이들 베인은 로터 블레이드와 조합되어 최적의 공기흐름을 유도한다.

고정자 베인은 압력을 높이고 일부 회전성 흐름을 다시 직선 방향으로 회복하면서 공기흐름을 제어하는 역할을 한다. 또한, 압축기에 너무 높은 압력이 형성되었을 때 공기를 외부로 빼내거나(spilling) 아니면 가변 고정자 베인(variable stator vanes)에 의해서 공기흐름을 제어함으로써 압축기 실속

【그림4-15】 왼쪽 2개의 베인은 끝단이 공기 누출을 방지하기 위한 슈라우드로 보강되어 있다.

(compressor stall)을 방지한다. 고정자 베인은 각 로터 블레이드의 열(row)과 교대로 배열되어 한 쌍을 이루고 이를 1단(single stage)이라 했다.

일부 고성능 엔진의 압축기 어셈블리 내의 백여 개 이상의 가이드 베인들이 장착된다. 케이스의 베인들은 [그림4-16]과 같이 압축기 케이싱에 T-자형 홈(grooves) 또는 리테이닝 링(retaining ring)에 고정한다. 어느 방법으로 고정하든 작동 중에 헐겁거나 움직이지 않도록 견고하게 장착되어야 한다. 일부 고정자 베인의 끝단에 측판(shrouded vanes)을 덧대 흐름 손실(flow loss)을 최소화한다.

전방 단들에서 긴 블레이드로 인해서 발생할 수 있는 진동을 방지하기 위해서 팩(packs) 형식으로 제작되기도 한다. 리테이닝 링을 사용할 때는 블레이드 뿌리(blade root)가 링에 꼭 맞게 도브테일 뿌리(dovetail root)로 제작된다. 각 선분원은 링에 블레이드들이 장착되고, 링을 케이싱의 홈에 끼운 후 움직이지 않도록 단단히 고정한다.

최근 제작된 엔진에서는 더욱 양호한 공기흐름 배열을 위한 가변 흡입구 가이드 베인(variable inlet guide vanes; IGV)을 사용한다. 일정 비율의 압축공기가 원주 배열 블리드 매니폴드 또는 동공(hollow) 고정자 베인을

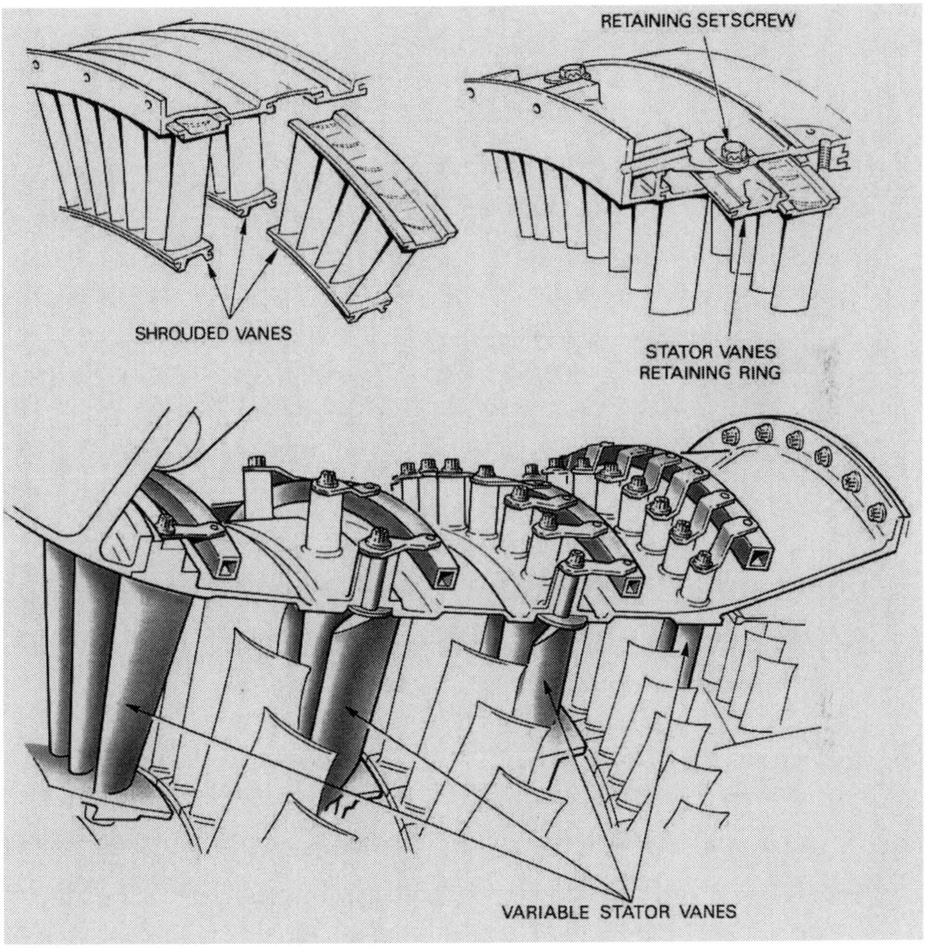

【그림4-16】 블레이드는 로터 드럼(또는 디스크)의 원주를 따라서 장착되지만, 스테터 베인들은 케이스 안쪽에 장착된다. 대부분 고정자 베인들은 케이싱의 원주를 따라서 고정 스크루로 장착되지만, 일부는 슈라우드를 덧대어 공기유출을 방지하는 장착 방식을 사용하기도 한다. 일부 엔진에서는 압축기 전방의 일부 베인 단들을 공기흐름에 맞게 각도를 조절할 수 있는 가변 스테터 베인으로 설계되어 있다. 과도한 공기흐름으로 인하여 압축기 실속이 우려되는 상황에서 베인의 각도를 조절하여 로터 블레이드의 실속을 방지할 수 있다.

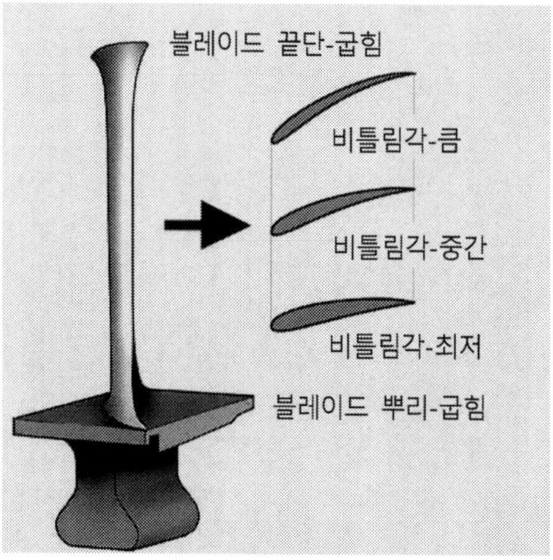

【그림4-17】 회전 운동을 하는 블레이드 역시 뿌리와 끝단의 속도가 다르다. 이를 해결하기 위해서 비틀림 각도를 다르게 적용하였다. 이는 블레이드 전체에서 균등한 공기흐름을 제공하기 위한 설계이다. 블레이드의 끝과 뿌리는 회전 방향으로 끝단이 굽혀져 있다. 블레이드 뿌리는 마치 비둘기 꼬리와 같다고 해서 도브 테일(또는 전구 모양) 장착 방식이라 한다.

통해서 추출된다. 추출 공기(bleed air)는 기내 여압과 난방, 날개 앞전 방빙 그리고 전기장치 온도제어 등과 같은 항공기 시스템에 사용된다. 엔진 자체에서도 전방 프레임 지지대, 노스 카울(nose cowl)의 방빙 그리고 터빈 프레임과 터빈 블레이드의 냉각에 사용된다.

(3) 로터 어셈블리

로터(rotor)는 압축기 어셈블리에서 가장 복잡한 구성품이다. 로터 어셈블리는 회전축을 중심으로 드럼 혹은 디스크(drum or disk)가 있고 그 위에 여러 개의 블레이드가 부착된다. 고성능 고바이패스비 엔진의 압축기에서는 수만 마력의 에너지를 처리할 수 있어야 하므로 특별한 구조적 설계조건이 필요하다.

로터 블레이드는 일종의 에어포일 단면(airfoil section)이라고 정의했다. 블레이드를 통과하는 공기가 균등한 축 속도(uniform axial velocity)를 유지할 수 있도록 블레이드 길이 선상에 압력 경도(pressure gradient)가 형성되도록 설계되어야 한다. 블레이드 팁 쪽에 더 높은 압력을 갖도록 설계하는 것은 공기흐름에 작용하는 로터의 원심작용 효과를 상쇄시킬 수 있다. 이를 달성하기 위해서 블레이드의 각 지점에서 [그림4-16]과 같이 적절한 취부각(angle of incidence)을 갖도록 뿌리에서부터 끝단까지 비틀림(twist) 설계가 적용된다. 압축기를 통과하는 공기흐름은 내측과 외측 벽 표면에 공기흐름을 정체(stagnation)시키는 2개의 경계층(boundary layers)들을 발생시킨다. 경계층으로 인한 공기흐름의 정체를 완화(제거)하기 위해서 블레이드의 뿌리와 끝단(root and tip) 모두에서 부분적으로 캠버(camber)를 증가시키는 방법이 적용되었다. [그림4-17, 18]의 설계는 블레이드 끝단이 마치 각 모서리가 굽어진 모양이 되면서 이를 끝단 굽힘(end-bend)이라 한다.

로터에는 원심 블레이드 하중(centrifugal blade load)을 지지하는데 필요한 디스크(disc)가 있고 디스크에 블레이드가 부착된다. 이들 디스크는 서로 짝이 맞도록 제작되어 너트와 볼트로 결속(체결)되지만, 일반적으로 조립할 수 있도록 제작되거나 용접하는 방법으로 견고하게 고정시켜 축 주위에 둥그렇게 배열하여 하나의 드럼(drum)을 형성한다. 디스크와 블레이드의 결속이 중요시되는 이유는 디스크 무게를 최소화함으로써 디스크의 원심하중을 가능한 한 작게 받도록 설계되어야 하기 때문이다. 블레이드와 디스크의 제작과 정비를 단순화하기 위해서 이들을 분리하여 제작된다. 그러나 소형 제트엔진의 압축기에서는 실질적으로 이 같은 적용이 매우 어렵다. [그림4-19]와 같이 블레이드와 디스크를 하나의 구성품으로 제작함으로써 이 문제를 해결하였고 이를 블리스크(blisk)라 한다.

[그림4-10, 11]은 전형적인 1축(스풀) 압축기의 로터 블레이드의 배열을 보여주고 있다. 블레이드의 배열은 압축기 전면은 단 사이의 간격이 넓고 블레이드의 지름이 크다는 것을 알 수 있다. 반면 뒤쪽으로 갈수록 블레이드의 지름이 작아지고 배열 간격 역시 조밀하게 설계되어야 한다. 압축기의 단들을 통과하는 공기는 점차 밀도가 높아지고 부피는 작아지면서 지속적인 압력 증가를 유지해야 하기 때문이다. 압축기에서 압력을 높이기 위한 다음과 같은 설계 방식이 적용된다.

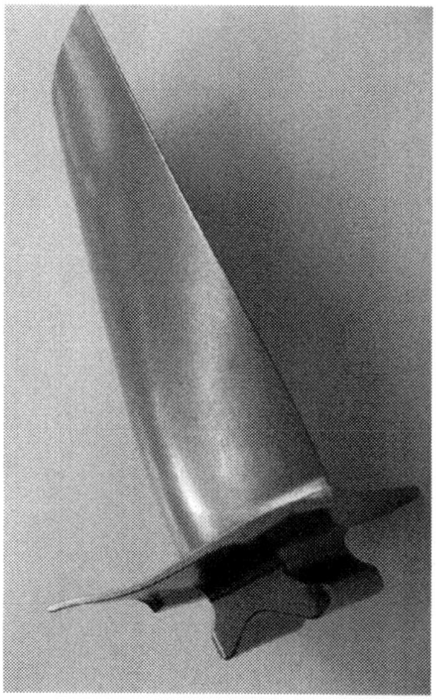

【그림4-18】 로터 블레이드 그리고 도브테일 뿌리의 모양

① 로터의 지름을 수축하는 방식
② 케이스의 지름을 수축하는 방식
② 로터와 케이스의 지름을 동시에 수축하는 방식

① 디스크형 로터

일반적으로 디스크형 로터(disk type rotor)가 가장 많이 사용되는 구조이다. 로터 블레이드들은 각각의 원판(disk)에 부착되어 로터 축(rotor shaft)에 장착된다. 때로는 스페이서 링(spacer ring)을 사용하여 간격을 조절한다. 이들 구조는 엔진 제작자에 따라 다르지만, 공통으로 축하중과 토크(axial load and torque)를 동시에 전달해야 하는 원리는 모든 축류 로터의 특성이다.

② 드럼형 로터

50년대 제작된 엔진에서는 드럼형 로터로 제작되었다. 이 엔진에서는 전방, 중간 그리고 후방 드럼을 각각 볼트로 연결하여 하나의 축을 형성하고

【그림4-19】 소형 가스터빈엔진에서 사용되고 있는 블리스크(왼쪽)와 실제 터보제트 엔진의 팬에 사용된 블리스크를 관찰할 수 있다. 블리스크는 압축기뿐만 아니라 터빈의 설계에서 사용되고 있으며 그림과 같이 로터가 블레이드와 디스크가 한 몸체로 되어 있어 구조가 간결하고 매우 높은 하중에 견딜 수 있는 장점이 있다.

전방과 후방 드럼은 스터브 축(stub shaft) 형태로 제작되어 있다. 특히 후방 드럼의 스터브 축에는 스프라인(spline)이 가공되어 터빈 축과 연결되어 토크를 전달하는 역할을 한다.

③ 블레이드 장착 방법

고속으로 회전하는 로터 블레이드는 상당한 원심하중에 견딜 수 있도록 단단히 고정되어야 한다. 블레이드를 드럼 혹은 디스크에 결속하는 방법에 따라 블레이드 뿌리(root)의 모양이 다르게 설계된다. 전형적인 결속 방법에는 [그림4-15, 18]과 같이 도브테일(dovetail), 파-트리(far-tree) 그리고 볼트를 사용하여 체결 방법이 있다. 이들의 설계조건은 엔진작동 중 단단히 고정되어 있으면서 팽창(expansion)을 위한 공간을 확보할 수 있어야 한다. 파-트리 방식은 도브테일에 비해서 복잡하기는 하지만 고하중에 적합하다. 반면 도브테일 방식은 구조가 단순하여 일반적으로 경하중에 많이 사용된다. 도브테일 방식은 주로 전방 단에서 사용되는 축-종류일 수 있고 때로는 원주형의 고압 단들에서도 사용된다. 예를 들어 TF-34 엔진의 팬 블레이드(fan blades)는 단순하게 볼트를 이용해서 고정하는 방법을 사용하기도 한다. 전방 단들에 사용되는 긴 블레이드는 정지상태에서는 약간의 유격이 허용되나

엔진이 회전하면서 발생하는 원심력으로 단단히 고정된다. 이는 블레이드 뿌리 부근에서 스트레스 집중을 완화하는데 기여한다.

(4) 압축기 후방 프레임

압축기 후방 프레임(rear frame)의 기능은 압축공기(compressed air)를 연소실로 원활하게 유도하는 데 있다. 후방 프레임 끝단에서 연소기(combustor)로 향하는 공기흐름의 통로는 연소기의 종류에 따라 다르게 설계되어야 한다. 예를 들어 캔형 연소기(can-type combustor)라면 각 캔 연소기에 공기흐름을 유도할 수 있도록 다중 매니폴드형(manifold-type)으로 제작되어야 한다. 후방 프레임은 하류 쪽으로 갈수록 디퓨저의 역할을 할 수 있도록 설계된다. 후방 프레임은 주요 엔진 장착대(mounting) 역할을 하고 추력 힘(thrust force)이 기체(airframe)에 전달되는 부분이기도 하다.

압축기 후방 프레임의 중심은 볼 베어링(ball bearing)으로 로터의 세로 추력을 흡수할 수 있는 후방 로터 베어링이 내장될 수 있도록 설계된다. 고추력 엔진에서 이 베어링은 극도로 높은 하중에 견딜 수 있어야 한다. 압축기 후방 프레임의 구조는 압축기 어셈블리의 구조적 강도(structural strength)를 지지하는 것 외에도 전방 프레임과 같이 베어링 윤활과 통기구(venting) 그리고 추출 공기를 공급하는 장치로도 활용될 수 있어야 한다.

4. 공기흐름 제어

1축 압축기에서 높은 압력비가 요구될 때는 반드시 공기흐름을 제어할 수 있는 장치가 필수이고 다음과 같은 2가지 방법이 있다.

① 가변 고정자 베인(variable stator vanes)

② 공기추출(air bleed)

공기흐름을 제어하는 방식으로 첫 번째 단을 가변 흡입구 가이드 베인(variable inlet guide vanes)으로 그리고 후속 단들은 여러 개의 가변 고정자 베인들로 구성된다. 압축기의 속도가 지정 값 이하로 떨어짐에 따라 가변 베인들이 점진적으로 닫힘(closed)으로써 공기흐름이 최저로 흐르게 하여 후속 로터 블레이드에 작용하는 공기흐름의 받음각을 적절히 조절한다. 또 다른 방법은 단과 단 사이(interstage)에 공기추출(air bleed) 장치가 사용된다. 그러나 공기추출 장치는 지속적인 공기흐름에서 공기 일부를 빼내기 때문에 다소 비효율적이다. 이것은 더 많은 에너지를 소모하여 연료 소모가 많다는 것을 의미한다. 특히 이륙과 같은 비행조건에서 엔진이 최대로 가속 중일 때 초과 마진(extra margin)의 공급을 제한하는 경향이 있으므로 높은 동력이 요구되는 조건에서 공기추출 장치는 닫힌 상태로 운용되어야 한다.

❖ 원심압축기와 축류 압축기의 단순 비교

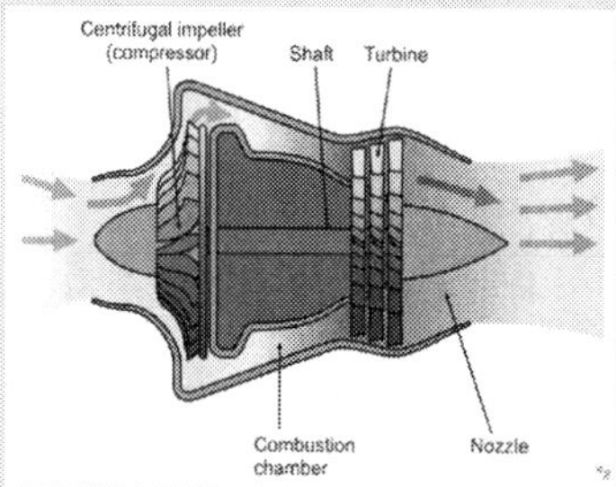

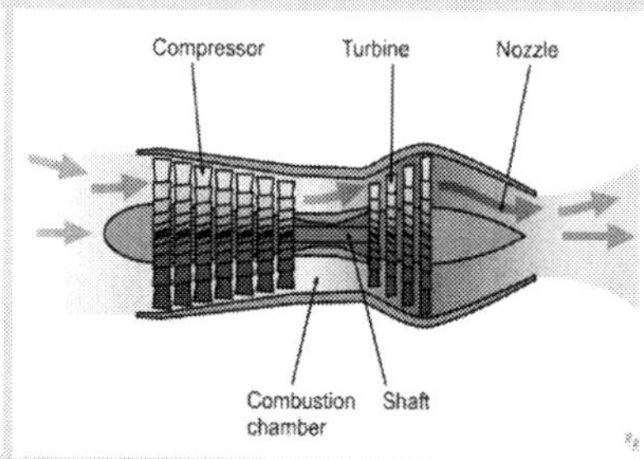

기능	원심압축기	축류 압축기
엔진 유형(크기)	Small engine 길이가 짧고 둔탁함	Large engine 길이가 길고 얇음
공기질량흐름	<15kg/s	매우 큼 >100kg/s
효율	낮음, 86~87%	높음, 94%
공기흐름	굽어짐	직선
단	적음	많음
단 당 압력비	큼(5~7)	작음(<1.5)
압력 손실	1단 이상에서 높음	낮음, 많은 단 사용이 허용됨
제작/정비	쉽다.	어렵고 복잡함
비용	저렴, 작동범위가 넓어 소형 엔진에 많이 사용됨	고가, 운송용 대형 항공기에 주요 사용됨

❖ 압축비와 압력비의 차이

압축되는 기체에 열에너지가 공급되지 않으며 온도 상승은 압축에 의해서만 발생한다는 가정과 공기가 완벽한 기체라는 가정하에 압축비 및 압력비와의 관계는 다음과 같다.

Compression ratio	2:1	3:1	5:1	10:1
Pressure ratio	2.64:1	4.66:1	9.52:1	25.12:1

4.6 압축기 터보 역학

✈ 초창기 제트엔진의 압축기에서는 단순히 평판 블레이드(flat blade)를 사용하였기 때문에 효율에 한계가 있었다. 그러나 로터 블레이드와 스테터 베인의 모양을 에어포일(airfoil)과 같이 설계함으로써 압력비를 크게 향상시킬 수 있었다. 일반적으로 높은 압력비를 생산할 수 있는 다단 축류 압축기는 13단 또는 그 이상의 단(stages)들이 사용된다. 공기흐름이 단과 단 사이를 통과하면서 교대로 가속과 감속이 주기적으로 반복되면서 필수 압력상승(required pressure rise)에 도달할 때까지 계속된다. 공기흐름이 각 단을 통과하면서 회전 블레이드는 공기를 가속하고 스테터 베인(stator vanes)에서는 운동에너지(속도)를 압력 에너지로 전환하는 일(work)을 수행한다. 압축기 터보 역학을 이해하는 데는 먼저 [그림4-20]과 스테터와 로터 참고 프레임(frame of reference)으로 구분하고 속도 삼각형(velocity triangles)을 적용하여 설명될 수 있다.

공기흐름은 로터 블레이드(rotor blades)에서 경계층 분리(boundary layer separation)가 발생하기 직전까지 속도는 가속된다. 그다음은 스테터 상태가 되는 절댓값이 적용되는 참고 프레임으로 바뀌어 속도는 명확하게 상승하였고 스테터에서 감속이 일어날 수 있도록 한다. 다시 말해서 흐름이 로터 출구에서 배출될 때 높아진 속도는 스테터 입구로 유입되어 감속시키는 과정을 반복한다. 그러나 전체 흐름의 속도에는 변함이 없다.

공기역학적으로 이 같은 배열은 매우 중요한 역할을 한다. 앞쪽에서는 공기흐름의 속도가 증가하면서 압력이 약간 떨어지지만, 다시 뒤쪽에서는 확산 역할을 하므로 속도가 감소하면서 압력은 증가한다. 이 흐름이 첫 번째 스테터 베인으로 유입되면서 와류성 흐름을 다시 직선 흐름으로 되돌리고 동시에 에어포일의 역할을 하여 추가적인 압력상승과 아울러 다음 단의 회전 블레이드로 공기흐름을 유도한다. 초기의 압력 변화는 그리 크지 않지만, 첫 단을 통과한 공기흐름은 이미 일정한 압력으로 압축된 상태이다. 최종 위치에 있는 스테터 베인들은 공기흐름을 직선으로 연소기로 향하도록 유도한다. 결론적으로 로터 블레이드가 회전하면서 공기흐름에 속도 에너지를 부여하는 역할을 하고 스테터 베인에서는 로터 블레이드를 통과한 공기흐름에서 확산 작용(diffusion action)으로 운동에너지를 압력 에너지로 전환하면서 동시에 와류성 공기흐름(swirl)을 다시 축 방향으로 흐르도록 하는 역할을 한다.

여러 차례 언급한 바와 같이 터빈보다는 압축기의 터보 기계역학이 더욱 복잡하고 정상 작동영역이 상대적으로 좁다. 만약 이 영역을 벗어났을 때 실속 또는 서지와 같은 심각한 작동 상의 문제가 유발될 수 있다. 그러나 터빈의 경우는 작동영역이 상대적으로 넓어 약간의 손실이 발생할 뿐이다. 압축기 블레이드에서 공기흐름의 편향(deviation)이 매우 작아 만약 이 범위를 초과했을 때 흐름 편향은 급격히 증가할 수 있다. 여기서 흐름의 편향은 흐름 출구 방향과 블레이드 자체의 출구 방향 사이의 각도(β)이다. 만약 정상 작동 한계를 초과하면 편향은 매우 큰 각도로 변화된다.

[그림4-25]와 같이 후속 스테터에서는 β 각이 설곗값보다 이미 상당히 커졌다는 것을 의미하고 후속 로터에서는 흐름의 분리(separation)가 발생하여 일(work)은 급격히 떨어진다. 공기흐름의 속도를 유입 속도의 50% 이하로 감속시키는 것은 상당한 경계층 분리(boundary layer separation)의 가능성 때문에 사실상 불가능하다. 일단 형성된 분리 파동(separated wake)은 제한된 면적 내에서 급격히 확산하는 경향이 있다. 이를 효과적으로 제거하는 방법은 면적을 증가시켜 흐름 속도를 더욱 낮추는 것이지만 축류 압축기에서 이 방법은 실질적으로 불가능하다. 이를 해결하는 방법으로 여러 단계를 통해서 흐름 속도를 낮추면서 동시에 압력은 점진적으로 상승시키는 효과를 얻을 수 있다.

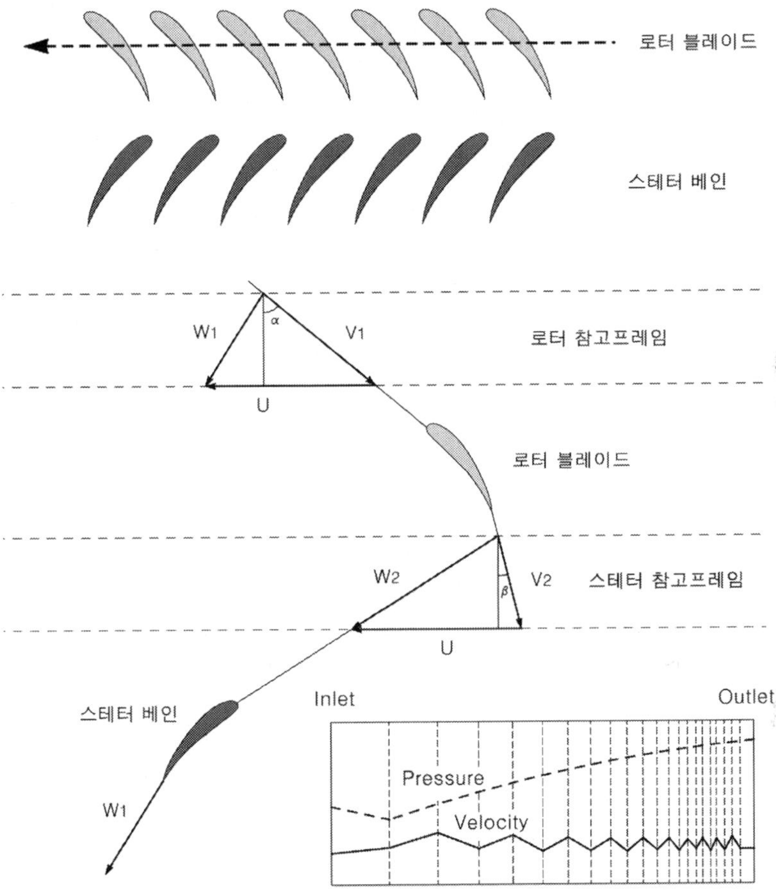

【그림4-20】 로터가 회전하면서 공기흐름 역시 회전성으로 변질되기는 하지만 유선흐름의 행태를 그대로 간직한 것으로 간주한다. 이를 위해서 속도 삼각형과 2개의 프레임으로 나누어 분석해 볼 수 있다. 로터는 속도(U)로 회전하고 유입되는 속도(v_1) 그리고 수직 평면과 유입 속도가 이루는 각이 받음각(α)이다. 이들 흐름의 합력(w_1)은 공기흐름 속도와 로터 회전속도의 합력 벡터이다. 로터 출구에서는 배출속도(v_2)와 평면 사이의 각(β)이 크게 작아졌음을 알 수 있고 합력 속도(w_2)는 크게 높아진 상태에서 다음의 스테터 베인 프레임으로 전환된다. 스테터 프레임에서는 공기흐름 속도가 감속되면서 압력은 상승한다. 이 같은 과정을 반복하면서 아래 오른쪽 그래프와 같이 공기흐름 속도는 가속과 감속이 반복되지만, 압력은 지속해서 상승하고 있다.

이에 비해 터빈에서 흐름 편향(flow deviation)은 90도 또는 그 이상이 될 수 있지만 압축기에서는 약 45도 이상이 드물다. 결과적으로 공기흐름의 속도는 터빈 단보다 압축기 단에서 수 배 작다. [그림4-20]의 하단 그래프는 축류 압축기에서 수행되는 공기흐름의 속도와 압력이 어떻게 변화하고 있는지를 잘 보여주고 있다. 비록 공기흐름의 속도 곡선은 단을 통과하면서 톱니 모양으로 오르내림을 반복하지만, 전체 압력은 후방 단으로 갈수록 증가하고 있음을 보여주고 있다.

4.7 압축기 실속 또는 서지

✈ 축류 압축기가 높은 압력비(pressure ratio)를 달성하였지만 압축기 실속 또는 서지(compressor stall or surge)와 같은 불안정 엔진작동 현상이 발생할 수 있다. 제트엔진의 특성상 흡입구에서 배기구까지 직선 관통형으로 지속적인 공기흐름이 유지되어야 한다. 만약 중간의 어느 과정에서 지속성에 문제가 발생한다면 즉각적으로 공기흐름의 속도, 압력 그리고 밀도의 변화가 발생하여 전체 엔진작동은 매우 불안정해질 수 있다. 압축기 터보 역학의 핵심은 더 높은 압력상승(pressure rise)을 얻는 데 있다. 로터 블레이드에 유입되는 공기흐름의 각도가 설곗값 이상(양성 받음각) 혹은 이하(음성 받음각)가 되었을 때 블레이드 실속이 발생할 수 있다.

압축기 실속은 초기 원인이 회전 로터 블레이드 일부에서 촉발되어 전체로 확산하는 현상이라면 엔진 서지는 압축기와 압축기 하류의 구성품(연소기, 터빈)들 사이의 부정합(mismatch)에 의한 현상이다. 압축기 실속 혹은 서지는 어떠한 경우도 엔진 성능을 급격하게 떨어뜨릴 수 있으므로 즉각적인 조치가 필요하다.

【그림4-21】 가스터빈엔진의 공기흐름은 입구에서 배기구까지 지속성이 유지되어야 한다. 그러나 중간 과정에서 공기흐름의 흩어짐은 어느 한 부분에서 급격한 압력 파동을 초래하여 흐름의 지속성이 붕괴할 수 있다. 그림은 엔진에서 강력한 서지에 의해서 배기구에서 화염이 뿜어져 나오고 있다.

여기서는 압축기 실속과 서지 현상의 공기역학적 분석과 어떠한 방법으로 해결하고 있는지를 다룬다.

1. 압축기 작동선과 서지선

(1) 설계점과 비설계점

항공기의 대부분 수명(service life)은 순항 조건에서 수행되기 때문에 압축기를 포함한 다른 구성품들도 해당 항공기의 순항 마하수와 순항고도에 적합한 필수요건을 충족하도록 설계된다. 이를 설계점(design point)이라 하고 그 외의 비행 조건을 비설계점(off-design point)으로 구분한다. 압축기 성능은 설계점 필수요건의 공기 질량 유동률, 압력비 그리고 효율이 일치한다. 그러나 항공기가 수행하는 임무의 유형에 따라 결코 설계점에서만 운용될 수 없다. 특히 전투기는 높은 기동성이 필수이고 또한 모든 항공기의 착륙 접근 중 급격한 추력 변화에 적절히 반응할 수 있어야 하므로 비설계점

성능 역시 매우 중요하다. 압축기의 터보 기계장치가 복잡하고 어려운 것은 본질적으로 축 방향(axial direction)에서 압력을 상승시켜야 하기 때문이다. 만약 각 단 혹은 전체 압축기에서 압력상승이 설계 회전속도와 비교하여 너무 크다면 압축기에서 서지 또는 회전성 실속(surge or rotational stall)이 발생할 수 있다.

서지는 격렬한 파동성 흐름이고 회전성 실속은 공기 질량 유동량 감소와 압력상승을 동반하는 불균등 흐름 패턴(non-uniform pattern)이다. 압축기의 전체 압력비가 증가하면서 이를 제어하기가 점점 더 복잡하고 어렵다. 다단 압축기에서 실속과 서지는 1단 팬의 것보다 더욱 복잡하다. 왜냐하면, 전방에서부터 후방까지의 다른 단들이 동시에 매우 다른 조건에서 작동되고 있기 때문이다. 이것은 후방에 있는 단들이 거의 초크(choked) 상태에 놓여 있을 때 전방의 단들은 실속 조건에 근접해 있을 수 있기 때문이다. 이것은 비설계점 조건에서 전후방 단들을 매칭(matching)시키고 있는 결과이다.

(2) 압축기 성능지도

압축기의 작동 곡선은 [그림4-22]와 같이 압축기 출구에 면적을 조절할 수 있는 스로틀(throttle)과 원통 등을 설치하여 일정한 회전속도(RPM)에서 출구 공기 질량 유동률을 조절하는 방식으로 다음과 같은 압축기 작동 곡선에 필요한 값을 측정한다.

① 압축기 입구에서 총압력(p_2)

② 압축기 출구에서 총압력(p_3)

③ 공기 질량 유동률(air mass flow rate)

④ 효율 계수(efficiency factor)

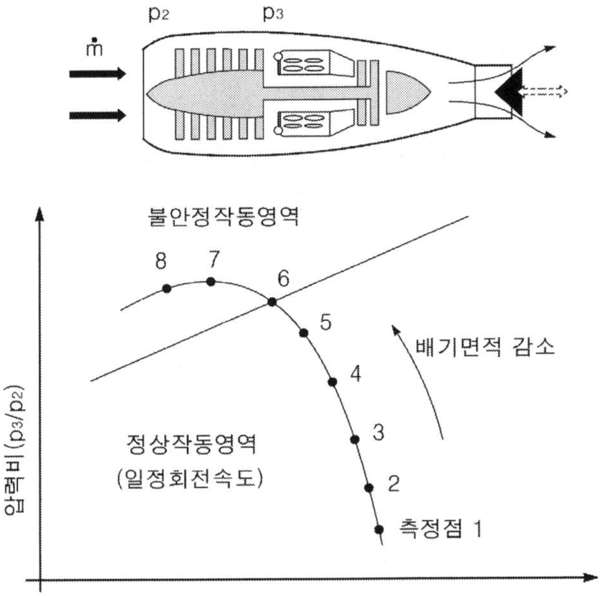

【그림4-22】 위의 그림과 같이 출구 흐름을 조절할 수 있는 장치를 이용하여 일정한 엔진 회전속도에서 압축기의 성능을 측정한다. 제트엔진의 출구 면적이 결정된 조건에서는 단지 원통만을 전후로 이동시켜 공기흐름에 따른 압축기의 상태를 관찰한다. 출구 면적이 좁아질수록 압력상승이 증가하지만, 어느 한계점에 도달한 후부터 압력은 떨어지게 된다. 다양한 엔진 회전속도에서 동일 실험을 거쳐 얻어진 곡선에서 서지점을 연결한 것이 서지선이다.

먼저 압축기 출구 노즐(스로틀)을 완전히 개방하여 유동률이 최대가 된 상태에서 측정한다. 스로틀을 점진적으로 닫으면 출구 유동률은 점차 감소하고 압력이 높아지기 시작한다. 이와 같은 과정을 반복해서 얻어진 모든 점을 연결하면 특정 회전속도에서 하나의 속도 곡선(speed curve)을 도출할 수 있다. 특정 회전속도와 스로틀 위치에서 원통을 노즐 출구 쪽으로 점차 안쪽으로 밀어 넣으면 출구가 점차 막히면서 압력이 일정 비율로 상승하는 효과를 얻을 수 있다. 원통을 노즐 출구 쪽으로 더 깊이 밀어 넣었을 때 압력상승은 한계에 도달한다. 이때 곡선은 [그림4-22]의 6-7번 위치와 같이 평평하게 그려지고 압력상승 효과는 거의 없다. 출구 막힘이 더욱 증가함에 따라 압력은 반대로 떨어지고 있다. 이는 압축기 블레이드에서 실속(stall)이 발생하고 있음을 의미하고 압축기는 서지(surge) 상태가 된다. 엔진작동의 한계는 압축기 서지가 처음 발생한 점을 기준으로 한다. 같은 방법으로 다른 회전속도(RPM)에서 각각의 속도 곡선을 그릴 수 있고 각 속도 곡선의 서지 한계점(surge limit points)을 연결했을 때 형성되는 선이 서지선(surge line)이다. 각 회전속도 영역에서 압축기 효율(compressor efficiency)을 연결한 점들이 또 다른 세트의 곡선이 형성되고 보통 타원형 모양으로 그려진다. 내부에 그려지는 곡선이 높은 효율을 나타낸다.

이제까지의 속도 곡선은 노즐 출구 면적을 변화시켜 얻은 곡선이지만 대부분 가스터빈엔진은 일정한 고정 면적 노즐을 사용한다. 이 경우 각 속도 곡선에서 오직 한 점만이 가능하다. 이 점들을 연결한 것이 특정 엔진의 작동선(operating line)이다. 만약 재연소기를 장착한 엔진이라면 필연적으로 가변 배기노즐을 갖추어야 하므로 각 노즐 세팅을 위한 한 개씩의 작동선을 갖는다. 위의 변수들이 압축기 성능지도(performance map)를 구성하는 필수 요소들이다. 압축기 성능지도는 [그림4-23]과 같이 압축기 압력비(p_3/p_2)와 수정 공기 유동률(corrected mass flow rate)의 관계를 보여준다. 이들 중 가장 중요한 변수는 다음 두 요소이다.

첫째, 압축기 입구에서 수정 유동률(corrected mass flow rate)
둘째, 수정 엔진 속도(corrected engine speed)

압축기 성능지도는 수정 변수들을 적용해서 실험 당일의 기상조건과 관계없이 공통으로 적용할 수 있다.

(3) 엔진 정합

다단 압축기의 각 단은 인접 단들과 다른 공기역학적 특성을 보유함으로

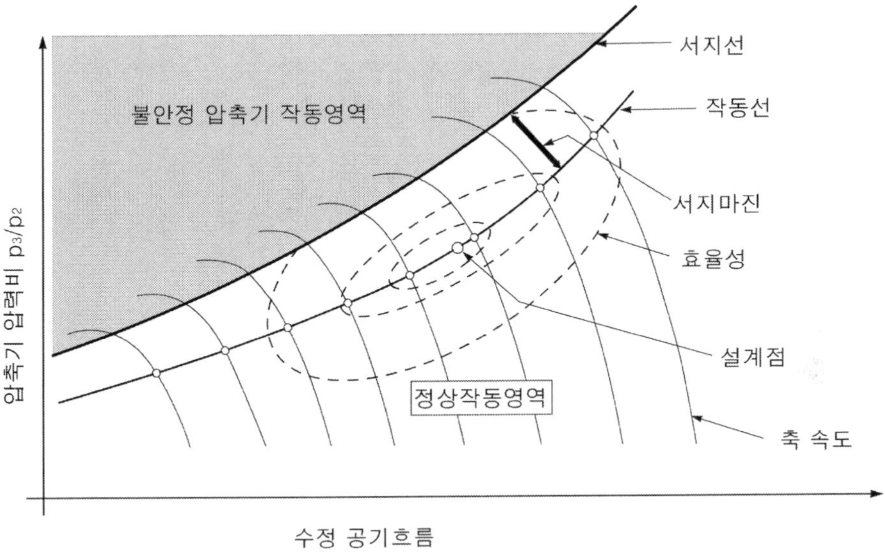

【그림4-23】 압축기의 성능 지도는 각 지정된 축 속도에서 출구에 스로틀 또는 원통 모양의 물체를 이용해서 출구에서 나오는 질량 유동률을 조절한다. 출구에서 질량 유동률이 점차 감소하면서 압력상승은 점차 감소한다. 정상 작동점을 지나 계속해서 질량 유동률을 감소시키면 어느 한계에 도달해서는 압력은 더 이상 증가하지 못하고 급격한 붕괴가 발생하고 이 한계점을 실속점 또는 서지점이라 한다. 이들 점을 연결한 것을 서지선이라 한다. 축 속도를 점차 증가시켜 동일 곡선의 분포를 얻을 수 있고 각 속도 곡선들의 정상 작동점이라 한다.

써 효율적인 일(work)을 수행할 수 있도록 각 단의 특성에 맞게 잘 조화되어야 한다. 예를 들어 어느 한 운용조건(설계 유동량, 압력비와 회전속도 등...)에 맞게 설계하기는 어렵지 않다. 그러나 지상 작동에서부터 아음속 그리고 때로는 초음속까지의 전체 엔진작동 영역을 고려해야 하므로 이들의 정합(matching)은 더욱 정교하고 복잡해진다. 만약 압축기 블레이드가 설계조건에 크게 벗어났다면 공기흐름의 붕괴(breakdown)와 이로 인한 심한 진동(vibration)이 발생할 수 있다. 기본적으로 압축기가 수행하는 일(works)에 대해서 고려해야 하는 두 가지 조건이 있다.

첫째, 지속상태(steady-state)에서 엔진 변수들은 거의 일정하다.
둘째, 과도상태(transient-state)에서 엔진 변수들은 급격한 변화가 발생할 수 있다.

지속상태는 압축기와 터빈의 작동선이 정확하게 평형을 이루는 상태이다. 이때 터빈은 압축기에서 필요로 하는 동력보다 상당히 큰 동력을 제공한다. 엔진은 정상 작동선(operating line)에서 벗어났을 때 신속하게 회복할 수 있어야 한다. 과도상태에서 가장 위험한 단계는 엔진이 가속 중일 때이다. 이 같은 위험에 노출되지 않도록 허용 한계 범위 이상의 운용은 최소화되어야 한다. 압축기가 가속될 수 있는 조건은 터빈이 압축기가 흡수할 수 있는 것보다 큰 동력을 생산할 수 있을 때이고 필연적으로 연료 흐름이 증가해야 한다. 이때 터빈인렛온도(TIT)가 상승하게 될 것이다.

압축기의 엔진 구성품 하류(연소기, 터빈, 노즐)는 순간적으로 공기흐름이 감소하는 현상이 발생할 수 있다. 이것은 압축기 방출 압력이 상승하는 원인이 되고 동시에 압축기 압력이 다시 상승한다. 만약 동력 과도상태가 압축기 서지선을 초과하는 원인이라면 압축기는 위험한 상태에 놓일 수 있다. 압축기 서지의 위험을 최소화하기 위해서 [그림4-23]과 같이 작동선과 서지선 사이에 서지 마진(surge margin)이 설정된다. 일반적으로 압축기의 전체 작동영역에서 큰 서지 마진을 유지하는 것은 비실용적이다. 예를 들어 낮은 엔진 속도에서 적절한 수정조치가 취해지지 않는다면 지속상태 작동선은 블레이드 진동 유발과 함께 서지선으로 접근하는 것을 피할 수 없다. 이를 예방하는데 다음과 같은 방법이 적용된다.

첫째, 중간 압축기 단에서 공기추출
둘째, 가변 스테터 베인으로 압축기 공기흐름 조절

비지속 압축기 작동(unsteady compressor operation)에서 작동선이 서지선에 접근하는 추세는 위험할 수 있음을 지시한다. 이것은 수정 압축기 속도(corrected compressor speed)가 너무 낮거나 아니면 너무 높을 때 발생하는 것으로 예측할 수 있다. 이것은 압축기 입구에서 총 온도 값이 너무 높거나 아니면 너무 낮은 것으로 판단할 수 있다.

위험한 상황을 피하기 위한 유일한 방법은 이들 비정상적인 온도가 발생할 수 있는 조건을 확실하게 인지하는 것이다. 앞서 언급한 바와 같이 총온도(Tt)는 정적온도(static temperature)와 마하수를 더한 값이다. 따라서 높은 총온도 조건은 높은 마하수와 저고도 비행일(저고도 고속비행) 때이고, 반면 낮은 총온도 조건은 낮은 마하수와 고고도 비행(고고도 저속비행)할 때이다. 예를 들어 제트엔진 전투기가 저고도에서 고속으로 비행하는 임무는 압축기 실속 문제에 직면할 수 있다. 반면 운송용 가스터빈엔진 항공기들은 이착륙 단계에서 저고도 저속비행을 하므로 위험 조건은 피하고 있지만, 체공(holding pattern)을 수행 중에 부주의하게 위험 조건영역(고고도 저속비행)에 진입할 수 있다. 이를 예방하기 위해서 엔진 제작자는 엔진의 안전 운용한계를 명확하게 지정해야 하고 조종사는 이를 정확하게 인식하고 준수해야 한다.

❖ 가변인렛가이드베인(variable inlet guide vanes)
압축기 전방 3개의 단은 공기의 유입 각도를 조절할 수 있는 기계적 장치를 갖추고 있다.

2. 회전성 실속과 서지

(1) 엔진서지

엔진 서지(engine surge)는 압축기와 압축기 하류 구성품(연소기-터빈-노즐)들 사이의 부정합(mismatch) 현상에 의한 격렬한 파동성 흐름이다. 서지는 압축기가 비록 안전 작동영역에서 작동 중이지만 서지선(surge line) 근처에서 작동될 때 발생할 수 있다. 만약 어떠한 원인에 의해서 공기 유동률(air flow rate)이 감소했다고 가정하자. 이는 압축기 하류 구성품들에서의 압력비가 약간 감소하는 원인이 되지만 압축기에서의 압력비를 더 감소시키는 원인이 될 수 있다. 이것은 상류 흐름(압축기) 쪽에서 압력 평형(pressure equilibrium)을 이루려는 현상이 발생하면서 압축기의 높은 압력이 다소 완화될 것이고, 하류 흐름에서는 공기하중(air load)이 감소하여 압축기는 다시 공기흐름을 회복한다.

서지 현상은 초당 수백 회 발생할 수 있고 "왕-왕" 거리는 소음(noise)과 함께 심한 엔진 진동(vibration)이 유발하면서 심각한 엔진 파손의 원인이 된다. 그러나 압축기가 서지 마진(surge margin)으로부터 상당히 멀어져 있는 안전구역에서 작동 중일 때도 같은 현상이 발생할 수 있지만, 공기흐름의 감소에도 불구하고 압축기는 더 높은 압력비에서 정상 작동이 가능하다. 이 경우 압력 평형은 엔진에 어떠한 위험을 초래하지 않고 수행된다.

(2) 회전성 실속

압축기 실속은 서지 현상과 유사하지만, 블레이드 진동(blade vibration)을 일으키고 급격한 블레이드 손상으로 진행될 수 있는 또 다른 유형의 불안정 압축기 작동상태이다. 전형적인 회전성 실속(rotational stall)은 압축기의 회전속도가 낮고 안전 작동 영역선도 내에 있지만, 경계영역 근처에 있을 때 발생할 수 있다. 이 경우 전방 단(front stages)들이 중간 또는 끝부분 단들보다 서지 경계(surge boundary)에 더욱 근접하여 작동하게 될 것이다.

어느 한 블레이드라 할지라도 국지적으로 미세한 요동(slightly perturbation)은 흐름 분리(flow separation)를 촉발하기에 충분하다. 국지적으로 발생한 흐름 분리는 인접해 있는 두 블레이드 사이의 흐름 통로(flow path) 내에서 공기 유동률을 감소시킬 수 있고 이는 마치 국지 막힘(local blockage)과 같은 작용을 한다. 결과적으로 주변 블레이드들의 상류 흐름 속도가 감소하여 접근하는 공기흐름에 유체 장애물(fluid obstruction)로 작용하게 된다.

이것은 첫 번째 블레이드에서는 흐름 받음각을 감소시키지만, 후속 블레이드에서는 증가하게 된다. 비록 첫 번째 블레이드에서 흐름이 회복될지라도 후속 블레이드의 흐름에서 분리가 발생한다. 그리고 세 번째 블레이드는 이 공기 요동 지대에 직면하기 직전에 놓이게 될 것이다. 분리가 일어나는 순서는 회전 방향 반대로 이동하는 것 같이 보이고 비록 초당 수회 반복될지라도 접근하고 있는 각 블레이드에 연속적으로 직면하게 된다. 이 같은 불안정 압축기 작동 모드(operation mode)를 회전성 실속이라고 한다. 실제 원주에서 발생하는 실속의 확산 속도는 블레이드의 회전속도보다 느리게 진행된다.

회전성 실속은 [그림4-25]의 사례와 같이 단일 블레이드 셀(blade cell)로 한정되지 않고 2개 혹은 그 이상 인접해 있는 셀들로 확산할 수 있다. 압축기에서 실속이 발생하면 필연적으로 엔진으로 유입되는 공기흐름(air flow)이 감소하면서 연료 조정기(fuel control unit; FCU)는 연료흐름(fuel flow)을 감소시킨다. 이것은 압축기에서 역압(back pressure)을 감소시키는 역할을 하면서 실속 조건을 없애기 위한 공기흐름의 증가를 유도한다. 공기흐름이 다시 증가하면서 FCU는 연료 흐름을 다시 회복하고 압축기 역압은 다시 상승할 수 있다. 만약 이 역압이 너무 크다면 다시 실속이 발생하게 될 것이고 같은 현상이 반복된다.

대부분의 압축기 실속이 엔진 가속 중이거나 고고도 비행 중에 발생한다. 이륙 중 강한 측풍(crosswind)은 실속 가능성을 증가시킬 수 있지만, 효율

【그림4-24】 압축기 실속과 서지

적 설계 개량을 통해서 대부분 원인이 제거되었다. 다양한 속도 변위에서 가변 흡입구 가이드 베인(variable inlet guide vanes), 가변 고정 베인(variable stator vanes), 그리고 다축 압축기 회전 등은 압축기 서지와 실속 현상들을 완화하는 데 도움이 된다. 이외에도 개량형 FCU(advanced FCU)는 급격한 비행조건의 변화에 적절히 대응하여 조절할 수 있다. 결론적으로 압축기는 불안정 구역을 회피함으로써 적절한 서지 마진을 보장할 수 있도록 설계되어야 한다.

3. 압축기 실속 방지 기술

1축 엔진의 압축기는 높은 압력비가 요구될 때 실속 발생 가능성을 감소시키기 위해서 압축기의 중간 부분에서 자동으로 일부 공기를 빼낼 수 있는 스필 밸브(spill valves)들이 사용된다. 이 방법은 앞쪽에 있는 여러 단을 통해서 축 속도(axial velocity)를 감소시킬 수 있지만, 에너지 손실을 초래한다. 이 방법보다 더 경제적이고 선호되는 방법은 압축기 전방 단(front stages)들에서 높은 받음각 조건이 형성되었을 때 자동으로 각도가 변할 수

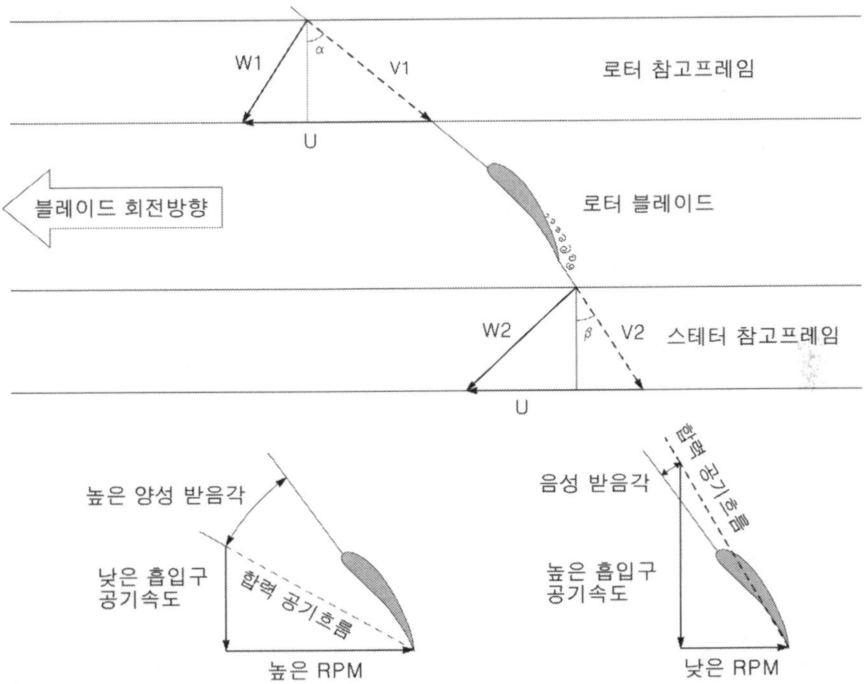

【그림4-25】 압축기 실속은 근원적으로 블레이드의 받음각이 증가함에 따라 에어포일 모양의 블레이드 위의 흐름은 급격히 붕괴되어 전방 단에서 실속이 발생한다. 에어포일 실속의 주요 원인이 높은 받음각에서 실속되는 것과 같은 현상이다. 이것은 압축기 흡입 공기의 속도가 낮고 높은 RPM이 조화되었을 때 발생할 수 있으며 주로 압축기의 전방 단들에 영향을 미치게 된다. 이와 반대로 낮은 받음각 또는 음성각 실속은 흡입 공기의 속도가 높고 낮은 엔진 RPM이 조화되었을 때 발생할 수 있으며 주로 후방 압축기 블레이드가 영향을 받는다.

있는 가변 스테터 베인(variable stator vanes)들을 사용하는 것이다. 이들 자동 가변 스테터 베인들은 압력비와 엔진 회전속도가 변함에 따라 세로축에 상대적인 각 세팅(angular setting)을 자동으로 조절한다.

실속의 근본적인 주요 원인이 높은 받음각이라면 이를 제거하는 가장 효과적인 방법은 스테터 베인의 각도를 조절하는 것이 실용적인 방법이다. 이 같은 자동 각 세팅은 후속 로터 블레이드(rotor blades)에 양호한 공기흐름 방향을 제공하여 실속을 방지한다. 여러 단(stages)들 사이를 통과하는 동안 압력비의 증가로 인한 블레이드 실속 경향은 각 단을 통과할 때마다 압력비의 증가를 작게 하는 방법으로 감소시킬 수 있다. 일반적으로 입력 압력(input pressure) 대비 출력 압력(output pressure)의 비율은 대략 1:1~1:2 사이로 낮다. 그러나 비록 각 단(stage)에서의 압력비 증가가 작다 할지라도 여러 단을 사용하고 있으므로 최종 압력비(final pressure ratio)는 아주 높아질 수 있다.

정밀한 공기흐름 속도 제어와 직선 관통 흐름(straight through flow)은 최저의 에너지 손실로 높은 효율(efficiency)을 달성하는 데 도움이 된다. 이들 단(stages)마다 공기흐름 필수요건(requirement)이 다르므로 후속 단의 특성을 고려하여 모든 단이 정밀하게 매칭(matching)되었을 때 실속 가능성을 제거할 수 있다.

❖ 전체 압력비(overall pressure ratio)

전체 압력비는 가스터빈엔진의 압축기 전면(front)과 후면(rear)에서 측정한 정체압력(stagnation pressure)의 비율이다. 초기 제트엔진은 압축기의 구조 부정확성과 다양한 재료 한계로 인해 압력비는 제한되었다. 예를 들어, 제2차 세계대전의 Junkers Jumo 004의 전체 압력비는 3.14:1이었다. 전쟁 직후의 Snecma Atar는 5.2:1로 소폭 개선했다. 재료, 압축기 블레이드, 특히 다양한 회전속도의 멀티 스풀 엔진의 도입이 개선되어 압력비는 훨씬 더 높아지게 되었다. 현대의 민간 엔진은 일반적으로 40~55:1 사이에서 작동한다.

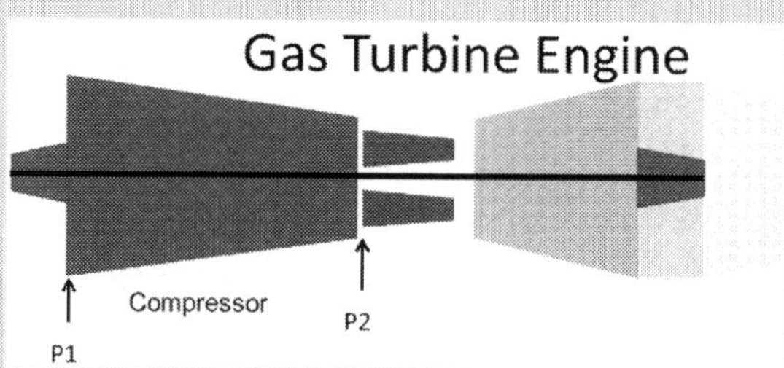

❖ 오버홀(overhaul)

엄격하게 정의된 용어는 아니지만, 일반적으로 항공기 구성품의 분해, 청소, 검사, 수리, 재조립 및 시험을 통한 집중적인 검사, 유지보수 및 수리를 지칭하는 데 사용되며, 엔진은 자주 사용되지만, 독점적인 것은 아니다.

❖ Mach 1.0(sea level, 15℃)

=761.1(mph), 661(knots), 1,225(km/h), 340.3(m/s)

Mach 1.0은 공기 중의 음속(speed of sound)이기 때문에 Mach 2.0으로 비행하는 항공기는 음속의 2배 정도 빠른 속도로 날고 있다. 음속은 상수가 아니라 고도(그 고도에 따른 기온)에 따라 달라진다. 예를 들어 해수면 Mach 1.0은 약 1,225km/h이지만, 30,000피트에서 Mach 1.0은 1,091km/h이다.

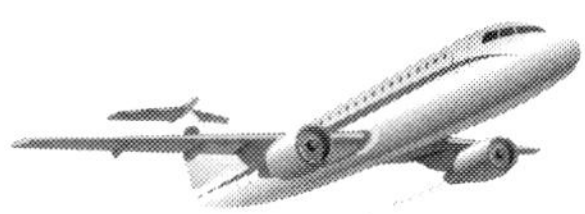

5

연 소 기

Combustor, Burner, Burner can, Combustion Chamber or Flame holder

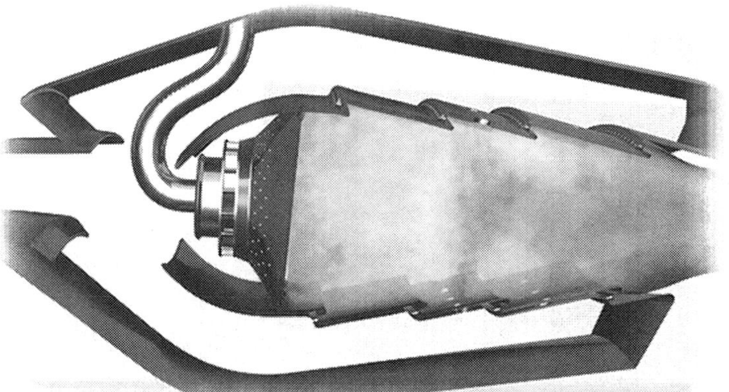

연 소 기

5.1 연소실 또는 연소기

✈ 제트추진은 흡입 공기의 속도와 배출되는 제트속도(jet velocity)의 차이가 크면 클수록 더 높은 추력(thrust)을 생산할 수 있다. 기본적으로 연소(combustion)는 [그림5-1, 2]와 같이 공기의 부피를 팽창(expansion)시키는 과정이다. 공기의 팽창은 온도에 비례하고 열효율이 증가한다는 것은 주지의 사실이다. 연소기 또는 연소실(combustor or combustion chamber)은 압축기에서 고압으로 압축된 공기(compressed air)를 연료와 혼합시켜 연소시키는 장치이다. 연소는 가연성 물질(fuel)이 산소(oxygen)와 급격히 반응하여 열을 방출하는 일종의 화학 과정(chemical process)이다.

가스터빈엔진 연소기는 최소한의 압력손실로 화학 에너지를 열에너지로 전환할 수 있어야 한다. 동시에 오염물 배출을 최소화해야 하는 과제를 안고 있다. 현대 대부분의 운송용 항공기 고바이패스비 터보팬 엔진의 순항속도는 Mach 0.8~0.9 사이이고 최신 전투기들의 저바이패스비 터보팬 엔진의 순항속도는 Mach 1.5~2.5 정도의 높은 속도를 생산하기 위해서 높은 열효율은 필수이다. 여기서는 연소기의 기본 구조와 열효율을 높이기 위한 기술을

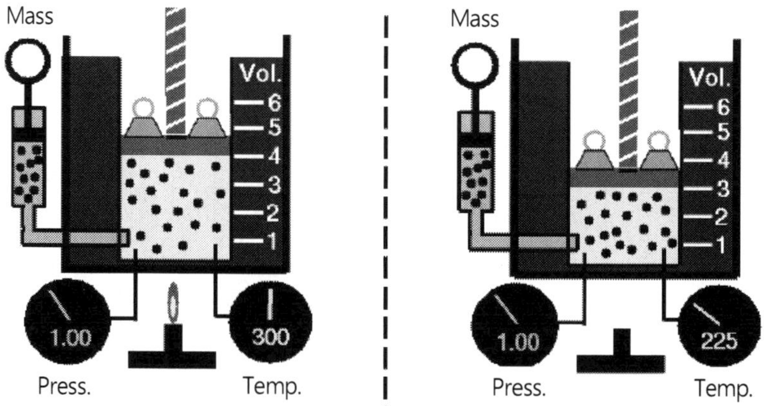

For a given mass, at constant pressure, the volume is directly proportional to the temperature
V=CT

【그림5-1】 압력이 일정하다고 한다면 기체의 부피는 온도에 비례해서 증가한다. 가스터빈 엔진 연소실에서 공기의 질량 유동률은 연소 온도에 따라 급격하게 증가한다.

집중적으로 다룬다. 이외에도 압축기에서 배출되는 고속공기 속에서 연소는 사실상 불가능하다. 따라서 연소기 내부에서는 적절한 소용돌이 흐름을 발생시키는 기술 역시 주목해야 할 핵심이다. 먼저 왕복엔진과 제트엔진의 연소과정에는 어떠한 차이가 있는지부터 알아보자.

왕복엔진(reciprocating engine)의 연소는 실린더(cylinder)라는 제한된 공간에 유입된 공기를 피스톤으로 밀어 올려 부피를 최소화하여 최대로 압축된 상태에서 연료/공기 혼합가스의 분사와 함께 점화(ignition)시켜 폭발(explosion)을 일으킨다. 실린더 내부에서의 폭발은 피스톤을 밀어내는 아주 큰 값의 압력을 발생시킨다. 반면 가스터빈엔진에서는 지속적이고 고속의 공기흐름에 연료를 분사하여 연소시키기 때문에 공기를 매우 높은 온도까지 상승시킬 수 있지만, 압력은 약간 감소하는 경향이 있다.

연소기에서 약간의 압력강하(pressure drop)가 발생할 수 있는데 이는 팽창 가스(expanding gas)의 역류를 방지하는 역할을 하기도 하지만 연소

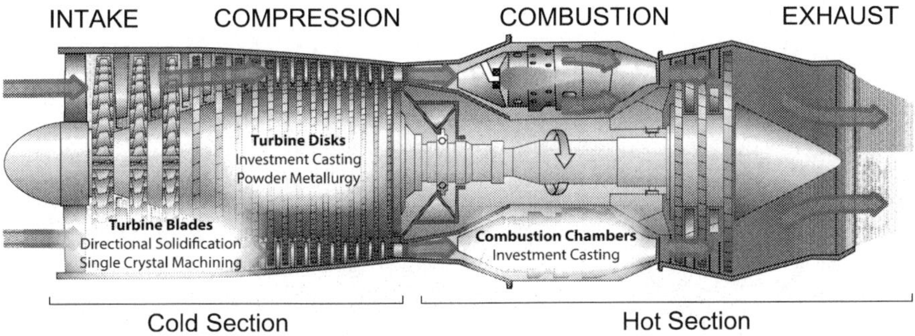

【그림5-2】 연소기는 압축기에서 공급된 압축공기에 연료를 분사하여 연소시킨다. 이 과정에서 압력은 일정(실제 여러 손실이 발생하기 때문에 약간 감소)하지만 가스의 급팽창을 일으켜 가스 흐름을 최대로 가속하는 역할을 한다. 연소기의 높은 열효율은 추력 생산과 밀접한 관계가 있으므로 최적의 연료/공기 혼합비 그리고 높은 온도에 견딜 수 있는 재료와 냉각장치가 필수이다.

과정에서 근본적으로 압력강하가 최소가 되도록 설계되어야 한다. 이들 엔진의 또 다른 점은 최대 온도(peak temperature)의 지속성 여부이다. 왕복엔진에서 최대 불꽃 온도(peak flame temperature)는 전체 사이클 중 한 행정(stroke)에서 거의 순간적으로 발생한다. 반면 가스터빈엔진에서는 최대 불꽃 온도가 지속해서 유지되고 화학량론 연료/공기 비율(stoichiometric fuel - air ratio)은 연소기 내벽과 하류 흐름에 있는 모든 부품을 녹일 수 있을 정도의 고온이 발생한다.

❖ 바이패스 비(bypass ratio)

터보팬 엔진의 바이패스 비(BPR)는 바이패스 흐름의 질량 흐름과 코어에 유입되는 질량 흐름 사이의 비율이다. 예를 들어, 10:1의 바이패스 비율은 1kg의 공기가 코어를 통과할 때마다 10kg의 공기가 바이패스 덕트를 통과한다는 것을 의미한다.

5.2 연소기 설계 필수요건

✈ 연소기는 고속으로 흐르는 유체(moving fluid)에 열을 가하여 터빈을 구동시킬 수 있는 동력과 고속 배기가스를 생산할 수 있는 에너지를 증가시킨다. 연소기에서 방출될 수 있는 열효율(heat efficiency)은 연소기 면적의 부피에 달려 있다. 그러나 항공기 가스터빈엔진의 연소기 부피(volume)는 가능한 한 작게 설계해야 한다. 이 같은 조건에서 원하는 고출력(high power output)을 얻기 위해서는 열은 극도로 높은 비율로 방출되어야 가능하다. 예를 들어 이륙 조건에서 Rolls-Royce RB211-524 엔진의 경우 시간당 20,635파운드를 소모한다. 이를 파운드 당 열량(calorific value)으로 계산했을 때 약 18,550 열량 값(British Thermal Units per lb; BTU)이 되고 초당 106,300 BTU 값을 갖는 것과 같다. 이를 등가의 비율에서 잠재열(potential heat)의 소모(expenditure)로 환산했을 때 약 150,000마력(horsepower)이 된다.

일부 연소기 중심의 최대 불꽃 온도는 2,500K(약 2,220℃)를 초과할 정도로 높다. 이처럼 높은 온도의 가스가 터빈에 직접 분사되었을 때 터빈은 심각한 손상을 입을 수 있어 고온에 견딜 수 있는 내열 재료와 함께 첨단 냉각기술은 필수이다. 현대의 고성능 항공기 제트엔진의 연소기에서 갖추어야 할 설계 필수요건은 다음과 같다.

(1) 완전연소

완전연소(complete combustion)는 연료의 최대 효율을 얻을 수 있을 뿐만 아니라 대기오염을 감소시키는 중요한 필수요건이다. 완전연소를 달성하기는 쉽지 않지만, 지속적인 기술개발과 청정연료(clean fuel)의 사용으로 완전연소에 가까운 연소효율을 달성할 수 있다.

【그림5-3】 1947년 미국에서 개발된 GE J47 엔진에서 연소기 내부를 관찰할 수 있다. 연소기는 전형적인 캔-애뉼러 연소기이다. 회전축을 중심으로 여러 개의 캔 모양 연소기가 장착되어 개별 연소가 진행되지만, 후방에서 모든 연소 가스가 합류되어 터빈에 유입된다. 이 엔진의 초기 모델은 약 22 kN의 추력을 생산하지만 이후 개량된 엔진의 최대 추력은 32 kN을 생산할 수 있다.

연소효율(fuel efficiency)이란 실제 온도 상승(actual temperature rise)을 완전연소 온도로 나눈 값이다. 일반적으로 해수면의 높은 추력 조건에서 연소효율은 거의 100%에 가깝게 달성할 수 있고 민간 운송용 가스터빈엔진의 순항 조건에서도 거의 완전연소 수준을 유지할 수 있다. 그러나 엔진 시동 직후 아이들까지 가속하는 도중이라든지 고고도 또는 상승에서 순항으로 전환하는 과정에서 스로틀 컷-백(throttle cut - back) 조작 중 연소효율이 떨어질 수 있다. 이외에도 설계 순항 조건 외의 비설계점(off-design point) 작동에서는 연소효율은 크게 떨어질 수 있다.

(2) 압력손실

가스터빈엔진에서 연소기의 설계를 더욱 어렵게 하는 것은 최저의 부피로부터 높은 열효율(thermal efficiency)을 얻을 수 있어야 한다. 예를 들어 고성능 터보팬 엔진에서 생산되는 압력은 약 580psi 정도이다. 이처럼 높은 압력에서 방출되는 공기흐름의 속도는 초속 150~180m 정도로 매우 높아 흐름 속도를 감속시키기 위한 특별한 장치가 없이는 사실상 연소가 불가능하다. 이를 위한 설계가 연소기 내부에서 소용돌이 흐름(vortex flow)을 발생시키는 것이고 필연적으로 압력손실(pressure loss)의 한 원인으로 작용한다. 이외에도 아음속 제트엔진의 연소과정에서 공기흐름의 마찰 혹은 분리(friction or separation) 역시 압력손실의 또 다른 원인이다. 만약 초음속 흐름이 존재한다면 아음속으로 감속시키기 위한 충격파들로 인한 손실이 발생할 수 있다는 점도 고려되어야 한다. 비록 압력손실은 피할 수 없지만, 최대한 보존되어야 터빈의 효율을 높일 수 있다.

(3) 화염 구역 분리와 배출가스 온도의 균등화

연소과정에서 국지적으로 화학량론 연소가 발생할 수 있고 이때 온도는 지극히 높다. 고온가스가 연소기 벽(combustor wall) 또는 터빈 가이드 베인들에 직접 닿았을 때 이들 부품에 심각한 손상이 발생할 수 있다. 이 같은 극히 높은 온도의 가스를 연소기 내부의 중앙에 모이도록 한다면 연소기 벽에는 치명적 열 손상(heat damage)을 입지 않을 수 있다. 연소기는 [그림 5-9]와 같이 주연소 구역(primary combustor zone)이 형성되도록 정교하게 설계되어야 한다. 또한, 연소기에서 배출되는 배기가스 온도가 균일해야 한다. 만약 터빈과 같은 어느 한 부분에 열 집중(hot spot)은 심한 열응력(thermal stress)과 관련된 치명적 손상을 입을 수 있다.

(4) 소형 및 경량

가스터빈엔진의 특징 중 하나는 소형 그리고 경량이면서 높은 추력을 발생할 수 있어야 한다. 항공기 총중량에서 엔진이 차지하는 비중이 작지 않기 때문에 엔진의 무게를 감소시키는 것은 항공기 전체의 성능을 높이는 데 크게 기여하는 요소이다. 이를 위해서 가스터빈엔진 역시 최대한 무게를 줄이고 부품들을 집약적으로 설계하여 공간을 최소화할 수 있어야 한다. 이 같은 맥락에서 연소기 설계의 핵심은 최소 크기의 연소기에서 단위 부피 당 큰 에너지를 생산할 수 있어야 한다.

가스터빈엔진의 무게와 추력의 관계를 설명하고 있는 것이 추력 무게비(thrust-weight ratio)이다. 연소기 설계가 또 어려운 점은 압축기와 터빈 사이의 공간에 장착되어야 하고 축 길이(axial length)가 길어질수록 무게 증가와 함께 기계적 강성에 문제가 발생할 수 있으며 축 길이는 완전연소와도 밀접한 관계가 있다. 이 같은 관점에서 가스터빈엔진에 사용되는 금속재료의 강성(stiffness)은 매우 중요하다. 실제 제트추진 장치의 발달에서 금속재료의 중요성이 강조되는 이유이다. 연소기의 외벽(outer walls)은 외측 케이싱(outer casing)을 온전하게 보존하는 데 중요한 역할을 한다. 엔진의 강성과 강도(stiffness and strength)는 연소 산물(combustion products)의 온도보다 낮은 온도에서 구조적으로 강한 벽(strength wall)을 유지하는 데 필수이다.

(5) 플레임아웃(연소꺼짐) 최소화 그리고 공중 재점화 성능

현대의 가스터빈엔진 항공기들은 고도 30,000피트 이상 그리고 정지에서부터 M=2.0을 웃도는 고속 비행조건에서 운용되는 것이 일반화되었다. 이 같은 광범위한 작동조건에서도 엔진 자체의 문제점으로 인한 고장률은 매우 낮다. 실제 현재 운항 중인 대부분 가스터빈엔진의 오버홀 주기(overhaul cycle)가 약 20,000시간 정도로 신뢰성이 크게 높아졌다고는 하지만 외부의 이물질과 충돌하거나 운용한계를 크게 벗어난 비행조건에서는 언제든지 엔진 고장(engine failure)과 같은 비상상황이 발생할 수 있다. 항공기는 다양한 고도, 기온 그리고 속도 조건에서 운용될 수 있고 이들 가변 조건은 공기 흡입구 온도, 압력, 밀도 그리고 공기 질량 유동률 등을 크게 변화시킬 수 있다. 그중 하나가 플레임아웃(flame-out)이고 이것은 연소가 꺼지는 치명

【그림5-4】 초기 저바이패스비 터보팬 엔진을 탑재한 항공기에서 뿜어내고 있는 매연은 심각한 대기 환경을 오염시키는 물질이다. 연소기 성능을 개량하기 위한 연구와 노력으로 이 같은 매연은 거의 발생하지 않는다. 실제 이 같은 오염을 배출하는 항공기는 운용이 금지되었다.

적 현상이다.

또한, 활공 비행이라든지 아이들(idle) 동력에서의 급강하와 같은 비행조건에서는 공기흐름 속도가 높지만, 연소는 최저의 상태로 운용되고 있어 지속적인 연소 능력이 떨어져 플레임아웃이 발생할 수 있다. 고고도에서 비행 중 플레임아웃이 발생했을 때 풍차 회전하고 있는 압축기에서 압력 상승이 매우 낮아질 수 있어 공중 재점화(re-light) 능력에 심각한 영향을 줄 수 있다.

(6) 배출가스의 최소화

항공기 수의 절대적 증가는 특히 고고도에서 많은 양의 이산화탄소 배출로 인해 예상하지 못했던 환경문제가 되고 있다. 엔진 제작자들은 대기오염을 배출하지 않는 청정연료의 개발과 함께 대기오염을 최소화하기 위한 연소기의 개발에 초점을 두고 있다. 일부에서는 대기오염을 방지하는 방법으로 수소연료(hydrogen fuel)의 사용이 제기되기도 했지만 여러 가지 문제점들로 인해서 항공연료로 사용되지 못하고 있다.

역사적으로 1939년 "Von Ohain"은 케로신(kerosine) 연료 대신에 수소를 사용하여 연소에 따른 여러 문제를 해결하고자 시도하였다. 그러나 수소는 비용과 실용성 문제 때문에 현재로서는 현실성이 없다. 수소연료를 사용하기 위해서는 액화(liquefied)가 필수적이고 이것은 두꺼운 절연층(insulation layer)의 용기에 저장되어야 한다. 이것은 비행기 날개의 연료 저장장치로는 불가능하다. 또한, 액화 수소의 밀도가 매우 낮아 단위 부피당 저장 에너지는 케로신의 1/3에 불과하다.

❖ 열 장벽 코팅(thermal barried coating)

열 장벽 코팅(TBC)은 터빈엔진과 같은 고온에서 작동하는 금속 표면에 주로 적용되는 코팅 방법이다. TBC의 100μm에서 2mm 두께의 열 절연 재료 코팅은 장시간 열 하중으로부터 내열성을 높여 하중 지지 합금과 코팅 표면 사이에 상당한 온도 차이를 유지할 수 있다. 열 장벽 코팅(TBC)은 구조물의 열 노출을 제한하면서 더 높은 작동 온도를 허용하고 산화 및 열 피로(thermal fatigue)를 줄임으로써 부품 수명을 연장할 수 있다.

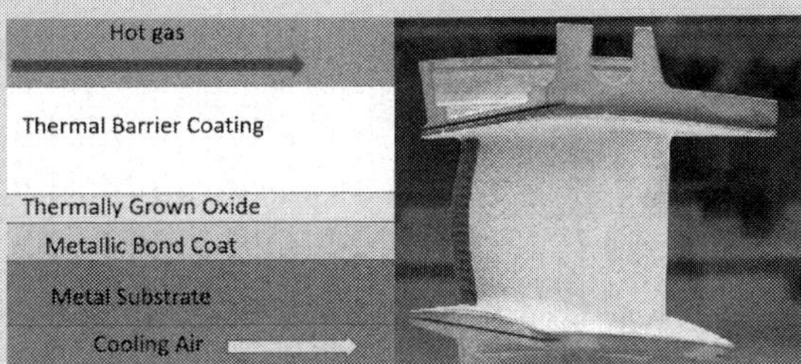

5.3 연공비와 터빈인렛온도

✈ 연소기의 필수요건에서 언급한 바와 같이 배기가스 온도는 터빈이 견딜 수 있는 균일한 평균 온도로 배출되어야 한다. 가스터빈엔진에서 가장 높은 온도가 발생하는 구역은 주연소 구역이지만 앞서 언급한 바와 같이 연소기 내부의 공간으로 제한되고 적절한 냉각 공기와 혼합되어 연소기 구조에는 치명적 손상을 입히지 않는다. 실제 고온가스가 문제가 될 수 있는 것은 연소기에서 배출되어 냉각 공기와 혼합된 후 터빈 로터(turbine rotor)에 유입되는 온도이다. 이를 터빈 인렛 온도(turbine inlet(entry) temperature; TIT or TET) 또는 스테터 출구 온도(stator outlet temperature; SOT)라고도 한다. 현대 운송용 항공기 터보팬 엔진의 TIT는 약 1,850 K(1,570℃)를 초과하지 않지만, 전투기 터보제트의 TIT는 약 2,300 K(2,020℃)까지 높아질 수 있다. 화학량론 온도가 2,600 K(2,320℃)일 때 이 온도가 얼마나 높은지 가늠할 수 있다.

연료와 공기가 혼합되는 비율을 연공비(fuel - air ratio)라 한다. 연공비는 터빈 인렛 온도에 직접으로 영향을 미친다. 예를 들어 어느 특정 엔진의 연공비가 약 0.0272이고, 압축기 배출온도가 917.5 K(644℃)일 때 TIT는 약 1,700 K(1,420℃) 정도가 된다. 그러나 연공비가 약 0.0319로 증가했을 때 TIT는 1,850 K(1,570℃)까지 상승할 수 있다. 연공비는 항공기 유형에 따라서도 달라질 수 있다. 전투기 엔진의 경우 낮은 비행 마하수에서 최대 연공비는 약간 높을 수 있다. 왜냐하면, 이들 엔진의 전체압력비가 낮아 압축기 배출온도가 낮지만, 더 높은 추력을 생산하기 위해서 연소기의 열효율이 더 높아 연소기에서 배출되는 가스 온도가 더 높기 때문이다.

케로신 연료(kerosine fuel)의 연소를 더 어렵게 하는 것은 연공비가 화학량론 값보다 너무 낮으면 연소가 사실상 불가능하다. 이 값은 대략 0.0676

정도이다. 연료는 연료 노즐로부터 얇은 종이 나팔관 모양 또는 스프레이 형태로 분사되고 주변에서 고속으로 송풍되는 공기가 이를 더욱 미세한 입자들로 만든다. 압축기에서 공급되는 대부분 공기는 연료가 분사되고 있는 구역을 우회하여 흐르기 때문에 이 구역에서 연소는 상대적으로 농후 혼합비(rich mixture)가 된다. 이 구역에서 대략적인 연공비는 이륙할 때 약 0.25 그리고 아이들에서는 약 0.1 정도이다.

주연소 구역을 우회한 2차 공기(secondary air)들은 연소기 라이닝(lining)에 있는 작은 구멍들을 통해서 유입되어 나머지 연소과정에 합류한다. 최종적으로 희석(dilution)되었을 때의 전체 연공비는 약 0.03 정도로 낮아지면서 터빈이 수용 가능한 온도까지 떨어진다.

❖ 연소 라이너(combustion liner)

가스터빈엔진의 연소실 외벽을 구성하고 있는 다공성 강철로 제조된 판이다. 이 라이너 속으로 연료가 분사된다. 연소 공기와 냉각 공기는 모두 연소 라이너를 통해 흐른다.

❖ 압력 경도(pressure gradient)

특정 위치에서 압력이 증가하는 방향과 속도를 설명하는 물리적 양(벡터)이다. 압력 구배(기울기)라고도 한다.

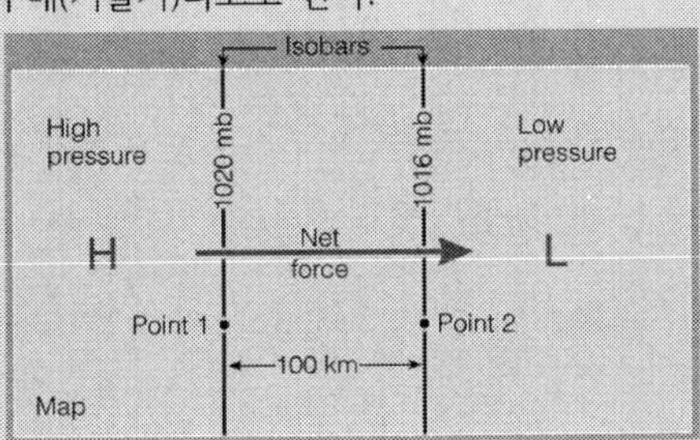

5.4 화염 속도와 화염 안정

✈ 가스터빈엔진 성능개량의 핵심은 높은 압력비(pressure ratio)를 달성하는 것이다. 초창기 엔진의 압력비는 5:1 정도로 매우 낮았지만, 현대의 고성능 엔진들은 40:1을 초과할 정도로 높은 압력비를 생산한다. 연소효율을 높이기 위해서 공기는 높은 압력으로 압축되어야 하지만 이 압축공기가 연소기에 공급되면서 상당히 낮은 속도로 감속되어야 한다. 압축과정을 통해서 연소기에 공급되는 공기속도는 대략 초속 150~180m이지만 실제 연소에 필요한 속도는 초속 50m 정도에 불과하다.

일반적으로 케로신 연료의 층류화염(laminar flames)은 초속 약 0.3m 이상으로 분사되기가 어렵지만, 소용돌이 흐름으로 만들었을 때는 초속 약 5~8m까지도 분사할 수 있다. 따라서 안정적이고 지속적인 화염(flame)을 제공하기 위해서는 필연적으로 국지적으로 소용돌이 구역을 형성함으로써 공기속도를 크게 낮추고 동시에 화염의 안정을 달성할 수 있다.

초기 엔진에서 화염 안정기는 꺾쇠 모양의 장치를 설치하여 공기흐름이 꺾쇠를 통해서 흐르면서 후방에서 강력한 소용돌이 흐름을 발생시키는 방식이 사용되었다. 그러나 이보다 효율적인 방식은 연소기의 주연소 구역 내에서 직선 흐름과 벽면의 작은 구멍들을 통해서 일련의 공기흐름을 내보내 [그림5-8, 9]와 같이 마치 도넛 모양(donut shape)의 3차원 재순환 구역(recirculation zone)을 형성하는 것이다. 재순환 구역은 연료 스프레이 주변 흐름에서 소용돌이를 일으켜 발생시키기 때문에 하나의 폐 구역(closed region)이 만들어진다. 재순환 구역을 형성하기 위한 소용돌이와 연소효율을 높이기 위한 강력한 난기류 흐름은 필연적으로 연소기 내에서 정체압력의 감소를 동반한다. 실제 정체압력(stagnation pressure)의 손실은 연소기 종류에 따라 다르지만, 연소기에 유입되고 있는 절대 정체압력의 약 5% 정도이다.

5.5 연료 분사와 효율

1. 연료 분무화

연료 노즐에서는 액체 방울(liquid droplets) 형태로 분사되고 공기흐름이 연료 노즐 가까이 통과하면서 연료를 더욱 미세한 입자들로 만든다. 또한, 고속 공기흐름으로 연소에 적합한 속도까지 감속시키기 위해서 압축기와 중심 연소지대 사이에 압력강하가 필연적이다. 이것이 연소기에서 압력강하의 하부한계가 된다. 연소 액체 방울의 크기는 대략 $30 \times 10^{-3} mm$ 정도로 미세한 입자이고 연소를 위해서 기화(evaporate)된 후 연료와 공기가 함께 발산되어 국지적으로 화학량론 혼합에 가까워질 수 있다.

일반적으로 이 과정은 연소화학 과정보다 상당히 느리다. 연소화학 과정(combustion chemical process)은 매우 빠르게 발생하지만, 그 비율은 대략 압력의 제곱으로 떨어진다. 따라서 연료 유동률을 변화시킬 수 있는 주요 방법은 연료 압력을 변화시키는 것이다. 연료 유동률이 낮고 공기압력이 낮을 때 연료의 미세 입자로 분해하는 능력은 높은 동력일 때보다 상당히 불만족스럽다. 따라서 저추력 조건에서 거친 연료 분사(coarse spray) 그리고 낮은 온도에서는 지속적인 연소 능력이 떨어져 불완전 연소가 발생할 수 있다. 이것은 연소효율이 지극히 낮을 뿐만 아니라 많은 일산화탄소(carbon monoxide)와 불연소탄화수소(unburned hydrocarbon)를 배출한다.

2. 연소효율

연소효율(fuel efficiency)의 연료 하중(fuel load)을 결정하는 것으로 항공기 총무게와 유상하중(payload)에 직접적인 영향을 미치는 요소이다. 특히 민간 상업용 항공기에서는 경제성과 직결되는 문제이다. 아울러 국제적으로 규제하고 있는 대기오염을 줄이기 위해서도 완전연소를 위한 기술개발과 청정연료 개발이 요구된다. 현대 항공기 엔진의 연소기 효율은 약 90~98%(0.90~0.98) 정도이고 연소과정에서 발생하는 총압력 손실은 0.93~0.98(2~7%) 정도이다. 총압력 손실은 스웰 작용과 마찰에 의한 손실이다. 연소기는 가용한 모든 작동영역(RPM, 고도, 비행자세, 대기압과 기온, 진대기속도 그리고 "g-하중")에서 안정되고 효율적인 연소를 제공할 수 있어야 한다.

3. 연료의 점화

혼합가스(연료/공기)의 점화(ignition)는 점화기 플러그(ignitor plug)의 전기 스파크(electric spark)에 의해서 제공된다. 점화기 플러그는 왕복엔진의 스파크 플러그(spark plug)와 모양이나 기능이 유사하다. 일단 점화되고 안정된 상태가 유지된다면 화염(flame)은 자체적으로 지속성을 유지할 수 있다. 그러나 왕복엔진과 달리 시동할 때 엔진작동이 자립회전속도(self-sustain speed)를 유지할 수 있는 회전속도에 도달할 때까지 크랭킹(cranking; 계속 회전시키는 행위 또는 작동)을 계속해 주어야 한다.

❖ 케로신 또는 등유

등유 또는 파라핀은 석유에서 추출한 가연성 탄화수소 액체이다. 케로신(등유)은 가정뿐만 아니라 항공기 연료로 널리 사용된다.

❖ 영국열량단위(Btu 또는 BTU)

1파운드의 물을 화씨 1도 상승시키는 데 필요한 열량이다. 미터법에서는 칼로리 단위를 사용한다. 이것은 1그램의 물을 섭씨 1도 상승시키는 데 필요한 열의 양이다. 1 BTU는 253칼로리이다. 열량 SI 단위는 줄(joule)이며, BTU는 약 1055줄(joule)이다.

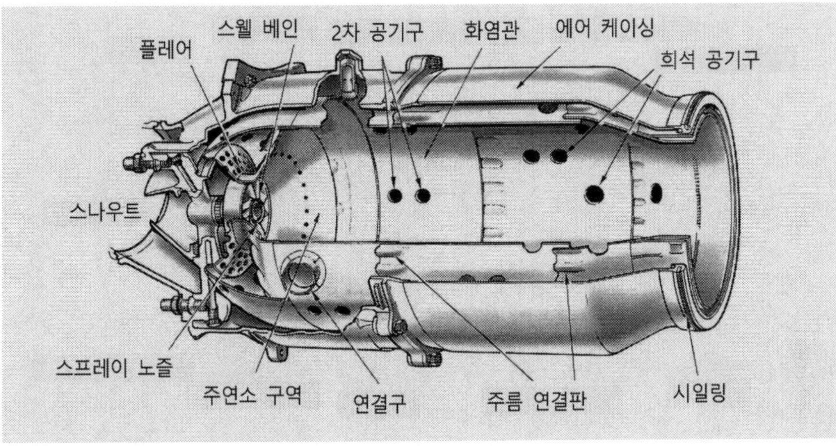

【그림5-5】 대부분의 원통형 연소기는 거의 유사한 구조이다. 기본적으로 내부의 라이너 그리고 외부 관으로 되어 있고 이들 사이의 공간으로 냉각 공기가 공급된다. 연소기 내부의 크고 작은 구멍들은 연소를 돕거나 냉각에 사용되는 공기를 공급하는 데 사용된다. 연료와 공기가 공급되는 장치 그리고 재순환 구역을 형성하는데 필요한 여러 개의 작은 구멍들을 관찰할 수 있다. 연결구는 인접 연소기와 화염과 압력을 공유한다.

5.6 연소기 구조

✈ 연소기는 단순한 화염관(flame tube) 형태이지만 최소한의 부피에서 최대의 열효율을 얻기 위해서는 정밀한 설계조건이 필요하다. 연소기의 높은 온도에 직접 노출되었을 때 모든 금속재료는 녹아버릴 수 있어 금속재료 외에 냉각기술의 중요성이 강조된다. 연소기는 항공기의 유형에 따라 그리고 엔진 제작자에 따라 다양하게 설계되고 제작되지만, 이들 연소기의 기본 구조와 주요 부속품들은 거의 유사하다. [그림5-5]는 전형적인 단일 원통형(캔형) 연소기의 한 종류이다. 기본적으로 연소기는 내부의 관과 외부의 관으로 구성된다. 내부의 관을 통상 라이너(liner)라고 하고 실질적으로 모든 연소가 라이너에서 수행된다. 반면 외벽은 연소기 무게를 지지하는 역할을 하고 동

시에 라이너와 일정 공간을 형성한다. 이 공간으로 냉각 공기를 흐르게 함으로써 라이너의 냉각과 여러 개의 작은 구멍들을 통해서 라이너 내부로 냉각 공기가 흐를 수 있도록 하는 에어 케이싱(air casing) 역할을 한다.

1. 케이스

연소기 케이스(case)에는 연소에 필요한 부품들과 냉각 장치들이 내장되거나 부착되는 단순한 구조물이다. 일반적으로 케이스는 라이너(liner) 사이의 공간으로 공기가 흐르도록 설계되므로 열응력(thermal stress)을 크게 받지 않지만, 케이스 자체는 하나의 압력 통(pressure vessel)과 같은 역할을 하므로 내부의 높은 압력과 외부의 낮은 압력 사이에 형성되는 높은 압력 구배(pressure gradient; 일종의 압력 차)에 견딜 수 있어야 한다. 따라서 케이스는 열적 하중(thermal load)보다는 기계적 하중(mechanical load)이

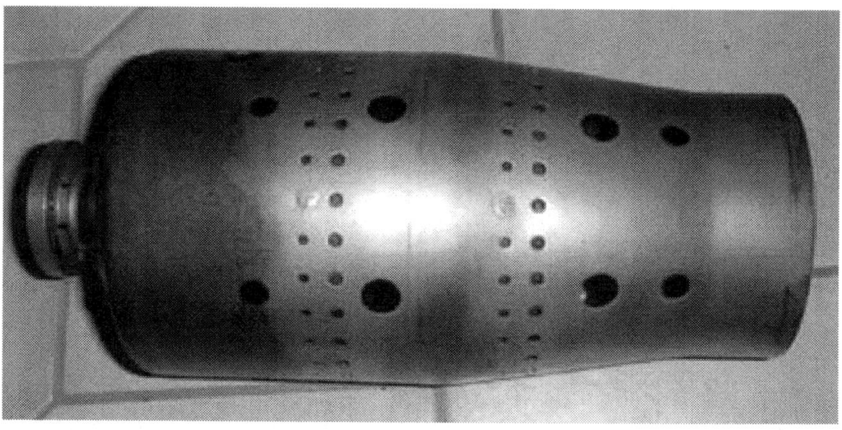

【그림5-6】 전형적인 화염관 종류이다. 재료 자체가 고온에 견딜 수 있어야 하지만 견딜 수 있는 온도가 제한되기 때문에 냉각 공기를 공급할 수 있는 설계가 필수이다. 화염관의 여러 구멍은 연소지대에서 열효율을 달성하기 위한 설계이면서 동시에 화염관 하류에서 고온가스를 냉각시키거나 희석하는 데 사용된다.

주요 설계 요소이다.

2. 디퓨저

압축기에서 유입되는 빠른 공기로는 연소가 사실상 불가능하다는 것은 주지의 사실이다. 압축기의 마지막 단(final stage)과 연소기 사이의 공간은 확산작용(diffusion action)을 하도록 설계된다. [그림5-5]와 같이 디퓨저(diffuser)는 압축된 공기흐름이 연소기에 적합한 속도로 감소시키는 역할을 한다. 확산과정에서 전체 압력손실(loss in total pressure)은 피할 수 없지만, 압력손실을 최소화하여야 하고 아울러 경계층 분리 등으로 흐름이 흩어지지 않도록 설계되어야 한다.

3. 라이너

[그림5-5]의 연소기는 이중 케이스로 되어 있는 것을 절개 단면을 통해서 알 수 있다. 그러나 초창기 엔진은 하나의 화염관으로 제작되었기 때문에 내부가 고온의 화염에 직접 노출됨으로써 연소기의 수명(lifetime)이 매우 짧을 뿐만 아니라 매연(smoke)을 포함한 대기를 오염시키는 배출가스를 많이 배출하였다. 지속적인 연소기 개량으로 매연과 대기오염 배출가스(emissions)를 감소시킬 수 있었다.

이후의 연소기는 연소효율을 향상하는 데 집중하여 1970년대 라이너가 개발되면서 연소기의 수명뿐만 아니라 성능을 크게 높이는 계기가 되었다. 모든 연소는 실질적으로 라이너 내부에서 수행된다. 라이너에는 1차 공기(primary air)와 2차 공기(secondary air)가 흐를 수 있도록 여러 개의 구멍이 있다. 최근의 연소기 라이너는 높은 온도에 견딜 수 있는 "Hastelloy X"와 같은 초합금(superalloy)으로 제작된다. 그러나 라이너가 비록 높은 온도에 견딜 수 있는 재료로 제작되었거나 일부 라이너의 표면을 열장벽 코팅(thermal barrier coating)으로 처리되었다 할지라도 그 자체가 온도에

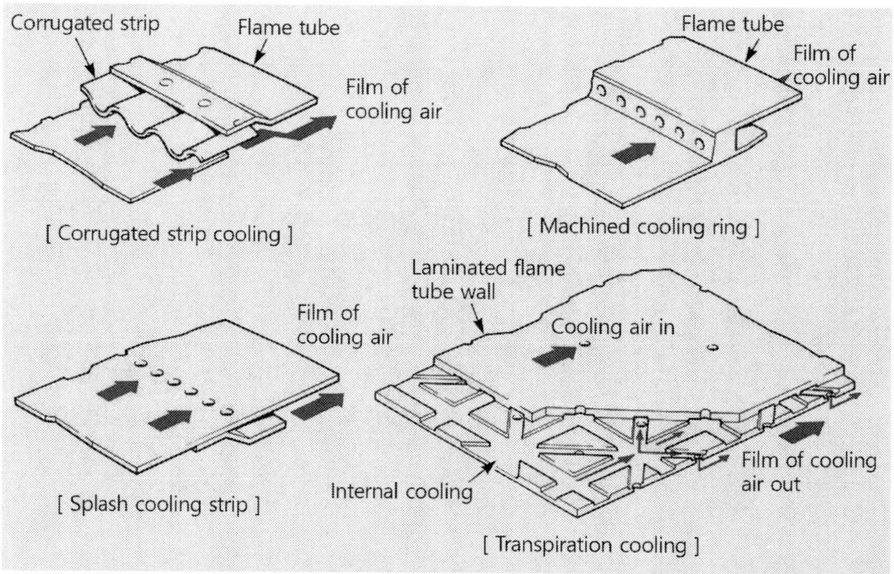

【그림5-7】 연소기에서 라이너는 고온에 견딜 수 있는 재료로 제조되기는 하지만 부가적인 냉각장치 없이는 큰 효과를 거둘 수 없다. 위 그림은 연소기 라이너를 보호하기 위한 표면의 냉각 방식이다. 냉각 공기는 수많은 구멍이나 슬롯을 통해서 흐르게 한다. 이들 표면에 공기막을 형성함으로써 내부의 고온 불꽃 또는 가스가 표면에 직접 접촉되지 않도록 한다. 이 같은 설계는 재료들이 견딜 수 있는 온도보다 더 높은 온도에서 작동할 수 있고 이는 곧 추력 향상을 의미한다.

견딜 수 있는 한계가 있으며 반드시 냉각장치가 필요하다. [그림5-7]은 라이너를 냉각시키기 위한 다양한 방식들을 보여주고 있다.

(1) 필름냉각

라이너의 외부에서 내부로 통하는 공기 통로(airflow paths)를 형성하여 이들 통로를 통해서 공기를 분사하는 방법이다. 공기 통로는 냉각 공기가 라이너의 표면에 얇은 냉각 공기막(thin film of cooling air)을 형성할 수 있도록 설계되어야 한다. [그림5-7]은 다양한 필름냉각(film cooling)의 유형을 보여주고 있다. 일반적으로 라이너 표면에 형성된 냉각 공기막은 약

1,000K 이상 온도를 낮출 수 있다. 필름냉각은 공기를 뿜어내는 슬롯 또는 구멍(slots or holes) 근처의 냉각 효과는 양호하나 구멍과 구멍 사이의 공간은 냉각 효과가 다소 떨어져 불균등한 온도분포(temperature profile)가 발생할 수 있다. 또한, 전체 공기흐름의 약 20~50% 정도가 냉각에 사용될 정도로 많은 양을 소모하는 것 역시 단점으로 지적된다.

(2) 발산냉각

발산냉각(transpiration cooling)은 필름냉각의 단점을 보완하고 더욱 양호한 냉각 효과를 얻을 수 있어 최신 엔진에 많이 사용된다. 발산냉각은 라이너 내벽에 수많은 작은 구멍들이 뚫려 있는 재료(porous material)를 사용하거나 혹은 더욱 체계적인 공기 통로를 형성하여 공기가 흐를 수 있도록 설계함으로써 냉각 효과가 높다. 이 방식은 냉각 공기가 수많은 작은 구멍들을 통해서 발산되기 때문에 필름냉각과 비교하면 더욱 균등한 온도분포(temperature profile)를 얻을 수 있다. 또한, 발산냉각은 전체 공기흐름의 약 10% 정도만 필요로 하므로 냉각에 사용되는 공기량을 감소시킬 수 있다. 냉각에 사용되는 공기가 적을수록 연소에 더 많은 공기를 활용할 수 있으며 이것은 높은 성능과 추력의 엔진을 위해서는 매우 중요한 요소이다.

4. 스나우트

스나우트(snout)는 [그림5-5]와 같이 라이너 돔(dome)의 연장 부분이다. 압축기에서 유입되는 고압 압축공기 중 연소에 사용되는 1차 공기(약 20%)는 스월 베인(swirl vanes)을 통해서 유입될 수 있도록 설계되고 나머지 공기는 스나우트 외측으로 흐르도록 설계된다.

【그림5-8】 스웰러는 직선으로 유입되는 공기흐름이 베인들을 통과하면서 소용돌이 흐름으로 변화시킨다. 이 같은 주요 이유는 연소효율을 높이기 위한 설계이다.

5. 돔/스웰러

돔/스웰러(dome/swirler)는 스나우트 바로 안쪽과 연결된 부분이면서 라이너의 끝부분이다. 여기에 스웰러와 연료 분사기가 장착된다. 스웰러는 고속 공기흐름에 소용돌이(swirl)를 일으켜 연소할 수 있도록 한 장치이다. 압축기에서 유입되는 공기를 감속시키고 효과적인 연소를 위해서 고안된 것이 돔/스웰러와 같은 공기흐름에 소용돌이를 일으키는 장치이다. 초기에는 연료와 공기를 혼합시키기 위한 단순한 평판(simple plate)이 사용되었으나 현대는 더욱 안정되게 연소가 가능한 소용돌이 발생기(swirler)가 사용된다.

스웰러는 [그림5-8]과 같이 고정 베인(vanes)들로 구성되어 있고 이 베인들 속으로 공기가 흐르면서 소용돌이 공기흐름을 만들어 낸다. 연소지대에서 발생한 소용돌이 흐름은 국지적으로 저압 구역(low pressure zone)을 형성하여 1차 공기구멍들을 통해서 유입된 공기와 합류되어 연소 산물(combustion products)의 일부를 강제로 재순환하도록 한다. 여기서 주의해야 할 것은 공기흐름의 소용돌이가 크게 발생할수록 압력손실(pressure loss)도 그만큼 크게 발생할 수 있으므로 돔과 스웰러는 연료와 공기를 효율적으로 혼합하는 데 필요한 양 이상의 소용돌이가 발생하지 않도록 설계되어야 한다.

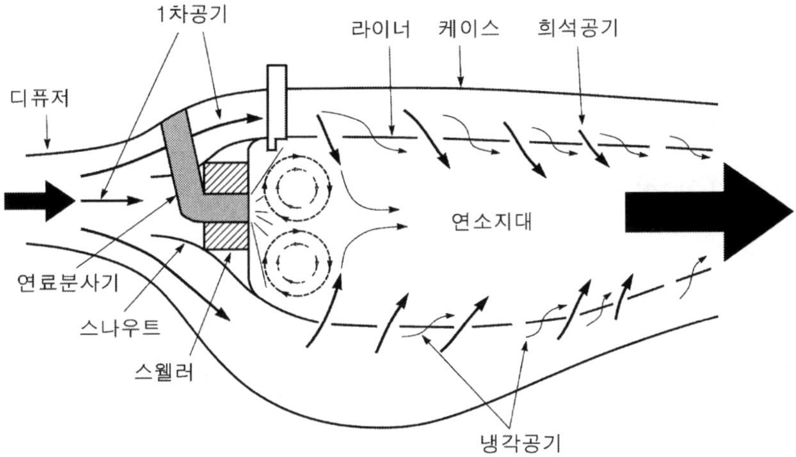

【그림5-9】 연소기의 디퓨저로 유입된 공기흐름은 연소와 냉각으로 분류된다. 실제 연소에 사용되는 공기량은 대략 20% 정도에 불과하고 나머지는 냉각 목적으로 사용된다. 스나우트를 우회하여 주연소 구역에 유입되는 공기흐름은 스웰러를 통과한 공기흐름과 합류되어 소용돌이 화염을 형성한다. 연소기 입구를 통과한 공기 질량 유동률이 연소과정을 통과하면서 큰 에너지가 부여되어 출구에서 질량 유동률의 상대적 크기를 보여주고 있다.

5.7 공기흐름 경로

✈ 압축기에서 유입되는 모든 공기가 연소에 사용되는 것은 아니다. 기본적으로 연소에 사용되는 공기가 많을수록 연소효율을 높일 수 있지만, 연소과정에서 발생하는 높은 온도를 적절히 제어하지 못하면 연소기는 심각한 손상을 입을 수 있어 냉각(cooling)에 사용되는 공기 역시 결코 무시할 수 없다. 그러나 냉각 작용이 연소 공기와 연소과정에 영향을 미치지 않도록 세밀하게 조화를 이루어야 하는 것 역시 필수요건이다.

연소기에 유입되는 [그림5-9]와 같이 일부 공기만이 연소에 사용되고 나머지는 연소과정에서 발생하는 열을 냉각하는 데 활용된다. 연소에 직접 사

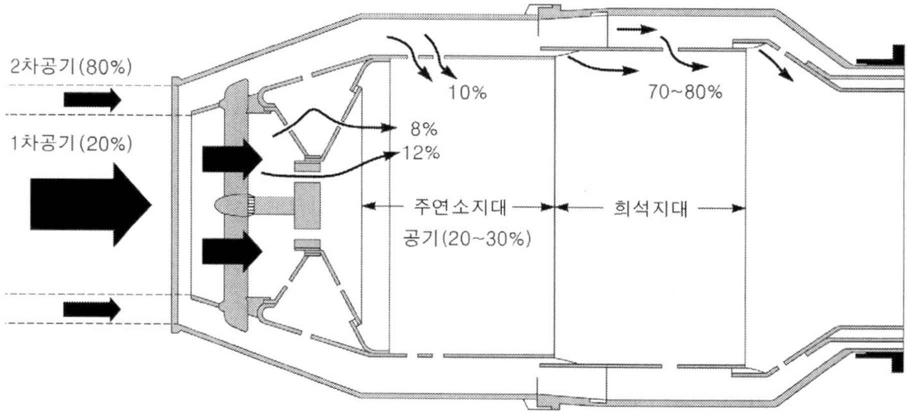

【그림5-10】 엔진의 종류에 따라서 차이는 있지만, 실제 연소에 사용되는 압축공기의 비중은 약 20% 정도만 사용되고 나머지 대부분은 냉각에 활용된다. 그림은 압축기에서 나온 공기흐름이 연소기에서 어떻게 어느 경로를 통해서 유입되고 있는지를 잘 보여주고 있다. 실제 냉각 공기에 사용되는 공기량이 많을수록 추력을 생산하는 엔진의 효율은 감소한다. 따라서 엔진 제작자들은 냉각 공기에 사용되는 공기량을 최소화하기 위한 설계는 그만큼 추력증대 효과를 얻을 수 있지만, 엔진의 냉각은 치명적이기 때문에 결코 쉬운 문제는 아니다.

용되는 공기를 1차 공기(primary air)라 한다. 1차 공기는 연소기 꼭지(snout), 스웰 베인(swirl vanes), 그리고 다공 플레어(perforated flare)를 지나서 연소지대(combustion zone)로 흐른다. 나머지 공기들은 스나우트를 우회하거나 라이너의 수많은 구멍을 통해 유입되어 냉각과 희석 작용에 사용된다. 이들 공기를 2차 공기(secondary air)라 한다.

1. 1차 공기(primary air)

고압 압축기로부터 스나우트(snout)를 통해서 유입되는 압축공기이다. 1차 공기는 [그림5-10]과 같이 전적으로 연소에 사용된다. 이들 압축공기는 돔과 라이너의 1차 공기구멍(primary air holes)을 통해서 유입되어 연료와 혼합되어 연소한다. 1차 공기흐름 일부는 스나우트를 우회하여 라이너의 첫 번째 세트의 공기구멍들로 유입된다. 이들 공기흐름은 스웰러(swirler)에서 발생한 소용돌이 흐름과 상호작용을 일으켜 연소지대 상류에서 재순환에 의한 도넛 화염(donut flame)이 형성될 수 있도록 한다. 도넛 화염은 불꽃을 안정시키고 연소지대 중심에 남아 있도록 하는 중요한 역할을 한다.

[그림5-10]은 연소기에 유입되는 전체 공기흐름의 경로를 보여주고 있다. 1차 공기가 약 20% 정도를 차지한다면 2차 공기는 나머지 약 80% 정도가 된다. 1차 공기(20%) 중 다시 스웰러를 통해서 12% 정도가 유입되고 나머지 8% 정도는 스웰러 주변의 플레어(flare)를 통해서 연소지대에 분사된다. 스나우트로 우회하는 공기 중 약 20% 정도가 1차 공기구멍을 통해서 연소지대(combustion zone)에 유입되어 연소를 보조하는 역할을 한다. 모든 연소는 불완전 연소(uncompleted combustion)를 방지하기 위해서 2차 냉각 공기가 합류되기 전에 반드시 완료되어야 한다.

2. 2차 공기(secondary air)

압축기에서 공급되는 압축공기 온도는 약 200℃~550℃ 정도가 되지만 연소과정에서 600~1,650℃까지 상승할 수 있고 중심 불꽃의 온도는 2,200℃까지 높아질 수 있다. 터빈 노즐 가이드 베인과 터빈 재료에 따라 최대 온도가 결정된다.

일반적으로 라이너 외벽에는 여러 세트의 공기구멍들이 형성되어 있다. 첫 번째 세트의 공기구멍들은 연소를 보조하기 위한 1차 공기가 유입되는 구멍들이다. 연소기 중간에 두 번째 세트의 공기구멍들이 있고 이 구멍들을 통해서 유입되는 공기를 중간공기(intermediate air)라 한다. 이 공기흐름은 연료의 화학반응 과정을 완료시키고 연소지대에 존재하는 고밀도의 일산화탄소(Co)와 수소(hydrogen; H_2)의 희석과 동시에 냉각시키는 역할을 한다. 라이너의 마지막 공기구멍 세트를 통해서 유입되는 공기를 희석공기

(dilution air)라 한다. 희석공기는 고온가스가 터빈에 도달하기 전에 냉각시키는 역할을 한다. 연소기에서 이들 공기흐름은 균등한 온도분포를 형성할 수 있도록 설계되어야 한다.

3. 냉각 공기 온도분포

연소기 라이너의 마지막 세트의 공기구멍들을 통해서 희석공기(dilution air)가 유입되어 연소기 벽에 얇은 공기층(air layer)을 형성하고 터빈 입구에 적합한 출구 온도분포(radial profile)가 형성되도록 한다. 연소기에서 배출되는 고온가스의 온도분포를 분석했을 때 터빈 외측이 약간 더 높은 온도를 갖도록 하는 것이 더 바람직하다. 왜냐하면, 회전하는 터빈 로터 블레이드 팁(rotor blade tip)은 블레이드 뿌리(root)보다 상대속도가 더 높고, 블레이드 팁의 높은 상대속도는 이 지점에서 정체온도(stagnation temperature)를 낮추는 경향이 있기 때문이다.

이외에도 터빈 로터 블레이드에서 응력(stress)은 뿌리 근처에서 가장 높고 크리프(creep)를 최소화하기 위해서 팁보다는 뿌리 근처에서 온도가 낮은 것이 더 바람직하다. 연소기 공급온도가 상승함에 따라 연소기 벽을 냉각시키기 위한 공기는 상대적으로 감소하여 열방사 프로파일에서 변형이 발생할 수 있다. 국지적으로 화학량론 연소의 한계(공기 속에 있는 모든 공기가 연소에 사용됨)에 도달하여 상대적으로 냉각 공기의 양이 부족할 수 있다. 연소기 입구 온도가 상승(압축기 성능이 높아짐에 따라)함에 따라 연소기 전체의 온도 역시 그만큼 높아진다.

❖ 화학량론 연소 또는 완전연소

화학량론 연소 또는 완전연소(stoichiometric or perfect combustion)는 연료와 산소가 정확한 혼합비로 연소할 때 반응 후에 산소가 남지 않는 상태의 연소이다. 산소가 너무 많이 공급되면 혼합물이 희박해지고 반응이 산화된다. 이것은 상대적으로 짧은 불꽃이 형성된다. 반대로 연료가 너무 많이 공급되면 혼합물이 농후해 반응이 감소한다. 이것은 상대적으로 더 길고 때로는 연기가 나는 불꽃이 형성된다.

5.8 연소기 종류

✈ 제트엔진의 종류만큼이나 연소기도 다양한 크기와 모양으로 개발되었다. 소형 제트추진 장치에 단일 원통 연소기(can combustor)가 사용되지만, 항공기 가스터빈엔진에서는 회전축을 중심으로 단일 원통 연소기를 여러 개 배열한 캔-애뉼러 연소기가 주로 사용되었다. 1960년대 고바이패스비(high bypass ratio) 엔진이 개발되면서 전적으로 애뉼러(annular) 연소기가 사용되고 있다.

현대 대부분 연소기는 열 장벽 코팅(thermal barrier coating)으로 처리된 라이너(liner)를 갖추고 있어 동일 가스 온도에서 금속 온도(metal temperature)를 낮추면서 동시에 금속의 산화(oxidation)를 방지하는 부가 효과까지 얻을 수 있다. 일부 연소기들은 터빈 블레이드의 냉각 방식과 유사한 수많은 작은 구멍들을 통해서 냉각시키기도 하지만 최근에서는 금속성 타일(metallic tiles)을 사용하여 타일 뒤쪽에서 냉각시키는 기술이 개발되었고 이를 타일 연소기(tile combustor)라 한다. 타일은 극히 작은 하중을 받기 때문에 비교적 높은 하중을 받는 벽보다 더 높은 온도에서 작동할 수 있다. 타일 연소기는 작은 충격에도 쉽게 깨질 수 있는 것이 최대 단점이다.

연소기의 부피를 결정하는 것 중 하나가 공중에서 재점화 능력의 필수요건이다. 연소기 부피를 증가시키는 것은 연소기 내에서 가스 속도가 상대적으

【그림5-11】 연소실 또는 연소기는 압축기 다음 단계에 있는 구성품이다.

로 낮아 재점화와 연소가 용이하다. 현대 운송용 터보팬 엔진의 연소기 수명은 약 20,000시간을 웃돌고, 열응력(thermal stress)과 열피로(thermal fatigue)와 같은 치명적 환경에서 이륙, 상승 그리고 착륙 사이클은 약 5,000회를 견딜 수 있도록 성능이 크게 개선되었다. 연소기 내벽은 수많은 구멍에서 뿜어져 나오는 공기막으로 차폐(shielded)되고 냉각되기 때문에 연소기 흐름 면적을 감소시키는 이점이 있다. 일반적으로 가스터빈엔진에 사용되는 연소기는 다음과 같은 3가지 종류가 있다.

1. 캔 연소기

캔 연소기(can combustor)는 [그림5-12]와 같이 단순한 원통 모양으로 되어 있다. 캔 연소기는 자체의 연료 분사기, 점화기, 라이너와 케이스를 갖춘 하나의 독립 연소기이다. 압축기로부터 1차 공기는 각각의 연소기에 유입되고 2차 공기도 각 연소기의 케이스와 라이너 사이의 공간으로 흐른다. 냉각공기 역시 각 연소기의 라이너에 있는 작은 틈새(slits)로 흐르면서 라이너 내부 벽(inner wall)에 얇은 냉각 공기막(air film)을 형성한다. 독립 연소기는 하나의 압력 통(pressure vessel)과 같은 역할을 하기 때문에 각각의 연소기에서 생산된 배기가스를 터빈에 분사시킨다. 독립 캔 연소기는 각각의 연소기에서 연소과정이 다를 수 있어 배출되는 배기가스의 온도분포가 불균등할 수 있다. 항공기 가스터빈엔진에는 실질적으로 독립된 형태의 캔 연소기는 사용되지 않고 소형 가스터빈엔진에 많이 사용된다. 일반적으로 캔 연소기의 장단점은 다음과 같다.

① 구조가 간단하고 견고하며 사용수명이 비교적 길다.

② 경량이고 지름이 작아 소형 제트엔진(가스터빈엔진)에 적합하다.
(무게 25% 감소)

③ 정비와 검사가 용이하다.

④ 압력강하가 다른 연소기에 비해서 제일 크다. (약 7%)

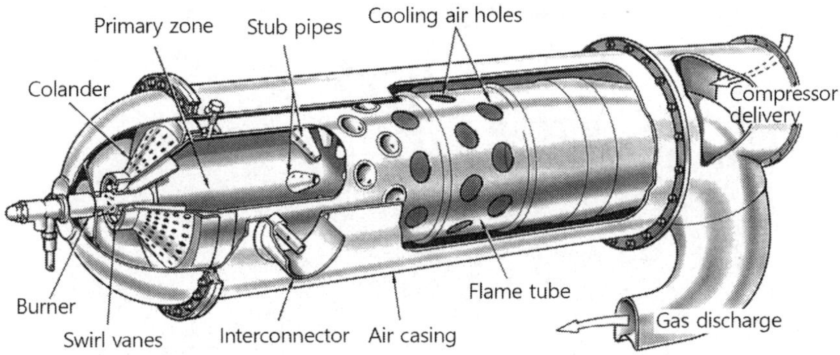

【그림5-12】 전형적인 캔(원통) 연소기의 절개구조이다. 단독으로 사용될 수 있도록 완전한 구조이다. 그러나 단일 캔으로 사용되기보다 회전축을 중심으로 여러 개의 캔을 배열하여 사용된다. 캔의 전방은 각각 독립된 구조이고 후방부를 단일 출구로 사용되거나 공통 출구로 사용될 수 있다. 공통 출구를 사용했을 때 균등한 온도분포를 얻을 수 있다.

⑤ 배기가스의 배출 온도분포가 불균등하다. (다중 독립 캔의 경우)

항공기 가스터빈엔진의 연소기로 사용되기 위해서는 여러 개의 캔을 축 중심으로 원형으로 배열한 다중-캔 연소기(multiple-can combustor)의 형태로 사용된다. [그림5-13]은 전형적인 다중-캔 연소기의 유형이다. 단일 캔-연소기와 다른 점은 각 캔 연소기의 내부가 서로 통할 수 있도록 라이너 연결관(liner holes or connecting tubes)이 있다. 이 연결관을 통해서 캔 연소기들은 내부의 연소 공기가 각각의 순환 또는 확산할 수 있도록 고안되어 있다. 이 모델은 독립 캔 연소기에 비해서 균등한 배출 온도분포를 얻을 수 있으며 각각의 점화기를 갖추고 있지 않아도 한 개의 점화기로 전체 연소기로 확산시킬 수 있는 장점이 있다.

다중-캔 연소기는 [그림5-13]과 같이 역류 흐름(reverse flow)과 직선 관통 흐름(straight-through flow)의 형태가 있다. 역류 흐름 연소기는 원심 압축기와 함께 사용되었을 때 축 길이를 단축할 수 있는 장점이 있지만, 역류 흐름으로 인한 압력손실은 피할 수 없다.

【그림5-13】 초기 터보제트 엔진(GE J-31)의 절개 단면에서 엔진 내부의 주요 구조를 대부분 관찰할 수 있다. 이 엔진은 단일 원심압축기를 사용하고 있고 압축공기는 90도로 전환되어 연소기로 공급되고 있다. 연소기는 전형적인 다중 캔 연소기이다. 여러 개의 캔 연소기가 배열되어 있고 캔 연소기의 절개구조(흰색 원통 부분)를 관찰할 수 있다. 연소과정을 거친 고온가스는 다시 방향을 180도 전환하여 터빈에 유입되고 있다. 이들 캔 연소기는 완전히 독립되어 있지 않고 연결관을 통해서 서로 화염과 압력을 공유한다.

2. 캔-애뉼러 연소기

캔-애뉼러 또는 캐뉼러(can-annular or cannular combustor)는 캔 연소기와 애뉼러 연소기(annular combustor) 구조를 조합한 모델이다. 캔 연소기와 같이 자체의 연료 분사기와 함께 독립 라이너가 포함된 연소지대를 갖지만 모든 연소지대가 공통 원형 케이스(common ring case)로 되어 있는 점이 다르다. 캔-애뉼러 연소기도 다중-캔 연소기와 같이 라이너 구멍 혹은 연결관(liner holes or connecting tubes)으로 통할 수 있고 공통 연소지대를 형성하기 때문에 터빈에서 배출되는 배기가스의 온도분포가 균등하다. 캔의 앞쪽 끝 둘레에는 약 6~8개의 연료 노즐들이 있다. 일부 캔 연소기에서는 각 캔의 중심을 관통하는 다공 튜브가 있다. 이 구성품의 목적은 연

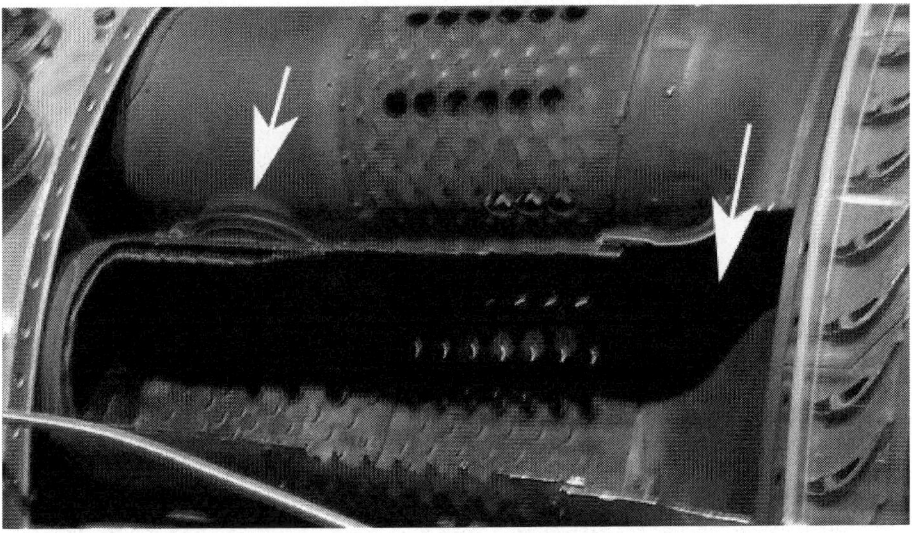

【그림5-14】 GE J79 터보제트의 캔-애뉼러 연소기 절개 사진이다. 여러 개의 캔 연소기들로 이루어져 있지만 다른 점은 이들 캔으로부터 분출된 연소 가스가 후방부에서 공통(오른쪽 화살표)으로 합류하여 터빈으로 분출된다는 점이다. 비록 캔 연소기의 특징을 갖고 있지만, 후방부가 개방되어 있어 균등한 압력의 가스 흐름을 생산할 수 있다. 연소기의 표면은 많은 구멍이 뚫려 있는 것을 관찰할 수 있다. 외부 케이스를 통해서 냉각 공기가 안으로 유입된다. 왼쪽 화살표는 인접해 있는 캔들이 서로 연결된 통로이다. 이 연결관을 통해서 점화 불꽃이 전파되기도 하고 여러 캔 사이에 균등한 압력을 유지할 수 있도록 해 준다.

소와 냉각을 위한 여분의 공기를 제공하고 캔의 라이너 인치 당(per liner inch of can) 더 양호한 연소효율을 제공한다. 캔-애뉼러 연소기는 HP 터빈 입구에서 고른 온도분포를 제공할 뿐만 아니라 만약 어느 한 노즐이 막혔다 할지라도 고온 집중(hot spots) 현상을 최소화한다.

또한, 연소기 길이가 짧아 압축기와 연소지대(combustion zone) 사이에 과도한 압력강하(pressure drop)를 방지한다. 캔-애뉼러 연소기의 압력손실은 약 6% 정도로 캔 연소기에 비해서 낮다. 연소기 전체를 장착 및 탈착을 할 수 있는 슈라우드 또는 텔레스코픽(telescopic shroud; 겹쳐 끼울 수 있는) 슈라우드로 덮을 수 있다. 캔은 엔진 전체를 분해하지 않고도 쉽게 들어낼

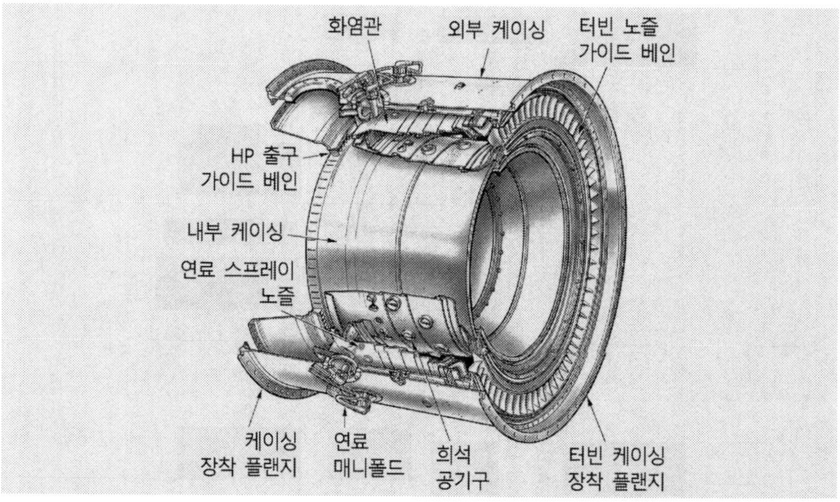

【그림5-15】 민간 운송용 터보팬 엔진의 전형적인 애뉼러 연소기 구조이다. 애뉼러 연소기는 한 개의 큰 원통으로 구조되어 있고 주변에 연료 노즐들이 장착되어 있다. 최근에 개발된 연소기들은 연소효율을 높이기 위해서 금속 타일로 제작되고 냉각 공기가 뒷면으로 흐르게 하여 연소효율이 크게 향상되었다.

수 있어 정비가 용이하다.

3. 애뉼러 연소기

대부분의 대형 터보제트와 터보팬 엔진들은 [그림5-15]와 같은 애뉼러 연소기(annular combustor)를 사용한다. 이 연소기는 캔 연소기와 달리 하나의 둥그런 내부 및 외부 케이스로 되어 있고 이 공간에서 연소가 진행된다. 애뉼러 연소기는 축류압축기에 아주 적합하다. 연료는 [그림5-16]과 같이 연소기의 상류 끝(upstream end)에 있는 여러 개의 노즐을 통해서 분사된다. 2차 냉각 공기는 라이너(liner) 양면에 있는 배플(baffles)의 구멍들을 통해서 흐른다. 공기흐름은 연소지대의 중심으로 합류하므로 라이너에 접촉되지 않는다.

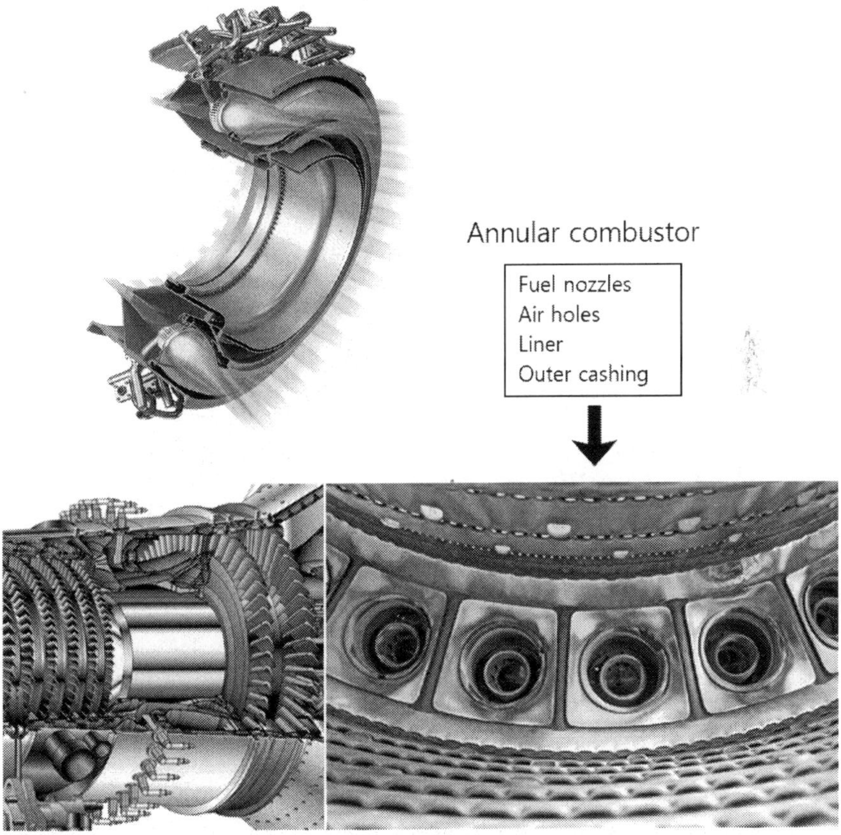

【그림5-16】 왼쪽은 애뉼러 연소기 절개 도면을 확대한 것으로 HP 압축기와 터빈 그리고 연료 매니폴드의 배열을 관찰할 수 있다. 오른쪽은 연소기 내부의 연료 노즐들의 배열을 관찰할 수 있고 연소기 벽은 마치 주름 모양으로 되어 있으면서 작은 구멍들을 통해서 냉각 공기가 분출된다. 연소기 벽의 수많은 냉각 공기 구멍을 통해서 분출되는 공기는 얇은 공기막을 형성하여 고온가스가 연소기 벽에 직접 접촉되는 것을 방지한다.

애뉼러 연소기는 효율(efficiency)이 매우 양호하다. 이 연소기는 상대적으로 간단한 구조와 함께 가용한 제한 공간 내에서 연료와 공기를 최적의 혼합비를 제공한다. 고열에 의한 부품들의 손상을 방지하는데 필요한 적절한 냉각 공기는 기존 연소기와 비교하면 약 15% 정도 감소한 양으로도 달성할 수 있다. 높은 연소효율은 유독성 일산화탄소(toxic Co)의 배출을 제거하지만, 이산화탄소(CO_2)의 배출량이 증가하여 대기오염을 증가시키는 원인이 된다. 애눌러 연소기의 장단점은 다음과 같다.

① 균등한 연소를 달성할 수 있다.
② 연소기 전체 길이가 짧아 무게를 감소시키는 부가 효과를 얻을 수 있다.
③ 연소 표면적이 상대적으로 작아 냉각 공기가 그만큼 감소한다.
④ 연소 배출가스의 온도가 균등하다.
⑤ 연소 효율성이 높아 대기오염 배출가스가 상당량 감소한다.
⑥ 다른 연소기에 비해서 압력손실(5%)이 가장 낮다.
⑦ 정비를 위해 엔진 전체를 들어내야 하므로 정비와 검사 절차가 복잡하다.

4. 더블 애눌러 연소기

현재 사용되고 있는 표준 애눌러 연소기의 성능을 개선하여 개발된 것이 더블 애눌러 연소기(double annular combustor; DAC)이다. DAC는 표준 애눌러 연소기의 구조와 거의 동일하지만, 연소지대가 보조 연소지대와 메인 연소지대(pilot zone and main zone)와 같이 둘로 나누어져 있다. 보조 연소지대는 단일 애눌러 연소기와 동일하게 작동하지만, 오직 낮은 동력 세팅에서만 작동한다. 일단 동력 세팅이 높아지면 메인 연소지대도 함께 작동하여 연소기에 연료 흐름이 증가하고 공기 유동률이 필요한 만큼 증가시킬 수 있다. DAC의 장점은 낮은 동력 세팅에서 연소기 전체를 작동시키지 않아도 되기 때문에 대기오염의 원인이 되는 질소산화물과 이산화탄소를 감소시

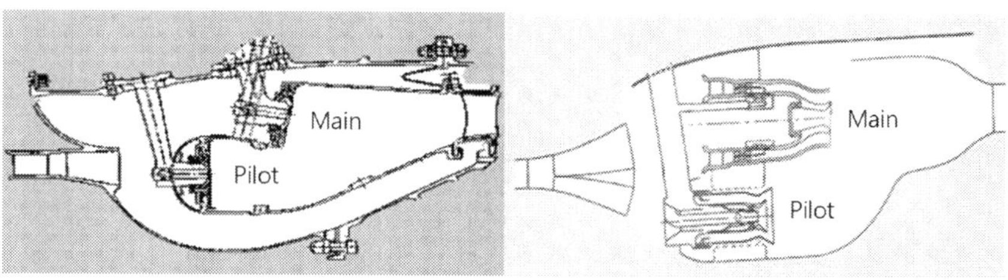

【그림5-17】 더블 애눌러 연소기(왼쪽), 프리픽스 더블 애눌러 연소기(오른쪽)

키는 효과가 있다. 이와 같은 동력 세팅에 적합한 연소기 성능을 제공할 수 있도록 다중 애뉼러 연소기(multi - annular combustor) 유형으로 개발되고 있다.

❖ 터빈엔진 배출가스

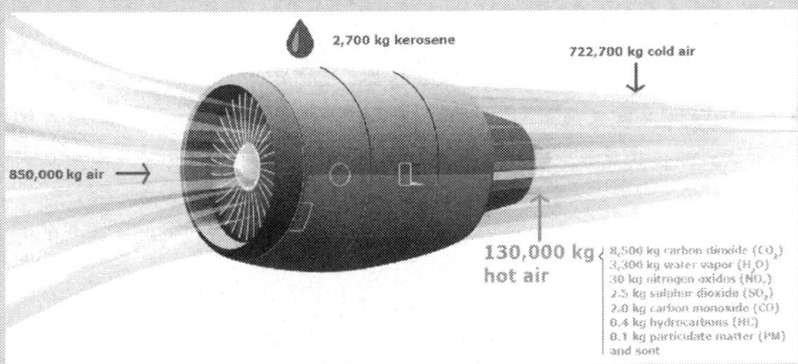

❖ 연소효율과 분무화

터빈엔진의 연소기 효율: 약 90~98%(0.90~0.98)

연소과정 총압력 손실: 0.93~0.98(2~7%)

❖ 연소 분무화

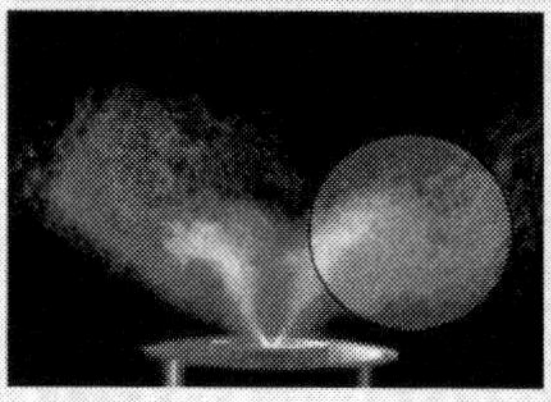

❖ 공연비(air-fuel ratio: AFR)

공연비(AFR)는 내연기관 연소과정에서 존재하는 연료에 대한 공기의 질량 비율이다.

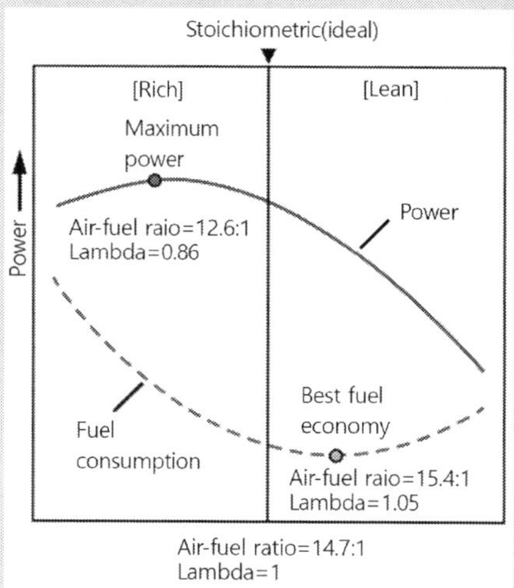

6

터 빈

Turbine

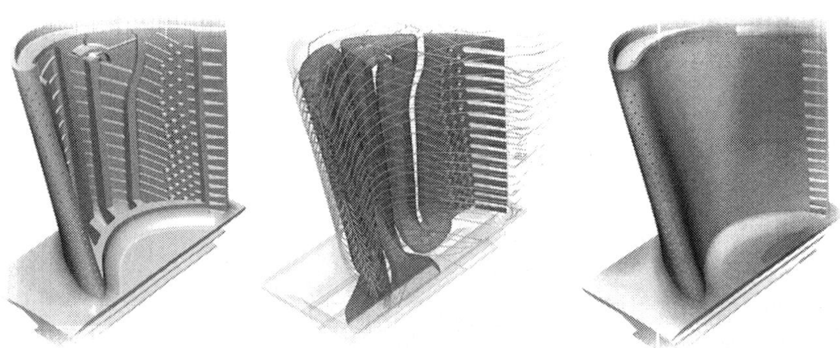

터 빈

6.1 개요

✈ 터빈은 [그림6-1]과 같이 연소부(combustion section) 다음의 구성품이다. 터빈은 제트엔진의 자립 회전을 구현하는 터보 기계장치이다. 압축기가 압력을 높이는 과정이라면 터빈은 이 높아진 압력을 효과적으로 팽창(expansion)시키는 과정이기 때문에 압축기 터보 기계역학보다는 터빈의 터보 기계역학이 상대적으로 단순하다. 실제 압축기 배열보다는 터빈의 배열이 단순한 것을 관찰할 수 있다. 비록 구조적으로 단순하기는 하지만 연소기 다음으로 높은 온도에서 효율을 유지하기 위한 기술은 압축기 터보 기계

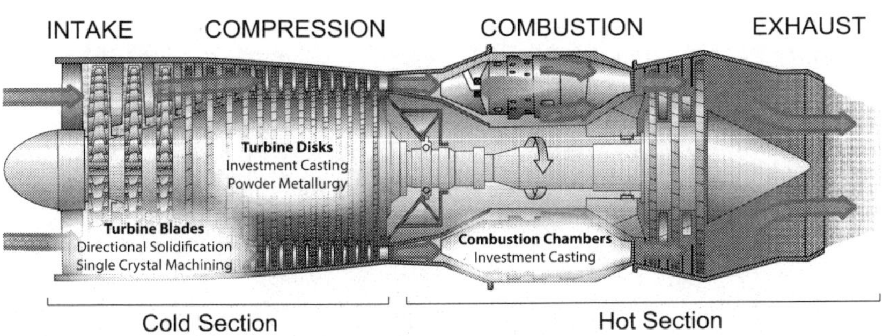

【그림6-1】 터빈은 연소기 바로 다음 구성품으로 실질적인 일을 수행한다.

역학 못지않게 복잡하고 정교해야 한다.

터빈의 주요 기능은 연소기에서 방출되는 고온고압 가스를 터빈에서 완전 팽창이 이루어지도록 하는 것이다. 일반적으로 터빈은 높은 온도에 견딜 수 있는 인코넬(inconel)과 같은 금속으로 제작되고 내장 냉각 채널(built - in channels)이 되도록 설계된다. 일반적으로 첫 단(first stage)의 터빈은 열 하중과 기계적 하중에 강한 충격터빈(impulse turbine)이 고온가스 줄기(hot gas stream)의 충격(impact)으로 인한 회전력을 얻을 수 있도록 설계된다. 수축 노즐 형태의 후방 단(stages)들은 가스 줄기를 후방으로 더욱 가속하게 하는 과정에서 에너지를 얻는다.

압력강하와 함께 에너지들은 축을 회전시키는데 전달된다. 터빈의 회전 에너지 대부분은 압축기를 구동시키는 데 활용된다. 일부 축 동력(shaft power)은 연료, 오일, 그리고 유압 펌프 등과 같은 엔진 보기류를 구동하는 데 활용된다. 터빈의 입구에 유입되는 가스 줄기의 온도가 매우 높아 터빈 압력비(pressure ratio)는 압축기의 압력비보다 매우 낮다. 이것은 압축기와 터빈의 압력 경도의 변화를 분석했을 때 중요한 의미가 있다. 기본적으로 압축기에서 최대 압력비를 달성하는 과정에서 압축기 실속 혹은 서지와 같은 엔진 불안정 상태가 발생할 수 있으나 터빈에서는 반대의 현상이 수행되기 때문에 실속 혹은 서지와 같은 불안정 상태로부터 상대적으로 자유롭다.

❖ 인코넬(inconel)

니켈을 주체로 하여 15%의 크로뮴, 6~7%의 철, 2.5%의 타이타늄, 1% 이하의 알루미늄, 망가니즈, 규소를 첨가한 내열, 내식성 니켈 합금이다.

【그림6-2】 큰 화살표가 지시하는 부분이 터빈 블레이드들이다. 이 터빈은 2단으로 구성되어 있다. 압축기는 8단으로 구성되어 있지만, 터빈이 2단으로 구성되고 있는 것은 기본적으로 압축과정보다 팽창과정이 단순하다는 것을 알 수 있다. 연소기 끝단의 왼쪽 작은 화살표가 지시하는 것이 첫 로터 블레이드에 압축공기 흐름을 유도하는 터빈 인렛 가이드 베인들이다. 터빈과 터빈 사이의 공간에도 오른쪽 화살표와 같이 마지막 터빈 단에 최적의 가스 흐름을 제공할 수 있는 터빈노즐 가이드 베인들이다. 최종적으로 터빈을 통과한 가스 흐름은 필연적으로 회전성이다. 이것을 직선 흐름으로 전환하기 위한 장치는 흐름의 손실을 방지한다. 터빈에서 흡수한 에너지는 압축기와 보기류를 구동하는 데 사용되고 나머지 고온가스 줄기는 추력을 생산하는 데 사용된다.

6.2 고온에서의 작동

✈ 제트엔진의 성능 향상은 낮은 추력 무게비와 연료 소모에서 높은 추력을 생산할 수 있어야 한다. 이것은 연소기의 열효율과 밀접한 관계가 있고 터빈 인렛온도(TIT)를 증가시킴으로써 달성할 수 있다. 터빈인렛온도는 매년 10~15℃의 비율로 향상되었다. 실제 1947년도에 생산된 엔진들의 평균 TIT가 800℃ 정도였다면 현대 대부분 엔진은 1,300℃ 이상이 가능하다. 이 같은 성능 향상은 높은 내열성을 지닌 터빈 재료의 개발 결과이지만 동시에

첨단 냉각기술이 적용된 결과이기도 하다. 엔진 성능에서 TIT의 효과를 설명하는데 필요한 비추력(specific thrust)과 비연료소모(specific fuel consumption)의 관계를 분석했을 때 TIT의 상승은 단위 유동률 당 더 높은 추력이 생산될 수 있지만 이와 함께 TIT의 증가 그리고 연료 소모도 증가한다는 사실을 알 수 있다.

항공기 유형에 따른 엔진을 결정하는 과정에서 고속비행을 위한 항공기는 나셀의 공기역학적 항력을 최소화하기 위해서 저바이패스비 터보팬 엔진이 적합하다. 이 유형의 엔진은 전면면적(front area)의 지름이 작으면서 경량의 엔진(전투기)이 적합하고 필연적으로 터빈인렛온도는 상대적으로 높아야 한다. 따라서 이들 전투 항공기는 치명적인 고온 조건이 존재하는 이륙 또는 저고도 기동은 최소한으로 허용되어야 한다.

6.3 터빈의 일

✈ 연소기를 통과하면서 최대로 팽창된 고온고압의 가스는 제일 먼저 터빈 가이드 노즐(turbine guide nozzle)을 통해서 터빈에 유입된다. 기본적으로 터빈의 역할은 고온고압의 가스 줄기로부터 에너지를 추출하여 압축기 또는 보기류 등을 구동시키는데 필요한 유용한 일(useful work)로 전환하는 데 있다. 터빈과 압축기는 하나의 축으로 연결된 1축(스풀) 엔진이 되고 터빈과 압축기는 한 쌍으로 작동한다. 터빈도 압축기와 마찬가지로 여러 개의 단(stages)들로 구성된다. 터빈의 1단은 한 열(row)의 노즐 가이드 베인과 한 열의 회전 터빈 블레이드들로 구성된다. 한 장치(unit)에 여러 개의 단으로 구성될 수 있으며, 필요한 단의 수는 가스 흐름으로부터 회전속도를 생산하는데 필요한 동력과 터빈 지름 사이의 관계에 따라 결정된다. 압축기에서 언급한 것과 같이 기본 1축 엔진은 한 개의 압축기 장치(여러 개의 단

【그림6-3】 민간 운송용 항공기(Boeing 787 Dreamliner)의 고바이패스비 터보팬 엔진이다. 전형적인 3축 엔진이다. 엔진은 저압(팬), 중압, 고압 압축기 그리고 고압, 중압, 저압터빈으로 구조되어 있다. 특이한 점은 지름이 약 3m 정도의 대형 1단 팬이 장착되어 있지만 이에 비해 코어엔진의 크기는 상대적으로 작다. 이 같은 특징은 대부분의 고바이패스비 터보팬 엔진에서 공통으로 관찰할 수 있다. 터빈의 배열은 고압과 중압 터빈이 각각 1단으로 구성되어 있지만, 저압터빈은 6단으로 구성되어 있고 지름도 매우 크다. 만약 코어엔진에서 더욱 강력한 동력을 얻을 수 있다면 팬의 지름을 더 크게 설계하여 추진 효율을 증대시킬 수 있을 것이다.

으로 구성될 수 있음)와 한 개의 터빈 장치(여러 개의 단으로 구성될 수 있음)로 구성된다. 엔진의 종류에 따라 높은 압력비 엔진은 2축 엔진으로 그리고 [그림6-3]과 같은 고바이패스 터보팬 엔진은 고압 터빈과 저압터빈 사이에 중압 터빈(intermediate pressure turbine)을 하나 더 장착한 3축 엔진으로 개발되었다.

다단 다축 압축기에서 각 축은 자체의 최적 속도(optimum speed)에서 독립적으로 작동하기 때문에 더 높은 효율을 달성할 수 있다. 서로 다른 최적 속도를 위한 기어 장치(gear mechanism)가 복잡하여 더욱 정밀한 설계가 요구된다. 2축 엔진에서 저압터빈과 고압 터빈 역시 각각 독립적으로 작동할 수 있고 동심 축(concentric shaft)을 경유해서 각 압축기에서 필요로 하는 필수 RPM을 제공한다. 여러 면에서 압축기의 구조와 기능이 유사한 것 같지만 압축기는 공기흐름에 에너지를 부여(addition)하는 반면 터빈은 가스 흐름으로부터 에너지를 추출(extraction)한다. 또한, 압축기는 유체흐름을 압축(compression)하는 반면 터빈은 유체흐름을 팽창(expansion)시켜 에너지를 얻는다.

6.4 터빈 설계의 필수요건

✈ 제트엔진 과정(processes)에서 터빈은 가장 거친(tough) 환경에서 작동한다. 일부 엔진의 경우 압축공기가 연소과정을 거치면서 터빈노즐 가이드 베인(turbine nozzle guide vane)에 유입되는 고온고압 가스 줄기의 온도는 약 850~1,700℃에 이르고 영역에서 가스 줄기의 속도는 대략 초속 2,500피트(762m/s) 정도로 매우 빠르다. 또한, 터빈 팁은 대략 초속 1,500피트(457m/s) 정도로 회전하기 때문에 터빈의 무게가 비록 약 57g에 불과하지만, 이 터빈에서 발생하는 원심하중은 무려 2톤을 초과할 수 있다.

대부분 제트엔진에서 연료 연소로 생산된 동력의 약 2/3는 공기를 압축하기 위한 압축기의 구동에 활용된다. 실제 압축기를 구동시키는데 수천 마력의 터빈 동력이 필요하고 이때 가스 줄기가 터빈에 가해지는 높은 굽힘하중(high bending load)에 견딜 수 있어야 한다. 일반적으로 터빈이 극복해야 하는 작동 환경은 다음과 같다.

① 고온과 원심하중
② 굽힘하중
③ 피로와 열 충격
④ 고주파 변동(진동)
⑤ 부식과 산화

기본적으로 터빈의 기계역학은 압축기 터보 역학과 유사하지만, 터빈은 고온가스 에너지를 기계적 축 동력과 제트 추진 속도로 전환하는 구성품이다. 연소 가스가 팽창될 때 압력과 온도는 감소하고 속도는 급격히 증가한다. 노즐 가이드 베인은 [그림6-10]과 같이 인접 터빈 블레이드 사이의 간격이 좁아지는 구조이기 때문에 고온가스가 통과하면서 속도가 가속된다. 이 같은 이유로 터빈노즐(turbine nozzle)이라 한다. 터빈 단의 수를 결정하는 요소는 다음과 같다.
① 압축기 축(스풀)의 수
② 고온가스에서 추출해야 하는 에너지의 양
③ 회전속도(RPM)
④ 최대 허용 가능한 터빈 지름

현대의 높은 압력비 엔진은 다단(multi-stage) 그리고 다축(multi-shaft) 터빈이 필수이고 압축기와 터빈 블레이드 배열은 다음과 같은 점에서 다르다.
① 압축기 블레이드 배열: 확산-디퓨저-압력상승-흐름속도 감소
② 터빈 블레이드 배열; 수축-노즐-흐름속도 가속

【그림6-4】 민간 초대형 운송용 항공기의 고바이패스비 터보팬 엔진의 터빈부를 확대한 그림이다. 압축기 마지막 가이드 베인을 통과한 압축공기가 연소기로 공급된다. 애뉼러 연소기와 연료 매니폴드 그리고 연료 노즐의 배열을 관찰할 수 있다. 연소기에서 급격하게 팽창된 고온고압 배기가스는 터빈노즐 가이드 베인들을 통과한 후 1단 고압 터빈 그리고 1단 중압 터빈을 거쳐 저압터빈으로 흐르면서 각 터빈의 축을 회전시킨다. 터빈 가이드 베인 그리고 첫 터빈 로터 블레이드가 가장 높은 온도에 노출된다. 이 엔진의 특징은 높은 배기 추력보다는 팬을 회전시킬 수 있는 동력을 추출하는 것이 설계의 핵심이기 때문에 저압터빈이 크고 단의 수도 많다. 이 엔진의 모든 터빈 블레이드의 끝단은 슈라우드가 장착되어 있어 가스누출을 최소화한다.

6.5 터빈부 구조

1. 기본 구조

터빈 축은 압축기와 한 쌍으로 연결된다. 터빈부는 [그림6-4]와 같이 고정 혹은 회전 구성품들로 이루어져 있고 터빈 가이드 베인과 케이스는 전형적인 고정 구성품들이지만 터빈 로터(turbine rotor)는 회전 구성품(rotating component)이다. 터빈 로터는 축에 장착된 드럼(drum)과 드럼을 구성하는 디스크(disc) 그리고 디스크에 장착된 블레이드(blade)로 구성된다. 터빈 가이드 베인은 용어가 의미하는 것과 같이 연소기에서 방출된 고온고압의 가스 흐름을 터빈의 첫 단(first stage)으로 정확하게 유입되도록 가스 흐름의 방향을 결정하고 첫 충격터빈(impulse turbine)에서 노즐(nozzle)의 역할을 할 수 있도록 배열된다. 터빈 블레이드는 가스 줄기로부터 에너지를 최대한 추출할 수 있도록 에어포일(airfoil) 모양으로 설계되고 터빈 블레이드 전체에서 균등한 일(uniform work)을 수행할 수 있도록 다양한 공기역학적 모양으로 설계된다. [그림6-3, 4]의 3축 엔진은 1단 고압 터빈, 1단 중압 터빈 그리고 6단 저압터빈으로 구성되어 있다. 이들 터빈과 연관된 터빈노즐 가이드 베인들의 위치 그리고 케이스 및 축들을 관찰할 수 있다. 로터 어셈블리(rotor assembly)는 디스크와 블레이드로 구성되고 터빈 로터(turbine rotor)는 케이스에 장착된 베어링으로 지지한다.

2. 노즐 가이드 베인

터빈 노즐 가이드 베인(nozzle guide vane; NGV)은 [그림6-10, 11]과 같이 연소기 바로 다음 그리고 터빈부의 제일 앞쪽에 있는 고정 베인들이다. 인접 베인과 수축 덕트(convergence duct)를 형성한다. 이들 베인의 주요 기능은 다음과 같다.

첫째, 열에너지를 운동에너지로 전환하여 제트속도를 증가시켜 터빈 회전 속도를 증가시킨다.

둘째, 연소기에서 배출되는 가스 줄기 방향을 첫 단의 터빈 블레이드에 최적 각도로 유입되도록 한다.

터빈 블레이드 열(row)에서 가스 줄기의 가속 효과는 인접 블레이드와 간격을 좁혀서 달성할 수 있다. 여기서 얻을 수 있는 에너지의 크기는 출구

【그림6-5】 큰 화살표가 지시하는 것이 연소기 직 하류에 있는 터빈 인렛 가이드 베인들이고 터빈에서 가장 높은 온도의 가스에 노출된다. 이들 베인은 연소기에서 나오는 고온고압 가스 줄기를 첫 터빈 로터 블레이드에 최적 방향으로 흐를 수 있도록 유도한다. 이외에도 애뉼러 연소기의 구조를 관찰할 수 있다. 작은 화살표가 지시하는 것이 연소기 내부의 절개 도면이고 제일 왼쪽 작은 화살표가 지시하는 것이 연료 노즐과 매니폴드이다.

면적에 대한 노즐 입구의 면적에 달려 있고 이것은 터빈 블레이드의 종류에 따라 달라질 수 있다. 고성능 제트엔진에서 노즐 가이드 베인은 노즐 출구에서 임계 압력(critical pressure)을 얻을 수 있게 설계되어야 한다. 이것은 입구와 출구비에 의해서 노즐 출구에서 초음속 흐름(초킹 상태)을 제공하여야 한다. 노즐 가이드 베인들은 어떠한 물리적 일(work)을 수행하지 않기 때문에 총 가스 에너지는 일정(흐름 손실을 무시한다면)하다. 따라서 에너지의 상태만 열과 압력 에너지가 속도(운동) 에너지로 변화되는 과정이다.

노즐 가이드 베인에서 중요한 것은 입구 단면적을 정밀하게 설계하는 것이다. 만약 입구 단면적이 너무 작다면 공기역학적 항력(aerodynamic drag)이 발생하여 압축기 방출에서 역압(back pressure)이 증가하는 원인이 될 것이다. 이것은 압축기 작동선(operating line)을 서지선(surge line)에 가깝게 이동하게 하는 원인이 되어 엔진 가속 중 실속 문제에 직면할 수 있다. 반대로 노즐 가이드 베인의 면적이 너무 크다면 엔진 가속 특성은 향상되겠지만 비연료소모(specific fuel consumption)가 증가할 것이다. 최종적으로 이들 두 변수를 고려하여 엔진 특성에 맞게 절충되어야 한다.

터빈 블레이드들은 동력 전달 축(power transmission shaft)의 디스크에 장착된다. 압축기에서 추출된 냉각 공기를 디스크 중심 근처에 있는 여러 개의 구멍을 통해서 공급하여 터빈 블레이드를 냉각시킨다. 냉각 공기(cooling air)는 [그림6-10]과 같이 블레이드들을 향하여 디스크 전면(disk face)을 가로질러 방사형(radial)으로 흐르기 때문에 블레이드로부터 과도한 열이 전달되는 것을 방지한다. 공기가 역방향으로 흐르는 것을 방지하기 위해서 연소 가스의 압력을 터빈 압력보다 더 높게 세팅함으로써 이를 방지한다. 노즐 가이드 베인(nozzle guide vanes; NGV) 또는 고압 터빈 구역에서 높은 온도는 엔진 수명(engine life)을 결정하는 중요한 요소이다. 따라서 조종실 승무원들의 주요 업무 중 하나가 가스터빈엔진의 온도 경고(temperature warning)를 주의 깊게 관찰해야 한다.

3. 터빈 디스크와 블레이드 장착

터빈 디스크(turbine disk)에서는 블레이드 뿌리가 꼭 맞게 장착될 수 있어야 한다. 초기에는 전구 모양의 "de Laval bulb root fixing"이 주로 사용되었으나 현대 엔진들은 대부분 [그림6-7]과 같이 마치 전나무 모양의 "fir - tree fixing" 구조가 사용된다. 터빈 디스크와 블레이드의 장착지점 혹은 블레이드 뿌리에서의 응력(stress)은 디스크 테두리 속도(rim speed)를 제한하는 중요한 요소이다.

블레이드를 장착하는 "fir-tree fixing" 방식에서 디스크의 하중이 모든 세레이션(serration; 서로 조였을 때 위치가 움직이지 않도록 부품에 만들어 놓은 홈이나 톱니 모양 구조)에서 균등하게 나누어 받을 수 있도록 매우 정교하게 제조되어야 한다. 엔진이 정지되어 있을 때 블레이드 뿌리(roots)는 허용 범위 내

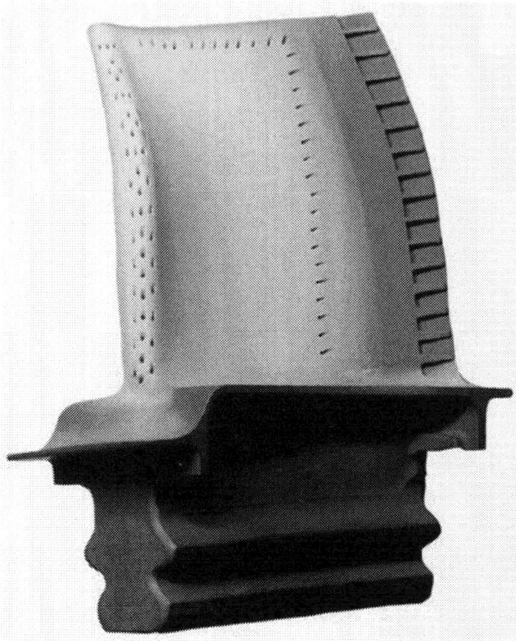

【그림6-6】 터빈 블레이드는 고온의 배기가스 흐름 속에서 압축기 및 보기류를 구동시킬 수 있는 기계적 에너지를 추출할 수 있어야 한다. 터빈 블레이드의 표면에는 작은 구멍들이 있다. 이들 구멍을 통해서 냉각 공기를 뿜어내면서 터빈 블레이드를 냉각시킨다. 터빈 블레이드 한 개는 수백 마력의 하중을 받을 수 있어 압축기 블레이드보다 정교하지는 않지만 견고한 특징을 갖는다. 터빈 블레이드의 발열 특성을 정밀하게 분석하여 가스 흐름의 영향을 최소화하면서 냉각 효과를 얻을 수 있도록 설계해야 한다.

에서 약간 유격(기계 작동 장치의 헐거운 정도)이 가능하지만, 엔진이 작동 중에는 원심하중(centrifugal loading)에 의해서 견고하게 고정되어야 한다. 엔진이 작동되지 않을 때 블레이드 팁은 뿌리 간극(root clearance)에서 약 0.05인치 유격(slightly spaced)이 허용된다. 그러나 작동 온도에서 금속 부분의 열팽창(thermal expansion)이 디스크에서 블레이드 뿌리에 꼭 들어맞게 한다. 블레이드는 측판(side plate) 또는 블레이드 뿌리와 디스크가 통과하는 각도로 끼워진 핀(pin)에 의해서 블레이드 뿌리와 디스크 홈(disk

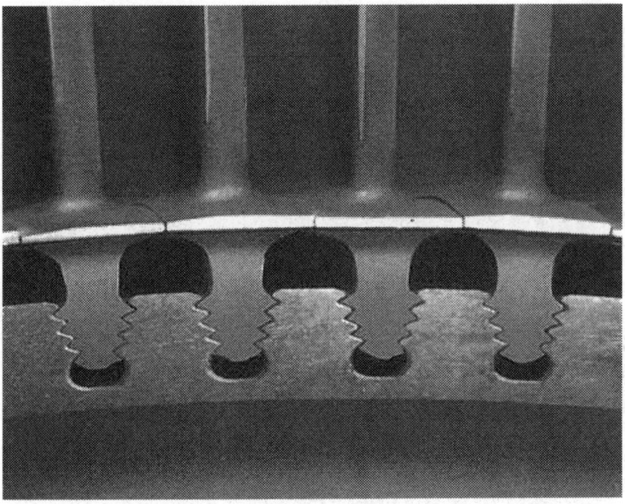

【그림6-7】 터빈 블레이드와 디스크의 장착 방식을 관찰할 수 있다. 이들의 결합은 헐겁지 않도록 견고하게 장착되어야 한다. 전형적인 장착 방식은 전구 혹은 비둘기 꼬리 모양으로 설계되거나 전나무 모양으로 설계되어 있다. 그림의 블레이드 뿌리는 전형적인 파-트리 방식임을 알 수 있다.

grooves)으로부터 미끄러져 나가는 것을 방지한다.

4. 터빈과 케이스 간격

블레이드 끝단(blade tip)과 케이스 사이에는 열로 인한 팽창과 수축(expansion and contraction)이 발생할 수 있으므로 적절한 간극(gap)을 두어야 한다. 터빈 블레이드 끝단에서 발생하는 가스누출(gas leakage)로 인한 손실을 방지하기 위해서 슈라우드(shrouds)를 끼우기도 한다. [그림 6-4, 8]의 터빈 단들은 모두 슈라우드가 부착되어 가스의 누출을 최소화하고 있다. 각 블레이드의 끝단은 작은 선분(small segment)으로 되어있고 이들을 상호 연결했을 때 블레이드 끝단 주변에 둥그런 원형 모양을 형성한다. 일부 케이스의 내부에는 마모성 라이닝(abradable lining)을 사용하여 가스누출을 감소시킨다. 이외에도 ACC(active clearance control)는 전

【그림6-8】 2단 터빈 구조이고 슈라우드로 덮여 있다. 금색 부분이 터빈이고 주황색 부분이 터빈 인렛 가이드 베인이다.

체 작동 과정을 통해서 최저 팁 간극을 유지하는 방법이다. 압축기로부터 추출 공기의 일부는 터빈 케이스를 냉각시키는 데 사용되고 슈라우드가 없는 터빈 블레이드(shroudless turbine blade)를 사용했을 때 더 높은 온도와 속도에서 작동할 수 있다.

❖ Active clearance control (ACC)

액티브 간극 제어장치(ACC)는 터빈엔진에서 터빈 팁 간극을 동적으로 제어하는 장치이다. 하나의 공통 액티브 간극 제어장치는 각각 압축기 출구와 바이패스 덕트의 고온 및 저온 공기를 원하는 온도로 혼합하는 ACC 밸브로 구성된다. 공기는 각 터빈 단에서 케이싱을 둘러싼 튜브를 통해 흐르도록 유도된다. 이 공기는 터빈 케이스를 확장하거나 수축하여 터빈 케이스와 블레이드 팁 사이의 정확한 간극을 유지한다. ACC 밸브 개방은 추력 레버 위치에 따라 FADEC(통합디지털 전자제어장치) 시스템에 의해 자동으로 조정된다.

【그림6-9】 터보제트 엔진의 터빈 인렛 가이드 베인

6.6 터빈의 종류

1. 터빈 발달

터빈(turbine)은 이미 수 세기 전부터 가열된 공기는 상승한다는 원리를 이용하여 굴뚝 속에 회전날개를 장착하여 터빈에 연결된 축을 회전시킬 수 있도록 고안하였다. 축의 끝단에 기어 장치를 장착하여 생활에 필요한 여러 장치를 구동시키는 데 활용하였다. 터빈은 산업시설에도 다양하게 활용된다. 대표적으로 전기를 생산하는 수력 발전소는 물의 낙차를 이용한 수력 터빈과 스팀 터빈(steam turbine)은 선박의 동력을 생산하는 주요 동력장치로 활용된다.

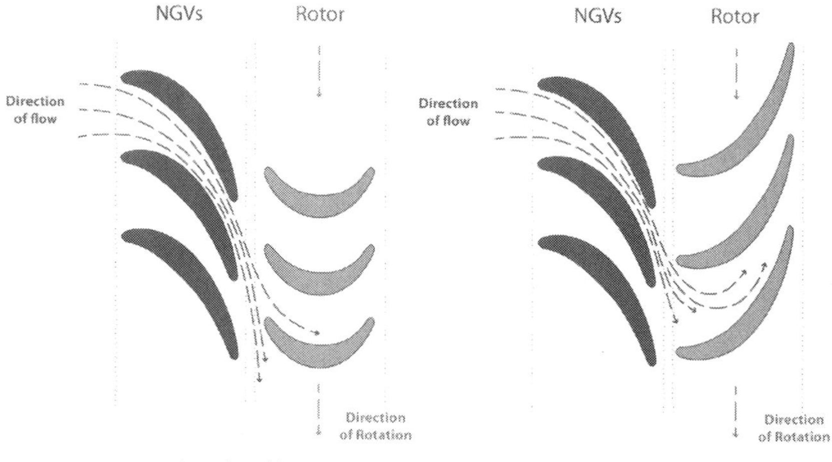

【그림6-10】 연소기에서 최대로 팽창된 고온가스 줄기를 터빈에서 손실 없이 최대의 터빈 축 회전력을 얻을 수 있도록 설계되어야 한다. 터빈 블레이드의 모양은 동력장치의 종류에 따라 두 가지 유형이 있다. 충격터빈은 단순한 에어 스쿠프(air scoop) 모양이다. 터빈노즐(터빈 가이드 베인)에서 가속된 가스 줄기가 에어 스쿠프에 부딪히면서 터빈 휠의 회전력을 얻는다. 따라서 이 터빈은 가스 줄기의 방향만 전환하는 역할을 할 뿐이다. 오른쪽은 반동 혹은 반작용으로 터빈 휠의 회전력을 얻을 수 있도록 설계된 터빈이다. 이 터빈은 에어포일 모양이고, 공기역학적으로 효율을 높이기 위해서 정밀한 배열이 필요하다. 이전에 언급한 터빈 가이드 베인의 위치와 배열을 관찰할 수 있다. 고정 베인은 인접한 베인과 끝부분에서 수축 모양이기 때문에 이를 터빈노즐이라고 하는 이유이다.

터빈의 기본은 유체흐름을 어떻게 활용하여 최대의 효율(토크)을 얻을 수 있느냐에 목표를 두고 있다. 터빈의 유형은 작동 유체의 흐름을 축 방향으로 흐를 수 있도록 설계된 축류 터빈(axial-flow turbine)과 유체의 흐름을 축 방향과 수직 방향으로 흐르게 하는 레디얼 인플로우 터빈(radial inflow turbine)이 있다. 현대의 제트엔진은 축류 터빈을 사용하지만 높은 속도영역과 상대적으로 높은 효율에서 일(work)을 수행하는 일부 소형 제트엔진에도 적합하다.

항공기 가스터빈엔진의 터빈 효율(turbine efficiency)은 약 0.78~0.92 정도이다. 여러 가지 요인들로 인해 손실(losses)이 발생할 수 있다. 주요 손실의 원인은 흐름 방향 변경, 마찰, 회전 구성품과 비회전 구성품 사이의 누출 그리고 팁 간극(tip clearance) 등이다. 항공기 가스터빈엔진에서 터빈 블레이드는 [그림6-10, 11]과 같이 충격터빈, 반동(반작용)터빈 그리고 이들을 조합한 충격-반동터빈의 유형이 있다. 그러나 순수 충격터빈이나 순수 반동터빈은 거의 사용되지 않고 한 터빈 블레이드에서 50:50의 비율로 충격-반동터빈이 사용된다.

2. 충격터빈

충격터빈(impulse turbine)은 바람개비(windmill)와 유사하다. 가스 줄기가 [그림6-10, 11]의 왼쪽 그림과 같은 컵 모양(scoop)에 부딪히면서 축의 회전력을 얻는 것과 유사하지만 단지 가스 줄기가 축 방향으로 흐르는 점이 다르다. 충격터빈과 노즐 가이드 베인의 특성은 터빈노즐 가이드 섹션에서만 가스의 잠재 에너지가 운동에너지로 전환되는 가스 팽창이 발생한다. 노즐 가이드 베인에서 높은 속도로 가속된 가스 줄기가 로터 블레이드에 부딪힌다. 이 과정은 일정 압력에서 로터 블레이드에 의해서 가스 흐름 경로가 변하면서 모멘텀 교환을 통해 터빈 휠(turbine wheel)이 회전하며 압력은 일정하게 유지된다. 왜냐하면, 서로 인접해 있는 로터 블레이드 사이의 흐름 경로 단면적이 일정하게 유지되기 때문이다. 충격터빈은 터빈 가이드 노즐(turbine guide nozzle)의 모양과 배열에 큰 영향을 받는다.

터빈 가이드 베인은 일종의 에어포일 모양이기 때문에 인접한 베인들과 수축 노즐(convergence nozzle)을 형성한다. 수축 노즐에서는 [그림6-11]과 같이 속도는 증가하고 압력은 떨어진다. 이 과정은 가스 줄기가 터빈 블레이드에 유입되기 전에 수행된다. 이 터빈이 효과적인 충격 작용(impulse action)을 얻기 위해서는 가스 줄기가 터빈 블레이드에서 최대로 수용할 수

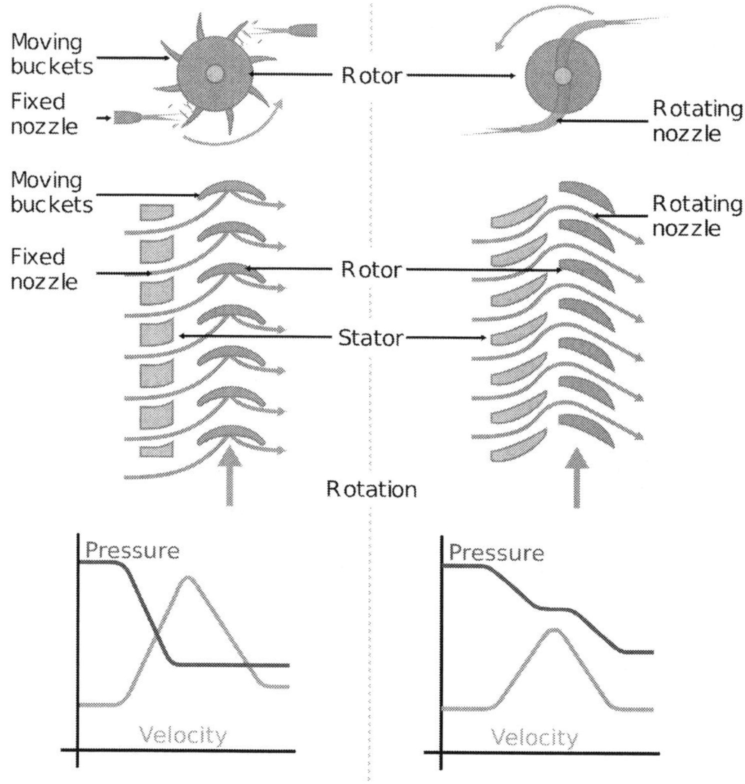

【그림6-11】 충격터빈(왼쪽), 반동터빈에서 속도와 압력의 변화(오른쪽)

있도록 방향이 정밀하게 조정되어야 한다.

터빈 가이드 노즐을 통해서 분사된 가스 줄기는 회전 충격터빈 블레이드의 만곡부에 부딪히면서 방향이 반대로 전환하지만, 배출가스의 속도는 변함이 없다. 실질적인 충격힘(impulse force)은 가스 줄기가 충격터빈 블레이드에 부딪히는 힘이다. 최적의 효능을 달성하기 위한 충격터빈 블레이드의 모양은 대칭 단면(symmetric section)으로 설계되어야 한다. 순수한 충격터빈은 공기 구동 시동기(air-driven starter)와 카트리지 시동기(cartridge starter)에서 주로 사용된다. 로터 블레이드에서 속도가 감소하는 것은 에너지가 가스에서 블레이드로 전이된 결과이고 정압은 일정하지만, 온도는 마찰(friction) 때문에 약간 상승할 수 있다.

3. 반동터빈

반동터빈(reaction turbine)은 충격터빈과 달리 에어포일(airfoil) 모양을 갖추고 있다. 따라서 반동터빈을 통과하는 가스 줄기는 방향과 속도가 동시에 변할 수 있다. [그림6-11]과 같이 터빈 가이드 노즐은 수축 노즐(convergence nozzle)의 기능을 수행하기 때문에 노즐에서 속도는 약간 증가한다. 터빈 블레이드에 유입되는 가스 줄기는 방향이 변하면서 속도가 증가하여 배출가스의 속도는 터빈 가이드 노즐에서 배출되는 속도보다 약간 높다. 가스 흐름의 가속은 마치 캠버 에어포일 단면(cambered airfoil section)을 갖는 날개의 역할과 마찬가지로 반작용 힘(reaction force)을 유발한다. 이외에도 반동터빈에서는 공기흐름의 방향이 변경되면서 또 다른 반작용 힘을 얻고 일부 가스 줄기(gas stream)가 블레이드에 직접 작용하는 충격 작용(impulse action)으로도 회전력을 얻는다.

로터는 회전 노즐(rotating nozzle)에서 분사되는 가스 흐름속도와 대략 동일 속도로 회전해야 한다. 따라서 로터는 마치 스프링클러(sprinkler)에서 고압의 물을 뿜어내면서 회전하는 것과 마찬가지로 가스 흐름이 회전 블레이드 노즐(rotating blades nozzle)을 이탈하면서 발생하는 반작용(reaction) 때문에 반대 방향으로 회전한다. [그림6-11]과 같이 충격터빈에서는 단지 가스 줄기의 방향이 전환되면서 합력 속도가 감소하지만, 반동터빈에서는 가스 줄기의 방향과 배출 속도가 모두 변화되어 합력 속도는 감소한다. 아래 그래프에서 합력 속도와 압력의 변화 곡선을 관찰할 수 있다. 반동터빈은 충격터빈과 비교하면 효율이 양호하지만, 충격터빈은 더 작은 수의 단(stages)들로 더 큰 동력 출력(power output)의 생산이 가능하다.

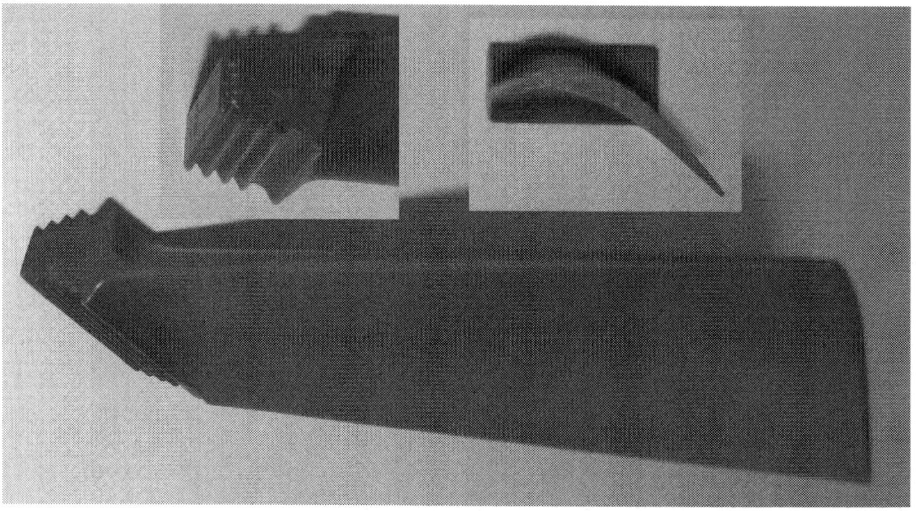

【그림6-12】 가스터빈엔진의 터빈 블레이드는 충격-반동터빈이 사용된다. 이 터빈 블레이드의 아랫부분은 충격터빈의 모양을 갖추고 있고 블레이드 팁 부분에서는 공기역학적 효율성을 높일 수 있도록 에어포일 모양의 반동터빈 모양으로 설계되었다. 블레이드 뿌리는 파-트리 방식이고 위에서 관찰한 모양에서 충격-반동터빈의 조합을 관찰할 수 있다.

4. 충격-반동터빈

충격터빈과 반동터빈의 작용원리와 가스 흐름의 행태가 명확하게 다르다는 것을 알 수 있다. 따라서 실제 제트엔진의 터빈 설계에서는 충격터빈과 반동터빈의 특징을 취합하여 터빈의 효율을 높인다. [그림6-12]는 전형적인 충격-반동터빈을 적용한 블레이드로 끝단(tip)에서는 반동터빈으로 그리고 뿌리에서는 충격터빈으로 설계하였고 중간 부분에서는 충격-반동터빈이 반반씩 적용된 사례이다. 터빈 블레이드는 앞서 언급한 것과 같이 터빈 가이드 베인(고정노즐 또는 회전노즐)에서 나온 가스 흐름속도의 절반(충격터빈)과 동일 속도(반동터빈) 사이의 절충 속도에서 작동되어야 한다.

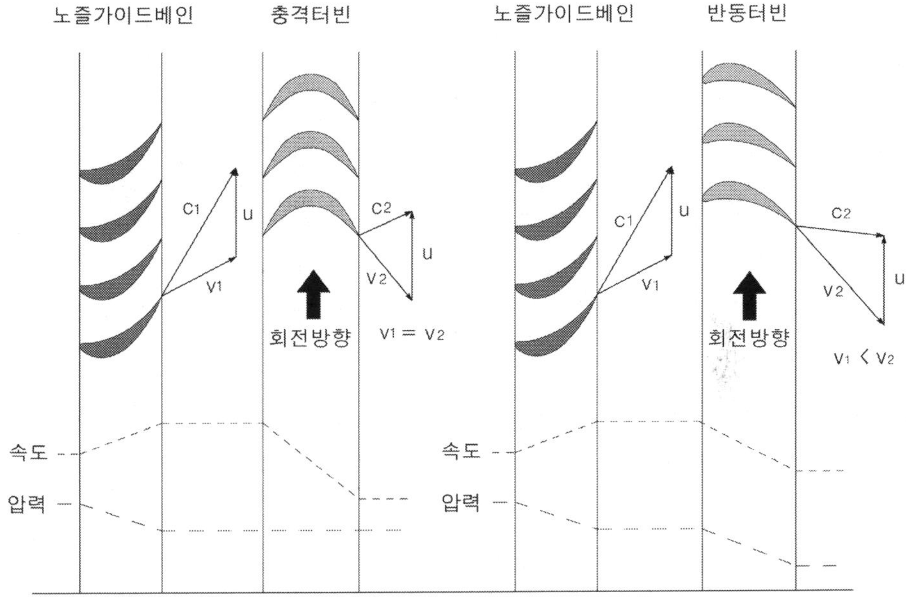

【그림6-13】 터빈의 종류에 따른 속도와 압력의 변화를 속도 삼각형을 이용하여 분석할 수 있다. 충격터빈의 경우 노즐 가이드 베인에서 방출되는 속도와 로터 블레이드에서 방출되는 속도는 차이가 없으나(V1=V2) 회전으로 인한 합력 속도(C2)는 감소하고 있다. 반면 반동터빈에서는 방출 속도가 증가하고(V1< V2) 있지만, 합력 속도(C2)는 감소하고 있다.

❖ 주조와 단조(casting vs forging)

주조는 금속이 녹을 때까지 가열한 후 녹은 상태 또는 액체 상태일 때 원하는 모양을 만들기 위해 만들어진 틀이나 용기에 붓는 방식이다. 단조는 고체 상태(금속)의 덩어리를 열 및 기계적 에너지를 가하여 원하는 모양을 성형하여 제조하는 방식이다.

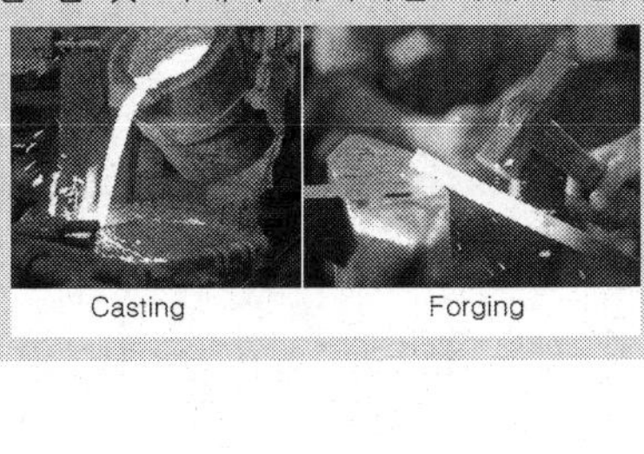

6.7 터빈 블레이드

1. 터빈 블레이드 형상

터빈 블레이드 역시 일종의 에어포일 모양으로 설계된다. 이들 블레이드는 인접 블레이드와 수축 덕트(convergence duct-throat)를 형성하여 필요한 반작용 힘을 생산할 수 있는 출구 속도(exit velocity)를 얻을 수 있도록 정밀하게 배열되어야 한다. 터빈 블레이드는 [그림6-6, 12, 14]와 같이 높은 원심하중과 열 하중(centrifugal and thermal loads) 외에도 높은 열 충격(thermal shock), 산화(oxidation), 부식(erosion), 그리고 고주파 가스 흐름의 요동(fluctuation)에서 오는 피로(fatigue) 등에 견딜 수 있어야 한다. 따라서 각 블레이드 단면(section)의 실제 면적(actual area)은 사용된 재료의 응력 가용성과 냉각 작용에 사용되는 구멍들의 크기로 제한된다.

높은 효율을 얻기 위해서는 블레이드 뒷전(trailing edge)이 가능한 한 얇아야 하지만 거친 환경에 견디기 위해서 터빈 블레이드는 압축기에 사용되는 블레이드와 같이 양호한 공기역학적 모양으로 제조될 수 없는 이유이다. 엔진작동 중에 발생하는 극단적인 온도 변화로 인한 블레이드 균열(cracking)을 방지할 수 있도록 사용되는 재료와 단면의 면적이 반드시 고려되어야 한다.

2. 터빈 블레이드 설계요건

터빈 블레이드의 설계에서 가장 중요한 것은 블레이드 전체에서 균등한 가스 하중 분배(distribution of gas load)이다. 블레이드는 [그림6-15, 16]과 같이 터빈 휠 출구에서 동일 크기와 방향의 속도 벡터를 생산할 수 있어야 한다. 불균형 속도 분포는 가스 흐름의 흩어짐(disturbance)으로 인해서 손실(losses)이 동반하면서 불균형 방사 압력 분배(radial pressure

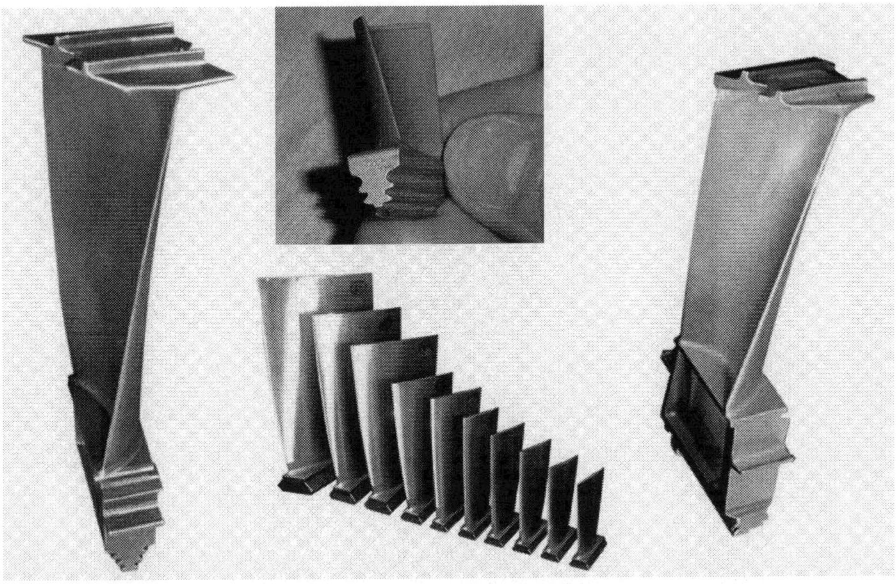

【그림6-14】 전형적인 터빈 블레이드의 외형을 관찰할 수 있다. 측면 모양을 관찰했을 때 뿌리 쪽에서 끝단으로 갈수록 정교하게 비틀려 있다. 따라서 끝단은 명확하게 에어포일 모양을 갖추어 전형적인 반동(반작용)터빈의 형상을 갖추고 있다. 반면 뿌리 부분에서는 중간 부분이 깊게 파인 모양의 충격터빈 형상을 갖추고 있다. 터빈들은 어떠한 유격이 없이 로터에 꼭 맞게 장착되어야 한다. 터빈 블레이드 특히 고압 터빈부는 연소실의 높은 온도에 그대로 노출되기 때문에 고온에 견딜 수 있는 재료와 함께 정교한 냉각장치는 필수이다.

distribution)의 원인이 될 수 있다.

터빈 로터의 상대속도는 블레이드 끝단(tip)이 뿌리(root)보다 더 높다. 만약 가스 팽창이 노즐 가이드 베인으로만 한정된다면 이 터빈 휠은 충격터빈의 역할을 하게 될 것이다. 충격터빈에서 가스의 상대속도는 뿌리에서보다 블레이드 팁에서 더욱 작다. 따라서 팁 구역에서 충격 작동의 감소로 인하여 블레이드 성능은 더 떨어질 수 있다. 이 같은 이유로 인한 기능 악화를 방지하기 위해서 통상 터빈 블레이드는 뿌리 구역에서는 충격터빈으로 설계되고 블레이드 끝단으로 갈수록 점차 반동터빈 설계로 변화된다. 이 같은

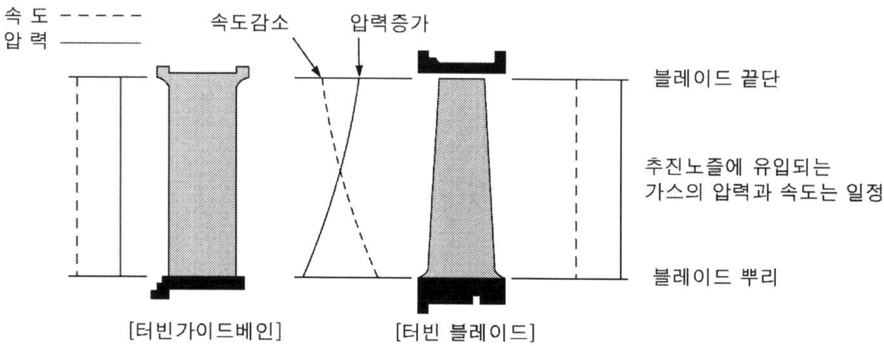

【그림6-15】 터빈 가이드 베인들을 통과한 흐름은 가속되어 속도는 높고 압력은 낮은 상태에서 정교한 터빈 블레이드의 비틀림 설계로 인해 팁에서 속도는 낮추고 압력을 높여 최종적으로 방출되는 가스의 속도와 압력은 팁과 뿌리에서 균등한 흐름이 된다.

설계의 또 다른 장점은 흐름을 뿌리 쪽으로 밀어내어 회전에 의한 원심력을 상쇄(counteract)시킴으로써 블레이드 팁 영역에서 더 높은 압력을 유지할 수 있다.

터빈 특성은 회전속도와 함께 뚜렷하게 변하기 때문에 최적 터빈 성능은 오직 설계 회전속도 또는 근처에서 유지될 수 있다. 터빈은 가스 줄기를 축방향으로 방출할 수 있도록 설계된다. 그러나 필연적으로 소량의 소용돌이 흐름이 발생할 수 있고 이는 곧 추력 손실의 원인이 된다. 이 같은 소용돌이 흐름을 제거하기 위해서 터빈 후방에 유선형 가이드 베인들을 장착하여 이를 해결하고 동시에 후방 터빈 베어링을 지지하는 역할을 한다.

터빈 블레이드와 노즐 가이드 베인은 "비틀림(twisted)" 설계가 적용된다. [그림6-14, 16]과 같이 블레이드 끝단에서 비틀림 각도(stagger angle)는 크고 블레이드 뿌리(blade root)에서는 상대적으로 작게 설계된다. 터빈의 비틀림 설계는 연소를 통해서 배출된 가스 줄기로부터 블레이드 스팬 선상의 모든 위치에서 균등한 일(equal work)을 수행할 수 있도록 하고 아울러 배기장치에 일정한 축류(직선 흐름) 속도를 얻기 위함이다. 이들 가스 줄

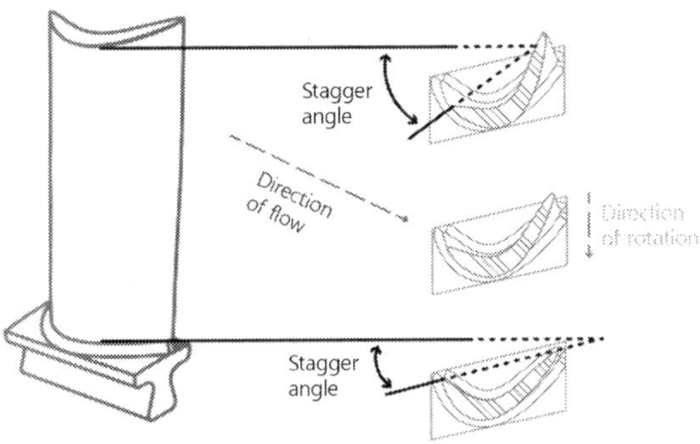

【그림6-16】 터빈 블레이드 끝단과 뿌리 부분의 취부각 차이

기가 적절한 비틀림 그리고 충격-반동터빈을 통과하면서 배출되는 가스 흐름은 일정한 축류 속도와 압력으로 변하여 배기노즐에 유입된다.

3. 압축기와 터빈의 매칭

가스터빈엔진에서 터빈은 압축기와 엔진 보기류(accessories)를 구동시키는 중요한 역할을 하므로 상당히 많은 양의 에너지를 사용한다. 실제 고온가스 흐름(hot gas stream)에서 얻을 수 있는 총에너지의 약 75% 정도가 이 목적을 위해서 활용되기 때문에 정밀한 설계와 제조가 필수이다. 또한, 최대 엔진 효율과 성능은 터빈과 압축기 흐름의 특징들을 어떻게 잘 조화시키느냐에 달려 있다. 예를 들어 노즐 가이드 베인을 통과하는 가스 흐름이 제한되어 역압(back pressure)이 형성된다면 압축기 서지(surge)의 한 원인이 된다. 반대로 노즐 가이드 베인에서 적절한 제한 없이 너무 많은 가스 흐름을 허용한다면 압축기를 통과하는 가스 흐름속도가 더 빨라져 초킹(chocking)이 유발될 수 있다.

4. 터빈 효율

터빈 효율은 연소 가스로부터 터빈으로 전이되는 에너지의 양에 달려 있다. 이상적인 조건이라면 에너지의 전이는 100%가 되겠지만 실제 조건에서는 다양한 원인으로 인해 약 90~92% 정도이다. 주요 에너지 손실(losses)의 원인은 냉각 작용(3.5%)에 가장 많은 에너지 손실이 초래되고 기타 노즐 가이드 베인에서 공기역학적 손실, 터빈 블레이드 팁에서 가스누출 그리고 배기장치에서의 손실 등이 대략 4.5% 정도를 차지한다.

엔진 제작자와 설계자들은 이들 손실을 최소화할 수 있도록 노력하지만, 어느 엔진에서나 대략 동등한 비율의 손실은 피할 수 없다. 터빈 설계의 또 다른 고려요소는 터빈을 통과한 후의 배출가스의 흐름이다. 충격-반동터빈의 구조에서 알 수 있듯이 연소실에서 배출되는 고온고압의 가스가 노즐 가이드 베인(고정 노즐)을 통해서 터빈에 분사될 때는 회전하는 에어포일 모양의 블레이드 앞전과 일치하도록 조정되어야 하므로 필연적으로 가스 흐름은 회전성을 갖는다. 만약 이 회전 가스 흐름이 그대로 방출되었을 때 배기구에서 상당한 난기류 흐름이 발생할 수 있다. 난기류 흐름은 최종 터빈 단(stage)으로 배출되면서 제거되어 직선 흐름으로 전환되어야 전체 배기장치 길이까지 유연한 직선 흐름이 될 수 있다. 과도한 난기류 흐름은 배기장치의 효율을 떨어뜨리고 배기콘(exhaust cone)을 지지하고 있는 지지대에 악영향을 미쳐 제트파이프(jet pipe)의 진동을 유발한다.

❖ 슈라우드 팁 터빈 블레이드

일반 직선 터빈 블레이드와 달리 끝부분이 T자 모양의 터빈 블레이드이다. 슈라우드 팁 터빈 블레이드의 설계 목적은 가스 유출을 효과적으로 방지하여 터빈 손실을 줄인다. 슈라우드를 연결하여 한 개의 밴드(링)를 형성한다.

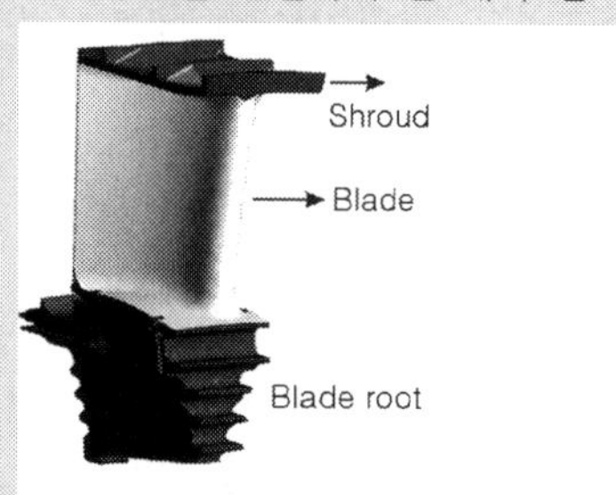

6.8 터빈 블레이드 재료와 제조

1. 터빈 블레이드 재료

현대의 터빈 로터 블레이드에 사용되는 니켈 합금은 50,000시간 이상의 작동을 보장한다. 많은 디스크가 니켈 합금(nickel-base alloy)의 단조 가공으로 제조되기 때문에 고온에서 높은 피로 저항(fatigue resistance) 특성이 있다. 소결 분말의 디스크를 활용하여 강도를 10% 높였다고 한다면 이로 인해서 얻을 수 있는 더 높은 RPM은 제조 비용을 충분히 상쇄시킬 수 있다. 터빈 지름은 다양한 RPM과 무게에서 발생하는 스트레스와 엔진 치수(dimensions)에 영향을 미치는 물리적 크기(size)를 고려해서 결정된다. 터빈 블레이드는 디스크 원주(perimeter)의 테두리에 구멍이 파인 리세스(recess) 속에 꼭 맞도록 장착된다.

터빈 블레이드가 고온가스 흐름에 직접 분사되었을 때 빨갛게 달구어질 수 있고 이 상태에서 원심과 굽힘(bending) 스트레스를 동시에 받았을 때 강도를 유지할 수 있어야 한다. 이 같은 이유로 블레이드들은 니켈 합금 캐스팅(casting)으로 가공되어야 한다. 니켈 합금이 사용되지만 압축기로부터 냉각 공기가 지속해서 공급되어 열로 인한 손상을 방지한다. 터빈 노즐 가이드 베인은 터빈 케이스에 적정량의 팽창(expansion)을 허용할 수 있도록 장착되어야 한다. [그림6-17]은 여러 종류의 터빈 블레이드의 결정(crystal)에 관한 내용을 보여주고 있다.

2. 주요 결함

터빈 블레이드는 높은 열과 기계적 하중을 받기 때문에 높은 크리프(creep) 성질을 갖추어야 한다. 실제 항공기 엔진에 사용되는 터빈 블레이드는 여러 원인에 의해서 미세하지만, 점진적으로 늘어나는 경향이 있고 이

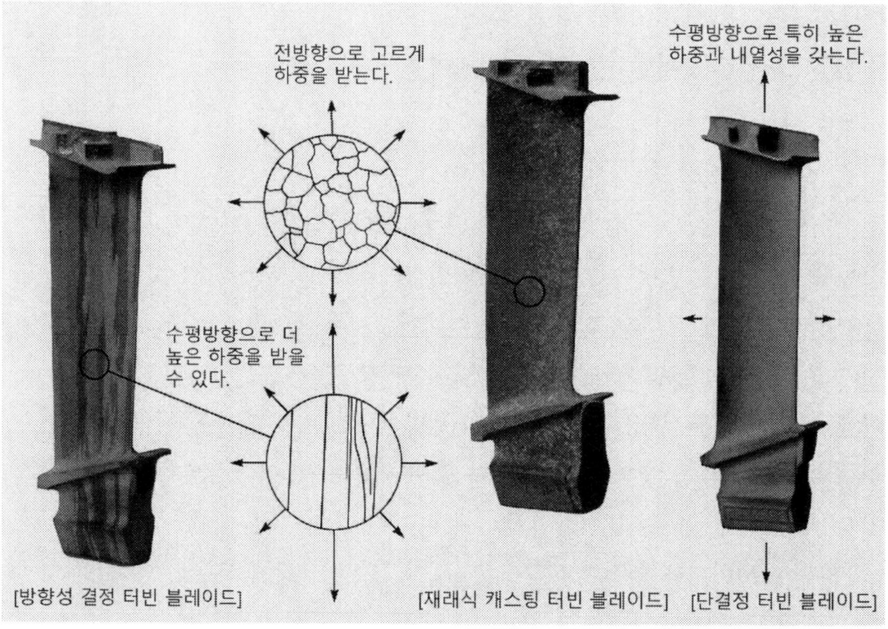

【그림6-17】 터빈 블레이드는 연소기 직 하류에 있으므로 극도로 높은 온도와 높은 속도 에너지의 가스 하중에 견딜 수 있어야 한다. 특히 전투기와 같은 터빈인렛온도가 높은 엔진에서는 더 높은 내열성이 필수이다. 위의 그림은 높은 온도와 하중에 견딜 수 있는 터빈 블레이드의 제작 기술을 보여주고 있다. 재래식 캐스트 방식으로 제조된 블레이드는 전 방향으로 균일한 하중을 받지만, 수평 방향으로 결정화된 블레이드는 수평 방향의 하중에 특히 강한 면이 있다. 최근의 터빈 블레이드는 오직 수평 방향으로 높은 하중을 받을 수 있는 단결정 터빈 블레이드 방식으로 제조되고 있다.

같은 현상을 "크리프(creep)"라 한다. 크리프(영구신장)가 발생하는 주요 원인은 각종 스트레스, 높은 온도, 그리고 부품들의 변형에 영향을 줄 수 있는 고온에 노출되는 시간 등을 들 수 있다. 특히 가스터빈엔진의 시동 중에 제한 온도보다 높았을 때 크리프 성장을 촉진하고 각 부품의 예상 사용수명(service life) 전에 [그림6-18]과 같이 블레이드가 파손될 수 있다.

터빈 구성품에 따라 온도의 영향은 다르다. 가장 큰 열하중은 고압 터빈 블레이드이기 때문에 열 피로, 산화(oxidation) 또는 부식(erosion) 등의 원인으로 파손될 수 있다. 열 피로는 작동 온도의 주기적 변화가 원인이 되어 블레이드 재료의 결함이 되는 과정에 붙여진 용어이다. 특히 엔진 시동 중 온도가 급격히 상승함에 따라 블레이드 내부와 외부 사이에 온도 차이가 크게 발생할 수 있다.

터빈이 극도로 높은 열응력(heat stress)을 받았을 때 블레이드는 영구변형(permanent deformation)이 발생할 수 있다. 이를 해결하는 방법은 더 높은 온도에 견딜 수 있는 새로운 재료를 개발하는 것이지만 견딜 수 있는 온도에는 한계가 있기 때문에 고효율 냉각 시스템 개발이 필수이다. 크리프는 극한 열적 그리고 기계적 스트레스를 받았을 때 영구변형이 진행되는 재료의 특성으로 결국 완전 파손의 원인이 된다.

3. 세라믹 코팅 블레이드

세라믹(ceramic)으로 코팅된 터빈 블레이드는 냉각 공기의 양을 감소시킬 수 있어 내열성과 엔진 효율의 향상에 크게 도움이 된다. 소형 가스터빈 엔진(GTE)에서는 매우 높은 터빈인렛온도(TIT)를 허용하기 때문에 이들 세라믹 코팅 블레이드들이 주로 활용되고 있다. 대형 엔진에서는 [그림6-17]과 같이 "단결정(single crystal) 블레이드"를 사용함으로써 더 높은 작동 온도에서 양호한 내열성을 보여주고 있다. 노즐 가이드 베인(nozzle guide vanes)은 터빈 블레이드와 달리 회전 스트레스를 받지 않기 때문에 이들 베인의 제조에는 내열성이 주요 필수요건이다.

4. 터빈 블레이드 금속재료

제트엔진에 사용되는 재료의 성질을 이해하는 것 역시 매우 유용하다. 금속재료의 성질은 기술적 필수요건에 반드시 충족해야 하지만 사용되는 재료

【그림6-18】 터빈이 고열에 노출되어 파손된 모양이다. 터빈을 손상시킬 수 있는 여러 가지 원인이 있지만 높은 속도로 가속된 고열의 가스 흐름이 충분히 냉각되지 못한 터빈에 작용했을 때 파손될 수 있다. 전형적인 핫-스타트는 터빈을 손상시키는 주요 원인 중 하나이다. 터빈 블레이드는 로터 디스크에 파-트리 방식이 많이 사용되고 있다. 마치 전나무를 연상시킬 수 있는 구조이다. 터빈 블레이드의 장착은 어떠한 유격도 없어야 한다. 높은 온도를 받는 구성품이기 때문에 열을 받았을 때 팽창을 허용함으로써 견고한 장착을 보장한다.

의 비용 역시 중요하다. 로터 블레이드는 열 피로 또는 산화로부터 조기 결함 없이 최대 허용 가능한 물리적 하중을 견딜 수 있어야 한다. 따라서 기계적 스트레스에 견디기 위해서는 합금(alloy)이 주로 사용된다. 전형적인 터빈 로터 블레이드 합금은 영국의 Henry Wiggin이 제작한 NIMONIC 115로 이 합금의 성분은 다음과 같다.

- 니켈(Ni 57.3%)
- 코발트(Co 15.0 %)

- 크롬(Cr 15.0%)
- 알루미늄(Al 5.0%)
- 티타늄(Ti 4.0%)
- 몰리브덴(Mo 3.5%)
- 카본(C 0.16%)
- 지르코늄(Zr 0.014%)

니켈 합금의 제한요소 중 하나는 높은 산화 가능성이다. 이 점에서 높은 코발트 성분의 합금이 더욱 선호되지만 장력 강도가 낮은 단점이 있다. 금속의 산화 작용을 방지하기 위한 효과적인 방법은 분말(pulverized) 알루미늄 또는 크롬으로 이루어진 혼합 금속을 블레이드 표면에 분사하여 보호 코팅제를 뿌린 후 900℃에서 열을 가한다.

블레이드 표면(blade surface)에서는 니켈/알루미늄 합금 층의 두께가 비록 수 천분의 일 미터이지만 블레이드의 산화와 부식을 방지하기에 충분하다. 그러나 이 같은 코팅은 깨지기(brittle) 쉬운 단점이 있어 가스 줄기 속에 포함된 미세한 입자들이라 할지라도 블레이드 코팅을 균열시킬 수 있다. 또 다른 문제는 보호 코팅은 온도 1,050℃에서는 블레이드 속으로 깊게 확산할 수 있어 보호 효과가 감소할 수 있다. 블레이드 코팅은 엔진 오버홀 과정에서 재생할 수 있다. 최근의 터빈 블레이드 재료는 실리콘 카바이드로 교체되고 있고, 이 재료는 터빈인렛온도를 1,650℃에서 작동을 가능하게 한다. 이외에도 무게가 가볍고 저렴한 비용도 부가적인 이점이다.

5. 터빈 블레이드 제조방식

일반적으로 블레이드는 캐스팅(casting) 또는 단조(forging) 방식으로 제조된다. 매우 높은 온도에 견딜 수 있는 합금은 단조에 높은 저항성을 갖는다. 따라서 대부분 터빈은 캐스팅 방식으로 제작된다. 블레이드 내부에서 형성될 수 있는 미세한 기포(bubble; 거품)가 형성되는 것을 방지하기 위해서 진공 캐스팅으로 제조된다. 비록 미세한 기포라 할지라도 재료를 쉽게 부서지게 하여 미세한 균열(crack)의 원인이 된다. 일반 캐스팅 블레이드는 필요한 금속 성질을 갖지 못하기 때문에 필수 강도를 얻기 위해서는 약 1,000℃의 온도에서 2시간 정도 열처리(heat treatment)되어야 한다. 열처리 과정에서 금속의 분자 매트릭스(molecular matrix)가 필요로 하는 금속 성질을 가질 수 있도록 재배열이 이루어진다.

6.9 터빈 냉각

1. 터빈 가이드 베인 냉각

제트엔진에서 터빈 로터 어셈블리는 원심하중(centrifugal loads)과 초고온 열 하중(extreme thermal load)과 같은 가장 큰 하중(heavy load)을 받는다. 근본적으로 터빈에 사용되는 각종 부품의 재료는 기계적 하중과 열적 하중에 견딜 수 있어야 하고 고효율 냉각장치는 터빈의 효율을 높이는데 크게 도움이 된다.

가스터빈엔진의 연소기에서 배출되는 배기가스 온도는 약 1,300℃ 이상으로 높아 대부분의 터빈 블레이드 재료들을 녹이기에 충분하다. 따라서 부가적으로 터빈 부품들을 보호하기 위한 고효율 냉각장치(cooling system)가 필요한 이유이다. 터빈을 보호하기 위해서 냉각 공기를 외부에서 분사하는 방식만으로는 충분한 효과를 얻을 수 없으므로 내부 구성품들로부터 부가적인 냉각 기능이 보완되어야 한다. 예를 들어 GE CF6 고바이패스비 터보팬 엔진에서 노즐 가이드 베인과 같이 비회전성 부품들의 온도 제어 방식은 비교적 간단하다.

연소기 하류에 있는 첫 노즐 가이드 베인들을 초고온으로부터 보호하고 부식(corrosion)에 대한 저항을 높이기 위해서 베인 표면을 내열성 코팅으로 처리한다. 또한, 베인은 캐스팅 방식으로 제조되어 한 쌍씩 용접한다. 이 방식은 가스 흐름의 누출을 최소화하고 정비(maintenance) 중에 베인의 교환을 쉽게 하여 정비소요 시간을 단축할 수 있어 경제적이다.

이외에도 노즐 가이드 베인들은 대류, 충격 그리고 필름냉각과 같은 공기 냉각 방식으로 냉각시킨다. 베인의 공기냉각은 압축기에서 추출된 공기를 [그림6-6, 19]와 같이 일련의 앞전 구멍들 그리고 근처에 있는 물고기 아가미 모양 구멍(gill holes)을 통과시켜 흐르도록 하여 냉각시킨다. 이 구멍들을 통과하는 흐름은 베인 길이 방향으로 얇은 공기막(air film)을 형성한다. 베인 내부는 2개의 공기구멍 통로들로 나누어진다. 냉각 공기가 뒤쪽에 있는 구멍 속으로 흐른 후 뒷전 슬롯(slots)을 통해서 방출된다.

2. 로터 블레이드 냉각

로터 블레이드에 냉각 공기를 공급하는 것은 고정 노즐 가이드 베인들보다 훨씬 더 어렵고 복잡한 기술을 필요로 한다. 예를 들어 GE CF6 엔진의 경우 초기 냉각 공기흐름이 [그림6-19]와 같이 전방 터빈 축을 통해서 공급되어 로터와 두 디스크를 냉각시킨 후 한 쌍의 도브 테일(dovetail) 사이로 통과하기 전에 블레이드로 공급된다.

3. 스웰 분리기

고온 엔진부의 냉각과 관련된 부가적인 문제점은 배기가스 속에 포함된 미세한 입자(particles)들이다. 만약 이들 미세한 입자가 냉각 통로 선상의 구멍들을 막는다면 국지적 과열/고온 집중(hot spots)이 발생하여 순식간에 터빈 구성품들을 파손시킬 수 있다. 일부 엔진(CF6)의 경우 회전 고압 터빈 축에 유입되기 전에 2회의 180도 전환함으로써 회전 방향에서 냉각

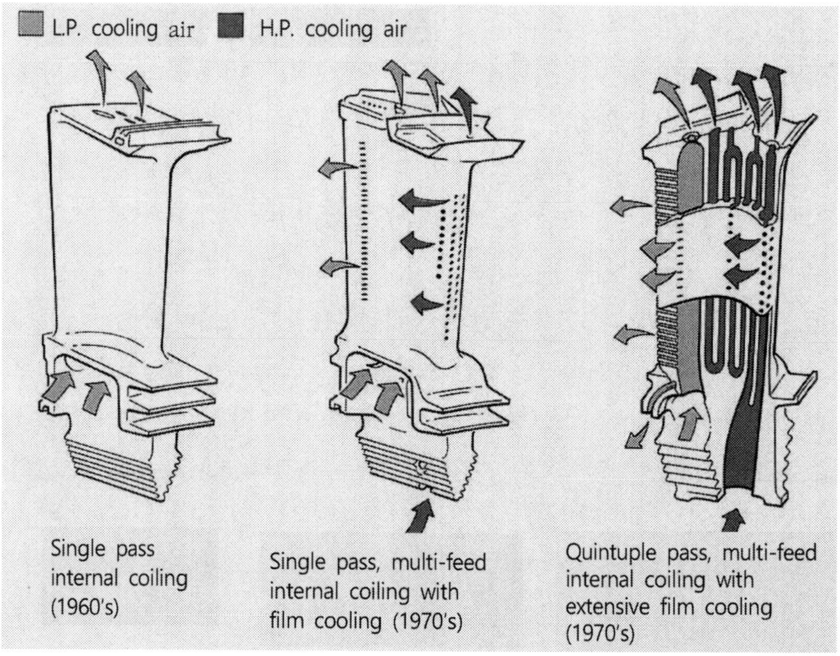

【그림6-19】 고압 터빈 블레이드의 냉각 방식의 변화를 관찰할 수 있다. 왼쪽은 오직 한 개의 통로만으로 냉각 공기를 통과시켰다. 이후 한 개의 통로로 공급되지만 여러 경로를 통해서 냉각 공기를 공급하는 방식으로 발전하였다. 오른쪽은 5개의 통로를 구성하여 다중 냉각 공기 채널을 형성함으로써 냉각 효과를 크게 향상하였다.

공기의 소용돌이를 일으키는 스웰 분리기(swirl separator) 속으로 유입된다. 이 작용은 미세한 오염 입자들을 블레이드에 도착하기 전에 걸러 낼 수 있도록 한다. 스웰 분리기는 냉각 공기를 원심력을 이용한 여러 개의 먼지 트랩(dirt traps) 속으로 통과시켜 여기에 모인 오염 입자들을 블레이드에 도달하기 전에 배출시킨다.

6.10 터빈 밀봉

✈ 가스터빈엔진에서 고압가스 줄기의 손실은 엔진이 생산할 수 있는 추력의 손실을 의미한다. 특히 터빈에서 고정부와 회전부 사이의 가스누출(leakage)을 최소화하기 위한 특수 밀봉(special seals) 방식이 요구된다. 터빈부에서 가스누출의 방지를 더욱 어렵게 하는 것은 부품들의 열팽창(thermal expansion)이다. 가스터빈엔진의 주요 특성 중 하나가 높은 온도이고 다양한 작동조건에서 온도의 변화는 극적으로 변할 수 있다는 점이 반드시 고려되어야 한다.

일반적으로 제트엔진과 같은 고압가스 흐름에 가장 많이 사용되는 밀봉 방식은 고정부(stationary part)와 회전부(rotating part)로 이루어진 레버린스 시일이다. 회전 부재(rotating member)에는 [그림6-20]과 같이 여러 개의 칼날처럼 뾰쪽한 정점(crest)으로 분리되어 있다. 그리고 고정 부재는 이들 칼날(knife edge) 부분이 파고 들어갈 수 있는 마모성 라이닝(abradable lining)으로 구성되어 있어 밀봉 효과(seal effect)를 제공한다.

레버린스 시일(Labyrinth seal)의 원리는 단계별로 서로 다른 압력이 형성된 공간에 제어된 누출 공기를 흐르게 함으로써 밀봉 효과를 얻는다. 각 나이프 엣지(knife edge)에 의해서 흐름을 강제로 분리함으로써 흐름은 운동에너지와 압력을 부분적으로 상실한다. 여기서 분리된 흐름은 다음 셀로

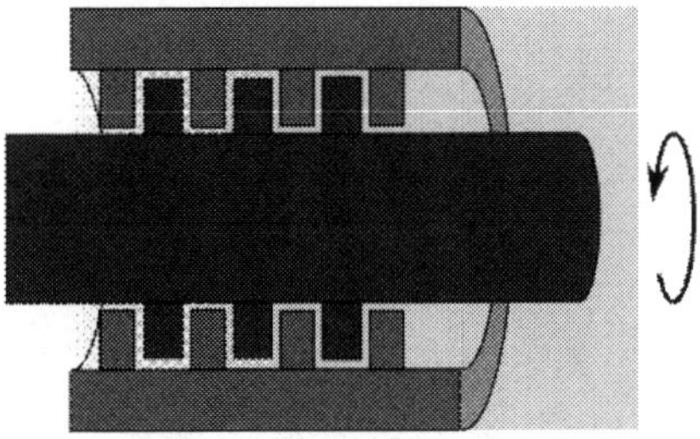

【그림6-20】 레버린스 시일(Labyrinth seal)

유입되기 전에 일시적으로 홈(groove)에 갇힌다. 이 같은 작용이 후속 셀로 이동하면서 반복되어 밀봉 효과를 얻는다. 누출 공기의 흐름을 정밀하게 제어함으로써 가스 흐름의 손실을 최소화한다. 레버린스 시일은 윤활유 손실이 많은 엔진 베어링을 보호하기 위해서 많이 사용된다.

❖ 원심하중(centrifugal loading)

회전하는 모든 물체에는 운동(회전) 방향에 수직으로 이탈하려는 힘이 작용하고 이를 원심력 또는 원심하중이라 한다.

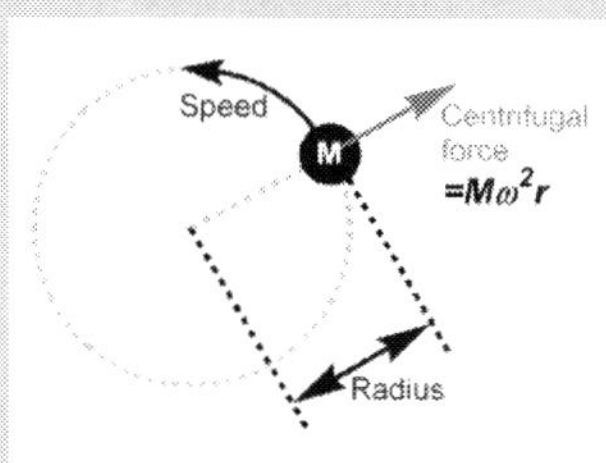

7

배 기 계 통

Exhaust System

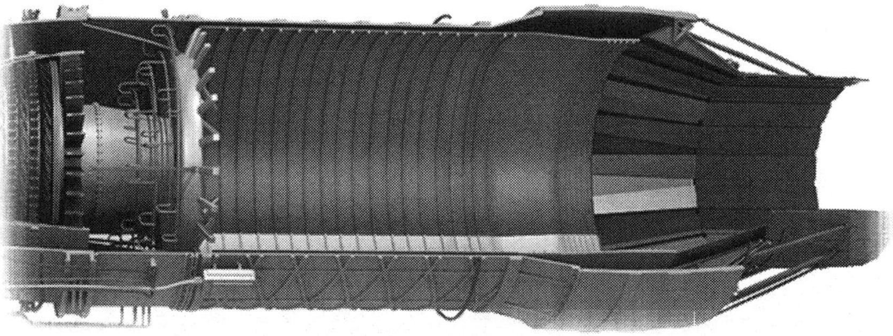

Pratt & Whitney F100 afterburning turbofan(F-15s, F-16s)

배 기 계 통

7.1 개요

✈ 제트엔진의 배기 과정(exhaust process)은 [그림7-1, 2]와 같이 흡입구로 유입된 공기가 엔진 내부를 통과하면서 에너지를 부여하고 최종적으로 터빈 동력과 항공기를 전진시킬 수 있는 추력을 얻는 과정이다. 연소과정에서 압력은 비교적 일정한 경향을 보이지만(때로는 약간 감소) 부피는 연소열에 따라 급격히 팽창(expansion)된다. 여기서 생산된 고온의 팽창 가스를 어떻게 활용하느냐에 따라 엔진의 유형이 결정된다. 터보제트(turbojet) 엔진은 배기가스를 가능한 한 빠른 속도로 분출될 수 있도록 설계하는 데 초점을 둘 것이다. 반면 터보팬과 터보프롭 엔진은 배기가스 일부만이 제트속도에 활용하고 나머지는 터빈을 돌려 팬 혹은 프로펠러를 회전시키는 데 활용된다. 그리고 터보샤프트 엔진에서는 모든 배기가스를 동력 터빈과 자유동력 터빈(free power turbine)을 돌려 메인 로터(main rotor)의 회전력을 얻는 데 사용된다. 이처럼 배기장치의 설계는 엔진의 유형을 결정하는 중요한 요소이다. 예를 들어 제트파이프와 추진 노즐(propelling nozzle)의 면적은 터빈인렛온도(TIT), 공기 질량 유동률 그리고 배기 제트(exhaust

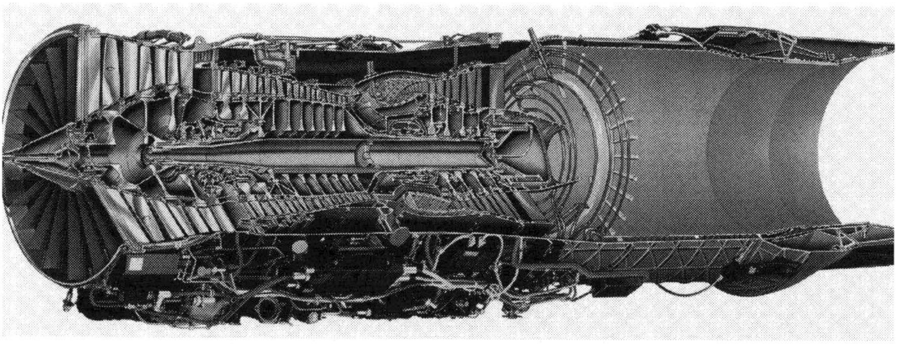

【그림7-2】 제트엔진에서 배기장치는 엔진 내부에서 생산된 에너지를 실제 동력 혹은 추력으로 구현하는 최종 단계이다. 왕복엔진의 배기구는 단순히 배기가스를 대기로 내보내는 역할을 하지만 제트엔진에서는 추력을 증가시키는 매우 중요한 역할을 한다. 제트엔진의 배기장치는 어떠한 기계적 일을 수행하지 않지만, 노즐의 기하학적 모양은 배기가스를 최대로 가속한다. 연소기에서 배출되는 고온 배기가스의 일부는 터빈을 돌리는 데 사용하고 대부분 에너지는 추진 노즐을 통해서 추력을 생산한다. 그림은 F-16 전투기에 장착된 저바이패스비 터보팬 엔진의 절개 단면이다. 이 엔진의 제트파이프는 코어엔진 길이 못지않게 길다. 대부분 전투기 엔진이 유사하지만, 제트파이프에서 부가적인 추력을 생산하기 위한 재연소기 구역이 자리 잡고 있기 때문이다. 제트파이프의 길이가 길어 배기 원뿔은 외부로 거의 드러나지 않는다.

jet)의 속도와 압력에 영향을 미치는 중요한 요소이다.

배기가스의 원천 에너지는 온도와 압력이다. 이들의 최적 조합이 원하는 출력 또는 추력을 얻는 결정적 역할을 하게 될 것이다. 만약 노즐이 너무 작게 설계되었다면 추력이 향상하게 될 것이지만 압축기 실속 또는 서지 현상이 발생할 수 있고, 반대로 노즐 면적이 너무 크다면 추력이 너무 작아질 수 있다.

엔진 종류에 따라 다르지만, 터빈을 통과한 배기가스 온도는 대략 550~850℃ 그리고 속도는 초속 약 750~1,200피트/220~365m 정도이다. 만약 재연소기를 장착한 엔진이 재연소기를 작동시킬 때 발생하는 온도는 1,500℃ 이상으로 증가할 수 있다.

제트엔진에서 배기장치는 왕복엔진과 같이 단순히 배기가스를 배출하는 장치로 사용되지 않는다. 그렇다고 배기장치가 복잡한 기계적 장치를 갖추고 물리적 일을 수행하는 것은 아니다. 제트 추진의 기초 지식에서 언급한 바와 같이 배기노즐의 기하학적 모양을 정밀하게 설계함으로써 제트엔진에서 필요로 하는 성능을 달성할 수 있다. 이 같은 이유로 배기구를 배기노즐 또는 추진 노즐(propelling nozzle)이라고 하는 이유이다. 동일 아음속 영역에서 고성능 왕복엔진의 배기장치에서 추력에 기여하는 바는 없다. 그러나 아음속 고바이패스비 터보팬 엔진의 수축 배기노즐은 상당한 추력을 얻는데 기여한다.

1. 배기장치 구성품

일반적으로 배기장치는 [그림7-1]과 같이 터빈 출구(turbine exit)에서부터 배기노즐의 끝단까지이다. 엔진의 유형에 따라 재연소기(afterburner or reheat)를 장착한 전투 항공기 엔진은 터빈 출구와 배기노즐 사이의 제트파이프 과정이 추가된다. 일반 민간 제트엔진과 재연소기를 장착하지 않는 전투 항공기 엔진의 배기장치는 배기 원뿔(exhaust cone), 제트파이프(jet pipe) 그리고 추진 노즐(propelling nozzle)로 구성되어 있다. 이외에도 배기장치와 통합되어 운용되는 주요 장치들은 재연소기, 역추력장치, 소음저감장치 등이 있다. 이 장치들의 장착 여부에 따라 부속 구성품들이 추가될 것이다.

2. 배기 원뿔

제트엔진 배기구의 특이한 구성품 중 하나는 [그림7-3]과 같이 배기구 중심에 설치된 원뿔 모양의 배기 원뿔이다. 배기 원뿔(exhaust cone)은 흡입 원뿔(inlet cone)과 유사하지만, 흡입 원뿔은 공기 통로를 점점 좁아지는 형상이라면 배기 원뿔은 가스 통로를 점점 확대하는 역할을 한다. 배기가스

【그림7-3】 초대형 운송용 고바이패스비 터보팬 엔진의 배기장치 외형이다. 대부분의 민간 운송용 항공기에 탑재된 엔진들은 유사한 배기장치를 갖추고 있다. 배기 원뿔을 뚜렷하게 관찰할 수 있다. 그리고 원뿔 주변을 감싸고 있는 하나의 배기노즐이 터보제트 엔진의 배기노즐이다. 이 배기노즐은 고속 배기가스에 의한 추력을 생산한다. 터보제트 엔진의 배기노즐을 감싸고 있는 또 하나의 커다란 배기노즐이 있다. 이 배기노즐은 바이패스 흐름을 가속해서 대량 공기 유동량으로 추력을 얻는 배기노즐이다. 따라서 이 엔진의 배기노즐은 2개라는 것이 명백하다. 외부로 돌출된 배기 원뿔은 배기가스의 외부 팽창을 유도하여 부가 추력을 얻는다. 오른쪽은 B-747 항공기에 탑재된 엔진이고 왼쪽은 A380 항공기에 탑재된 엔진의 하나이다.

(exhaust gas)는 터빈에서 방출되는 속도보다 더 빠른 속도로 배출되면서 추력을 증가시킬 수 있어야 한다. 그러기 위해서 제트파이프는 터빈에서 방출되는 가스를 모았다가 직선으로 방출될 수 있도록 설계되어야 한다.

터빈 출구에서 배출되는 배기가스의 속도가 대략 초속 750~1,200피트 정도이지만 이 속도영역에서 마찰손실(friction loss)이 너무 크기 때문에 확산 작용(diffusion action)을 일으켜 감속시켜야 한다. 이처럼 확산 작용에 의한 감속 기능을 수행할 수 있도록 설계되었을 뿐만 아니라 배기가스가 터빈 디스크의 후방 쪽으로 흐르는 것을 방지한다. 이 구역에서의 가스 줄기(gas stream) 속도는 대략 마하 0.5 정도를 유지할 수 있도록 한다.

이외에도 터빈에서 배출되면서 일부 소용돌이 가스 흐름(whirl exhaust gas stream)으로 인한 추가적인 손실이 발생할 수 있으므로 이를 방지하기 위해서 배기가스가 제트파이프에 유입되기 전에 직선 흐름이 되도록 터빈 후방 스트러트(turbine rear struts)가 설치된다.

7.2 추진 노즐

✈ 일반 기계장치에서 노즐(nozzle)은 출구 면적을 조절하여 유체의 속도를 증가시키기 위한 장치이다. 예를 들어 스프링클러 장치나 연료를 분사하는 장치에 사용되는 연료 노즐은 전형적인 수축 노즐의 한 종류이다. 노즐의 면적을 정밀하게 설계하여 유체(가스 혹은 액체)의 유동률, 속도, 질량, 모양 그리고 유체흐름의 압력까지도 조절할 수 있다. 가스터빈엔진의 내부에서 크게 팽창된 가스를 배기노즐의 정밀한 설계 때문에 속도를 얻을 수 있다는 것은 명백하다.

가스터빈엔진에서 배기노즐은 가스의 속도를 극대화할 수 있도록 설계되어 있어 추진 노즐(propelling nozzle)이라 한다. 제트엔진에서 추진 노즐은 수축 노즐과 수축-확산 노즐이 사용된다. 수축 노즐은 아음속으로 제한되지만, 수축-확산 노즐은 초음속(supersonic) 흐름까지 증가시킬 수 있다. 수축 노즐은 단면적이 고정된 형태이지만 수축-확산 노즐은 단면적이 운용조건에 따라 수축 및 확산시킬 수 있어 운용 면에서 효율적이다. 그러나 기계적 복잡성과 무게의 증가는 필연적이다. 엔진의 양호한 성능은 압력, 온도, 그리고 추력 사이에 정확한 관계를 필요로 하기 때문에 노즐 크기와 모양은 매우 중요하다.

비행 중 가스는 수축 덕트(convergence duct)를 통해서 대기로 방출되고 높은 추력의 평균 가스에서 추진 노즐(propelling nozzle)은 배기가스와 관련된 온도에서 초음속까지 가속된다. 제트엔진의 속도 영역에 따라 배기노즐의 설계가 달라지는 것은 배기가스의 속도에 따라 얻을 수 있는 효과가 다르기 때문이다. 아음속 배기노즐에서 면적을 증가시키면 속도는 감소한다. 이것은 앞으로 다루게 될 아음속 고바이패스비 터보팬 엔진의 기본이 된다. 초음속 배기노즐에서 면적을 증가시키면 속도는 증가한다. 이것은 모든 초음속 제트엔진과 로켓엔진의 배기노즐 설계의 기본이 된다.

1. 수축 노즐

수축 노즐(convergent nozzle or duct)은 끝으로 갈수록 단면적이 점점 좁아져 끝부분이 최소단면적(throat)을 형성한다. 높은 아음속 항공기의 배기노즐에서 아음속 유체흐름을 가속하고자 한다면 관의 단면적을 점차 감소시켜 달성할 수 있다. 그러나 단순한 수축 노즐만으로는 배기가스의 속도를 초음속까지 증가시킬 수 없으므로 초음속 항공기에서는 수축-확산 노즐이 사용된다. 제트엔진에서 배기노즐의 설계가 특히 중요시되는 엔진 유형은 높은 배기 제트속도가 필요한 터보제트 엔진이고 다음이 터보팬 엔진이다.

수축 노즐의 특성을 설명하기 위해서 [그림7-4]와 같이 터빈에서 배출되고 있는 고온 가스 줄기가 일정한 총압력(total pressure; pt_7=정압+동압)에서 노즐로 유입되었다고 가정하자. 노즐 입구에서는 주변 압력(ambient pressure; p_0)이 출구압력(p_7)보다 낮기 때문에 흐름은 출구 속도(v_7)까지 가속될 것이다. 또 다른 가정은 노즐 출구에서 정압(p_7)이 주변 압력(p_0)과 정확하게 등가라고 가정한다면 가스는 완전팽창(complete expansion)을 하게 될 것이다. 그러나 주변 압력(p_0)은 일정하지 않고 고도가 증가함에 따라 감소한다. 만약 항공기가 더 높은 고도로 비행한다면 더 낮아진 주변 압력은 그만큼 출구 배기속도(v_7)를 증가시키는 원인이 될 것이다. 그러나 이 과정은 무한정으로 진행되지는 않는다. 왜냐하면, 배기가스의 속도가 음속에 도달했을 때 가스 줄기의 속도가 제한되기 때문이다. 이때 노즐 출구에서 정압이 임계(critical) 상태가 되었다고 할 수 있다. 만약 항공기가 더 높은 고도로 비행하여 주변 압력이 계속해서 감소한다 하여도 노즐 출구에서의

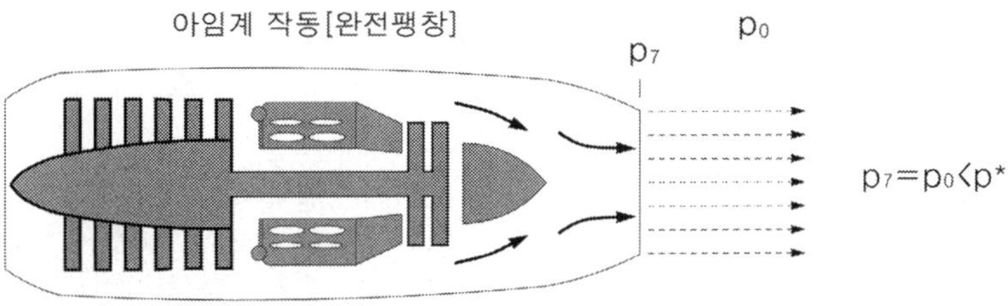

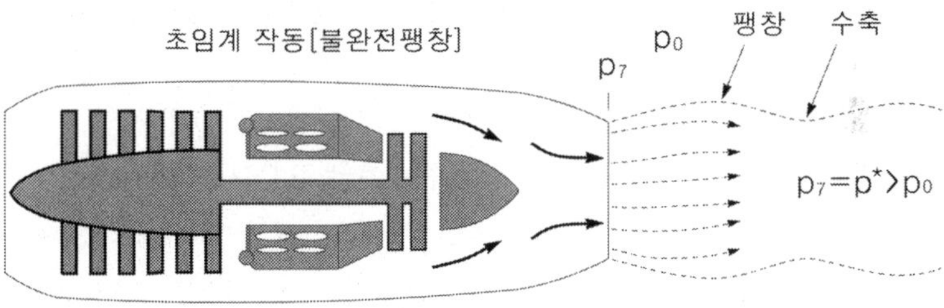

【그림7-4】 터빈에서 배출되는 가스가 배기 원뿔을 통과하면서 약간 확산된다. 후방 제트파이프에서부터 수축하기 시작하여 스로트에서 흐름속도는 최대가 된다. 스로트에서 출구압력이 주변 대기압보다 커질 때 노즐 출구에서 불완전 급팽창이 발생하여 가스 줄기는 방사형으로 팽창된다. 팽창 후 가스 줄기는 다시 수축하면서 결과적으로 팽창과 수축이 연속되면서 추력 성능을 감소시킨다.

상태는 더 이상 변함이 없다.

노즐 질량 유동률(mass flow rate of nozzle)이 최대가 되었을 때 노즐은 초크(choked) 상태라고 할 수 있고 이 상태에서 유동률은 더 이상 증가하지 않는다. 이를 불완전 팽창(incomplete or under-expansion)이라 한다. 불완전 팽창된 가스 줄기는 주변 압력과 급격히 동등한 압력을 유지하기 위해서 방사 방향(radial direction)으로 팽창이 이루어진다. 이 과정에서 입자 관성(particle inertia)과 함께 배기가스의 중간 부분에서 압력이 [그림7-4]와 같이 주변 대기압보다 낮아지는 결과가 초래될 수 있다. 이 과정에서 미달압력(under pressure)은 미달팽창(under expansion) 지대를 후속해서 과팽창 지대가 형성되는 것과 같이 가스 줄기를 수축시키는 원인이 된다. 이것은 팽창과 수축의 연속 과정으로 발달하여 추력과 관련된 제트

【그림7-5】 배기노즐을 통해서 분출되는 화염을 관찰할 수 있다. 이들 화염은 배기노즐로부터 거의 직선으로 뿜어져 나오고 있다. 만약 이 화염이 마치 파도와 같이 흩어져 배출된다면 상당한 추력 손실의 원인으로 작용한다. 이것은 비록 초음속 흐름에서 관찰할 수 있는 현상이지만 아음속에서 배출되는 배기가스 역시 이와 유사하게 직선으로 배출되도록 설계되어야 한다.

효율을 크게 악화하는 원인이다.

배기가스가 수축 노즐 형태의 추진 노즐(propelling nozzle)을 통해서 대기로 배출되는 과정에서 배기가스의 속도는 증가한다. 이 과정에서 부가적인 추력 증가 효과를 얻을 수 있는데 이를 압력 추력(pressure thrust)이라 한다.

압력 추력이란 추진 노즐에서 가스 흐름의 운동량 변화(momentum change)로 인하여 얻어진 부가 추력이다. 배기가스의 출구 속도는 낮은 추력 조건에서만 아음속을 유지할 뿐 대부분 비행조건에서는 배기가스 온도와 관련된 음속(speed of sound)에 도달한다. 예를 들어 배기가스 온도가 500℃일 때 음속은 1,083노트(1,827피트/556미터)이다. 고속 가스 줄기가 노즐에서 음속에 도달했을 때 배기가스의 속도는 온도가 증가하지 않는 한 더 이상 증가하지 않는다. 이를 초크(choked) 상태라 했다. 만약 제트파이프의 상류 총압력이 노즐 초크 값 이상으로 상승했다면 배기가스의 출구 정압(exit static pressure)이 대기압 이상으로 상승한다. 따라서 추진 노즐 출구의 전체 면적에서 발생하는 압력차가 운동량 변화(momentum

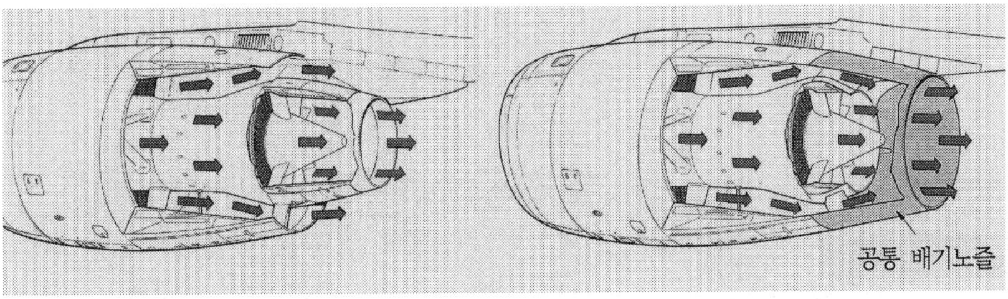

【그림7-6】 아음속 터보팬 엔진의 배기노즐의 차이를 관찰할 수 있다. 오른쪽이 초기 저바이패스비 터보팬 엔진의 배기노즐이다. 이 배기노즐은 배기가스가 대기로 배출되기 전에 일부를 코어엔진의 배기가스와 혼합시킬 수 있는 혼합기를 장착하여 최종적으로 혼합된 배기가스가 배출되고 있다. 왼쪽은 현대 대부분의 고바이패스비 터보팬 엔진에서 채택하고 있는 독립 배기노즐의 형태이다. 코어엔진 배기가스와 바이패스 흐름이 서로 별도의 배기노즐을 통해서 배출되어 외부에서 혼합되는 형태이다.

change)의 원인이 되어 부가 추력이 발생한다.

배기노즐의 면적이 고정된 수축 노즐은 아음속(또는 낮은 초음속)에서 비행하는 항공기에 사용된다. 이 같은 유형의 배기노즐이 가장 많이 사용되고 있는 항공기는 높은 아음속 상업용과 군 수송기이다. 이 항공기들은 공통으로 터보팬 엔진을 채택하고 있으므로 고온(코어엔진)과 저온(바이패스 흐름) 흐름에 따라 수축 노즐 설계가 결정된다. 예를 들어 60년대 제작된 저바이패스비 터보팬 엔진(약 1.5)에서 배기가스는 [그림7-6]과 같이 공통노즐(common nozzle)을 채택하고 있다. 이 엔진은 Boeing 727, 초기 B-737 제트엔진 항공기에 탑재된 P&W JT 8D 엔진이다.

이외에도 Rolls-Royce에서는 [그림7-17]과 같이 내부 혼합기(internal mixer)를 개발하여 저온 바이패스 흐름이 여러 개의 타원체 슬롯(oval slots or lobe)을 통해서 흐르게 하여 두 흐름을 혼합시키는 방식을 채택하고 있다. 고바이패스비 터보팬 엔진에서는 [그림7-6]과 같이 고온 가스 줄기와 저온 흐름을 분리하여 배출하는 배기노즐로 설계하고 있다. 이 같은 유형의 배기노즐은 대부분 60년대 개발되어 현대 대부분의 민간 터보팬 엔진에 활용되고 있다. 배기노즐의 설계는 무게, 나셀 공기역학적 항력, 노즐 효율 그리고 소음 등을 고려하여야 한다. 일부 노즐은 후방으로 돌출된 배기 원뿔로 설계되었다. 이것은 원뿔에서 부가 추력 힘을 생산할 수 있도록 배기 가스의 외부 팽창(external expansion)을 유도하는 역할을 한다.

저바이패스비 터보팬 엔진에서 [그림7-7]과 같은 혼합기(exhaust mixer)를 장착하여 코어 흐름과 바이패스 흐름을 혼합시켜 냉각 효과뿐만 아니라 소음(noise)을 감소시키는 중요한 역할을 한다. 저바이패스비 엔진은 고온 배기가스 속으로 바이패스 흐름이 유입되어 혼합될 수 있는 여러 개의 활송기(chutes)로 구성된 혼합기로 구성된다.

초기 고바이패스비 엔진들은 코어엔진의 고온 가스 흐름과 바이패스 덕트의 찬 공기를 서로 분리해서 방출될 수 있도록 설계되었다. 그러나 최근의 고바이패스비 엔진은 저바이패스비 엔진의 혼합기와 마찬가지로 명확하게 온도 차가 있는 두 공기흐름이 대기로 배출되기 전에 공통 혹은 통합노즐(common or integrated nozzle)을 통해서 배출될 수 있도록 설계된다. 고바이패스비 엔진에서는 경량이면서 강도를 높여주는 허니콤 구조(honeycomb construction; 벌집 모양 구조)가 노즐 어셈블리와 함께 사용된다.

【그림7-7】 배기가스의 소음을 줄이기 위해서 내부 주름관 혹은 로브형 노즐을 사용하였다. 이 방식으로 배기가스가 외부 공기와 효과적으로 혼합되어 소음을 감소시키는 역할을 한다. 그러나 배기가스 흐름의 손실과 함께 무게가 증가하는 것이 단점이다.

【그림7-8】 초기 저바이패스비 터보팬 엔진의 외형이다. 현대의 고바이패스비 터보팬 엔진과 달리 공기흡입구에서 배기노즐까지 지름이 크게 다르지 않다. 이 엔진의 배기노즐은 팬 흐름과 코어 흐름이 공통 배기노즐을 통해서 배출된다. (JT-8D 엔진)

2. 수축-확산 노즐

단순 수축 노즐은 면적이 감소하면 배기가스의 속도를 최대로 증가시킬 수 있다. 그러나 초음속 흐름에서 유체역학은 아음속 흐름과 반대로 나타나기 때문에 노즐 면적을 증가시키면 배기가스의 속도가 증가한다. 이 같은 흐름의 특성을 최대한 활용하기 위해서 모든 초음속 항공기 그리고 로켓엔진의 배기노즐은 반드시 수축-확산 노즐이 사용된다. [그림7-10]은 F-14 전투기의 배기노즐이 확장된 모양이다.

[그림7-9]와 같은 CD 노즐(혹은 con-di nozzle)에서 입구의 아음속 흐름 압력이 배기가스 대비 대기압 비율이 2:1 또는 그 이상을 유지하고 있다고 했을 때 출구에서 초음속 흐름에 도달할 수 있는 기본원리를 보여주고 있다. 대부분 엔진은 운동량 변화 때문에 생산된 추력에 부가적으로 이 특징을 활용할 수 있도록 설계된다. 수축-확산 노즐(또는 de Laval)을 장착했을 때 확산부(divergent section)에서 고온 가스 흐름은 노즐 내부에서 음속에 도달할 수 있도록 한다. 수축-확산 노즐은 단순 수축 노즐을 사용하는 것보다 더 높은 추력 효율(thrust efficiency)을 달성할 수 있다. 그러나 CD 노즐은 엔진 스로틀 세팅(thrust setting)에 대응할 수 있도록 완전자동 가변

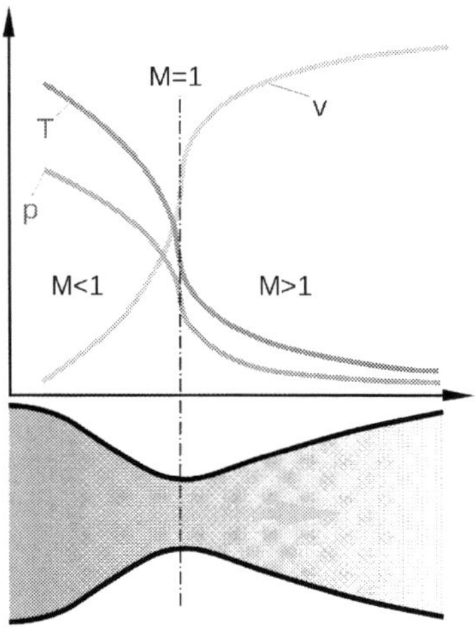

【그림7-9】 CD 노즐
(de Laval nozzle/con-di nozzle)
CD 노즐은 중간에 정밀하게 오목하게 만들어진 관이다. CD 노즐은 열에너지를 운동에너지로 변환함으로써 그것을 통과하는 고온의 가압 가스를 축 방향(추력)에서 더 높은 초음속까지 가속하기 위해 사용된다. 아래 그래프는 속도, 온도 그리고 압력의 변화를 관찰할 수 있다.

성(fully variable)을 갖추어야 하므로 무게가 증가하고 구조적으로 복잡한 단점이 있다.

[그림7-11]은 CD 노즐의 확산부(divergence section) 벽에 작용하는 합력 힘들을 보여주고 있다. 비행 방향으로 작용하고 있는 이 모든 힘이 추력 증대에 기여하고 있다. 일부 수축 노즐의 제트파이프가 장착된 엔진들은 연료 흐름 변화에 자동으로 반응하여 확장 및 축소되는 가변면적노즐(variable area nozzle)이 장착될 수 있다. 다양한 비행조건에서 노즐은 설계 압력 이상 또는 이하로 가스 압력(gas pressure)의 변동을 초래할 수 있고 노즐의 효율은 이에 따라 변할 수 있어야 한다. 이를 해결하는 방법은 노즐의 단면적(cross-sectional area)을 비행조건에 따라 자동으로 조절되는 가변단면적(variable cross - sectional area)을 갖도록 설계하는 것이다.

【그림7-10】 F-14 전투기 엔진의 배기노즐에서 전형적인 수축-확산 노즐을 관찰할 수 있다. 화살표로 표시된 부분이 수축 노즐의 스로트이다. 이후는 확산 노즐을 형성할 수 있도록 마치 꽃잎과 같이 여러 개의 화판이 약간씩 겹치는 모양으로 배열되어 있다.

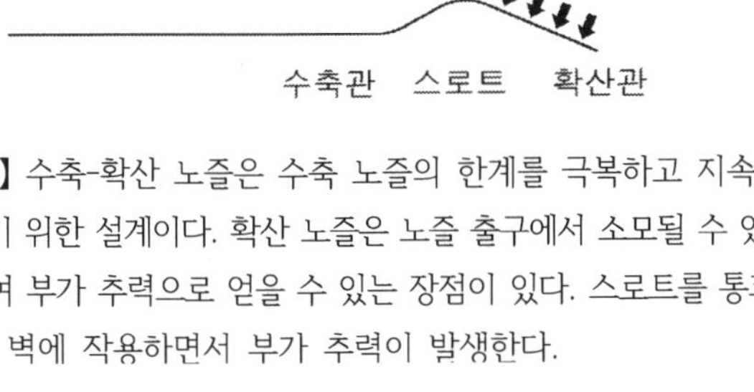

【그림7-11】 수축-확산 노즐은 수축 노즐의 한계를 극복하고 지속적인 속도 증가 효과를 얻기 위한 설계이다. 확산 노즐은 노즐 출구에서 소모될 수 있는 팽창 에너지를 이용하여 부가 추력으로 얻을 수 있는 장점이 있다. 스로트를 통과한 배기가스가 확산 노즐 벽에 작용하면서 부가 추력이 발생한다.

7.3 가변 배기 노즐

✈ 재연소기(afterburner or reheat)를 장착하지 않은 일반 아음속 항공기의 수축 배기노즐은 크기가 고정된 형태이다. 이 같은 이유는 항공기가 실제 운용하는 고도에서 대기의 변화와 엔진작동에 필요한 공기역학의 변화가 크게 다르지 않기 때문이다. 그러나 재연소기를 작동시켰을 때는 공기 질량 유동률(mass flow rate)이 크게 증가한다. 만약 고정 수축 노즐을 사용했다면 초음속에서 높은 가스 흐름이 발생하는 초크 현상을 처리할 수 없다. 재연소기를 작동시켰을 때 노즐 스로트(throat) 면적이 커져야 재연소로 인하여 급격히 증가한 가스 흐름의 부피를 수용할 수 있고 터보 기계장치의 정상 작동을 보장받을 수 있다.

일반적으로 코어엔진의 스로트와 재연소기를 작동시켰을 때의 스로트만으로 작동시킬 수 있는 가변 면적 노즐이 있지만, 대부분의 재연소기는 전체 스로틀 세팅과 정확하게 일치되어야 하므로 시스템이 전체적으로 복잡할 뿐만 아니라 제작비용 역시 비싸다. 초음속 항공기에서 채택하고 있는 가변 면적 노즐에는 이젝터 노즐과 아이리스 노즐의 형태가 있다.

1. 이젝터 노즐

이젝터 노즐(ejector nozzle)은 중심에 1차 수축 노즐 구조로 되어있다. [그림7-12]와 같이 엔진에서 배출되는 배기가스 줄기는 노즐 출구에서 음속($M_1 = 1.0$)에 도달하고 확산 노즐에서 가능한 최대 마하수까지 가속된다. 노즐 출구에서 높은 압력 때문에 1차 노즐로부터 배출된 가스는 초음속 마하수까지 방사(radial) 모양으로 팽창될 것이다. 1차 가스 줄기로부터의 흡입력(suction)에 의해서 2차 흐름이 발생한다. 2차 흐름은 1차 배기가스 흐름을 유연하게 하므로 가스 줄기를 계속해서 초음속까지 가속되게 한다. 만

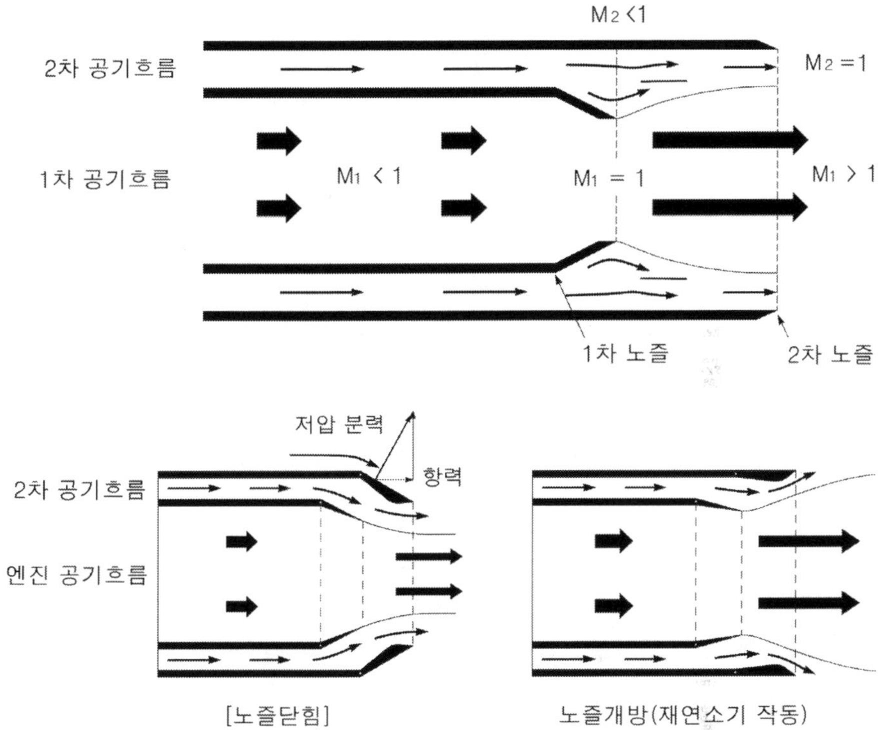

【그림7-12】 이젝터 노즐은 고정-기하 구조와 가변-기하 구조와 같이 2가지 유형이 있다. 위의 그림은 고정-기하 구조 이젝터로 두 흐름의 정교한 매칭이 수축-확산 노즐을 형성하도록 설계되어 있다. 1차 노즐의 스로트에서 마하=1.0에 도달했을 때 2차 노즐의 흐름에 의해서 확산 흐름을 형성하면서 배기가스 속도는 음속 이상으로 가속된다. 동시에 2차 노즐 출구에서 가속되면서 2차 흐름 역시 마하=1.0까지 가속된다. 아래의 그림은 가변-기하 구조 이젝터의 작동원리를 보여주고 있다. 저속에서는 노즐 외측의 저압 구역이 형성되어 닫힘 상태를 유지하지만, 비행속도가 증가함에 따라 노즐 출구에서의 압력이 크게 증가하여 가변 노즐을 확장시키고 있다.

약 2차 흐름이 없다면 1차 흐름은 폭발적으로 주변 압력까지 급팽창하게 될 것이다. 이 경우 손실이 매우 크고 추력은 감소한다.

1차 배기가스가 배출되는 동안 2차 흐름은 노즐 출구에서 음속 이상으로 가속된다. 이젝터 노즐의 확산부에서 유도된 가스 줄기는 고온의 1차 배기

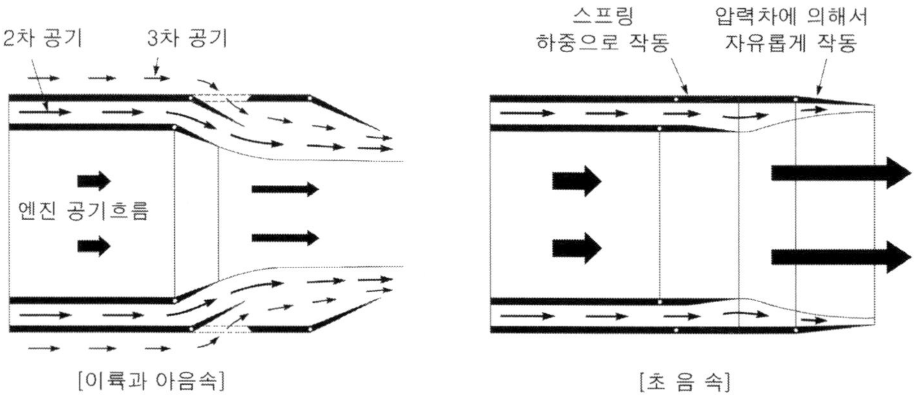

【그림7-13】 가변-기하 이젝터 노즐을 더욱 개량된 모델로 개발된 것이 가변-플랩 이젝터 노즐이다. 그림과 같이 팬 흐름과 코어 흐름 외에 외부로부터 직접 공기를 끌어들이는 가변 플랩이 장착되어 있다. 이륙과 아음속 비행조건에서는 플랩이 열리면서 3차 공기흐름을 끌어들여 팬 흐름과 함께 코어 흐름의 수축 노즐을 형성한다. 그러나 재연소기의 점화 또는 초음속 비행조건에서 플랩은 스프링 힘으로 닫히고 2차 노즐은 앞서 언급한 것과 같이 저압 분력으로 최대로 확장되면서 2차 공기흐름에 의해서 확산 노즐을 형성한다. 이 노즐의 단점은 가변 플랩으로 인한 높은 공기역학적 항력이다.

가스가 노즐 외측 케이싱을 차폐하는 역할을 하여 노즐 몸체를 효과적으로 보호한다. 이젝터 노즐은 다양한 모양으로 개발되고 있으며 가장 간단한 변형은 가변-기하 구조 1차 노즐을 둘러싸고 있는 약간 확산 단면적의 고정 이젝터(fixed ejector)이다. 이 같은 노즐은 J85 엔진의 추력증대장치에 사용되었다.

출구 단면적의 변화는 유압 작동기로 작동되는 전환 노즐(translating nozzle)로 수행된다. 이젝터 노즐의 롤러(rollers)는 1차 노즐 세그멘트의 트랙에서 움직인다. 고정-기하 구조 노즐을 완전히 당겼을 때(retracted) 1차 노즐 출구 단면적은 최소가 되고 완전히 전개했을 때 출구 단면적은 최대가 된다. 이 설계의 장점은 경량이면서 고장 없이 작동할 수 있지만, 노즐의 작동 특성상 필연적으로 수축 노즐의 형태이기 때문에 초음속 성능은

【그림7-14】 초음속 상업용 콩코드 항공기의 가변-기하 이젝터 노즐의 외형이다. 초음속 비행을 위한 재연소기를 작동했을 때 급격히 팽창된 배기가스를 수용하기 위해서 스로트 면적이 반드시 확장되어야 한다. 화살표로 표시된 공간은 저속에서 공기를 끌어들이기 위한 “blow-in door”(화살표)이다.

제한되고 아음속에서 공기역학적 항력은 충분히 수용할 수 있을 정도이다. 고성능 노즐이 아니므로 상대적으로 단순 임무를 수행하는 전투기로 제한된다.

효율이 높은 노즐은 필연적으로 더 복잡한 구조를 필요로 하는 가변-플랩(variable flaps) 이젝터 노즐이다. 노즐의 수축부는 여러 개의 오버랩핑 세그먼트(overlapping segments; 단편, 조각)로 구성되어 있고, 확산부는 코어엔진을 둘러싸고 있는 2차 흐름에 의해서 형성되어 가변 기하 노즐을 통해서 방출된다. 노즐의 두 부분이 가변-기하 설계이기 때문에 면적비는 다양한 비행조건에 이상적으로 조절할 수 있지만 구조가 복잡하고 무게가 증가한다. 또한, 많은 양의 2차 공기가 필요하므로 높은 공기역학적 항력이 유발될 수 있다.

【그림7-15】 F-111 초음속 항공기의 이젝터 노즐에서 "blow-in door"(화살표)를 관찰할 수 있다. 항공기의 속도에 따라 배기가스의 압력이 변할 수 있고 이 압력에 따라 스프링 힘으로 도어가 열리고 닫히면서 엔진 성능에 적합한 노즐 성능을 제공한다.

또 다른 형태의 이젝터 노즐은 [그림7-14, 15]와 같이 3차의 공기를 이용할 수 있도록 설계된 "blow-in door ejector" 노즐이고 동체 후방 끝부분에서 외부로부터 공기를 흡입할 수 있도록 설계되어 있다. 높은 초음속에서 "blow - in door"는 내부의 압력이 높기 때문에 닫힌 상태가 되고, 2차 노즐 출구는 완전히 개방된다. 만약 비행속도가 약 마하 1.2까지 감속되었다면 노즐 압력이 감소하면서 출구 단면적이 점차 감소하게 된다. 이 과정은 노즐 세그먼트가 최저 설계 출구 단면적에서 정지 위치에 도달할 때까지 계속된다. 항공기는 아직도 천음속 영역(M=0.8-1.2) 속도를 유지하고 있다. 비행속도가 더 감소하면 노즐 내부 압력이 떨어지면서 스프링-하중으로 3차 도어들을 개방시켜 외부에서 공기를 끌어들인다. 따라서 이 노즐 유형은 전체 아음속 영역과 착륙 과정에서 사용될 수 있다. 상당한 양의 3차 공기 유입은 손실을 최소화하기 위해서 공기역학적으로 잘 다듬어진 흐름 덕트(flow duct)가 필요하다.

이 노즐은 아음속과 초음속 비행 마하수에서 양호한 작동 특성을 갖기 때문에 초음속 항공기에 많이 채택되고 있다. 이 유형의 이젝터 노즐을 사용하는 전형적인 항공기는 F-111, Viggen, Concorde, Tu-144, SR-71 항공기 등이다.

2. 아이리스 노즐

현대의 고성능 전투기들은 이젝터 노즐보다 아이리스(iris) 노즐을 사용하고 있다. [그림7-16]은 전형적인 아이리스 노즐의 외형을 관찰할 수 있다. 아음속에서는 수축하여 단순한 수축 노즐의 기능을 수행하지만, 재연소기를 작동했을 때 화판들이 확장되어 초음속 흐름을 수용할 수 있는 수축-확산 노즐을 형성한다. [그림7-17, 18]은 아이리스 노즐을 작동시키는데 필요한 기계장치의 복잡성(complicity)을 관찰할 수 있다.

아이리스 노즐은 기계적 구조가 복잡하기는 하지만 우수한 공기역학적 매끈함(superb aerodynamic cleanliness)을 제공한다. 노즐 세그먼트의 축방향 이동은 유압잭으로 작동되는 로드(rods)로 작동된다. 일반적으로 초음속 비행을 위한 가변-기하 노즐은 아음속에서는 높은 공기역학적 항력을 극복하기 위해서는 부가 추력이 필요하다.

노즐이 최저 단면적 상태에 있을 때 외부 공기흐름의 급격한 전환으로 인하여 큰 항력이 발생한다. 흐름이 급격히 굽어지는 지점에서 형성된 저압구역은 항공기 운동 방향반대로 작용한다. 아이리스 노즐 모양의 특징은 흐름을 노즐 등고선(nozzle contour)을 따라서 유연하게 흐르게 하여 흐름분리(flow separation) 가능성을 최소화한다. 아이리스 노즐의 효율이 높다는 것이 입증되면서 현대의 대부분의 초음속 전투기와 추력 방향을 변경시킬 수 있는 벡터 추력을 갖춘 항공기에도 활용된다. 전형적인 아이리스 노즐을 사용하고 있는 항공기는 F-14, F-15, F-16, B-1B, 등이다.

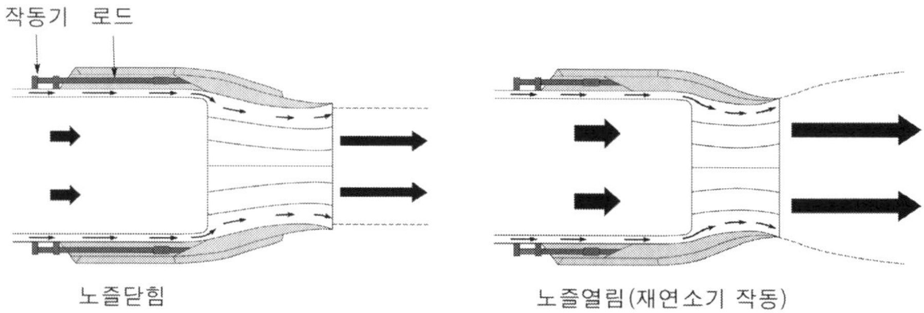

【그림7-16】 아이리스 노즐은 이젝터 노즐에 비해서 다소 복잡하기는 하지만 이젝터 노즐의 단점인 공기역학적 항력을 크게 감소시킬 수 있는 장점이 있다. 아이리스 노즐은 전후로 이동하면서 노즐 면적을 조절한다. 아음속에서는 노즐이 뒤쪽으로 전개되면서 수축 노즐을 형성하고 재연소기 작동과 초음속 비행조건에서는 작동기 로드들이 안쪽으로 당겨지면서 확산 노즐을 형성한다.

【그림7-17】 아음속에서는 왼쪽 모양과 같이 단순한 수축 노즐의 역할을 한다. 초음속이라든지 급기동을 위한 재연소기를 작동시켰을 때 확산 노즐이 전개(오른쪽)된다. F-14, F-15 그리고 F-16 전투기들은 전형적인 아이리스 노즐이다.

【그림7-18】 F-15 전투기의 아이리스 노즐의 작동부를 관찰할 수 있다. 재연소기가 작동될 때 증가한 배기가스 질량 유동률을 수용하기 위해서 노즐은 반드시 확산되어야 한다. 노즐 끝부분이 확산 노즐이다. 노즐 주변에서 가스 질량 유동량에 따라 정확한 확산부를 구성할 수 있도록 복잡하고 정교한 작동 장치들을 관찰할 수 있다.

3. 추력 벡터링 노즐

제트엔진의 배기노즐(exhaust nozzle)은 엔진 축과 동일 선상으로 배기가스를 분출하여 추력을 얻는 방식이다. 이와 같은 유형의 노즐을 선대칭 노즐(axisymmetric nozzle)이라 한다. 그러나 전투기의 높은 기동성과 일부 수직 이착륙 항공기에서 배기노즐의 방향을 변경시킬 수 있는 새로운 개념의 배기노즐이 개발되었다. 이를 추력 벡터링 노즐(thrust vectoring nozzle)이라 한다.

추력 벡터링 노즐이라고 해서 앞서 언급한 기본 배기장치의 구조에는 변함이 없다. 다만 추력 방향을 변화시킬 수 있는 정밀한 기계장치가 필요하다. 현재까지 추력 벡터는 노즐을 위로 혹은 아래로만 각도를 변화시킬 수

【그림7-19】 기존의 모든 초음속 엔진의 배기노즐은 기본적으로 원형 형태이지만 최신 F-22 전투기의 배기노즐은 초음속 노즐의 성능을 제공하면서 동시에 추력 방향을 변경시킬 수 있도록 설계되어 있다. 또한, 배기가스에서 발생하는 적외선을 분산시킬 수 있는 쐐기형 출구를 갖춘 것도 특이한 점으로 이는 F-22 전투기의 스텔스 기능의 일부이다. 이외에도 러시아의 Su-27 전투기도 2D 추력 벡터링 장치를 갖추고 있다.

있는 수준에 있다. 이것을 2차원 추력 벡터링 노즐(2-dimensional thrust vectoring nozzle)이라 한다. [그림7-19]는 F-22 전투기의 배기노즐이 기존의 원통형에서 사각형 모양으로 설계되어 있다. 스텔스 전투기의 특성상 열적외선 노출을 최소화하기 위한 설계 외에도 배기노즐이 위로 혹은 아래로 향하면서 추력 방향을 변화시킨다. 전투기에서 추력 벡터링은 기동성에 매우 중요한 의미가 있다.

【그림7-20】 추력 벡터링 또는 추력 벡터 제어는 항공기, 로켓 또는 기타 비행체의 자세나 각속도를 제어하기 위해 엔진 또는 모터로부터 추력의 방향을 조작하는 능력이다. 추력 베터링은 수직이착륙(VTOL) 또는 단거리 이착륙(STOL)을 수단으로 상향 수직 추력을 제공하는 것으로 계획되었다. 그림은 러시아 Sukhoi Su-35S 전투기의 3D thrust vectoring nozzle이다. [출처] From Wikipedia, the free encyclopedia

❖ 추력 벡터링 노즐(thrust vectoring nozzle)

추력 벡터링 노즐은 세 축 모두를 제어할 수 있다. 예를 들어 아래 전투기의 엔진은 피치 축에서 15도(또는 16도), 요 축에서 8도, 그리고 차동 이동을 통해 롤에서도 편향된다.

❖ 재연소기
재연소기는 특별한 기계장치 없이 코어엔진의 배기가스 흐름에 화염을 일시 멈추게 할 수 있는 플레임 홀더를 장치하고 여기에 연료를 분사하여 부가 추력을 얻는 방식이다.

7.4 가스터빈엔진 작동 상의 조건

✈ 배기가스온도(exhaust gas temperature; EGT)는 테일파이프(tailpipe)에 장착된 열전쌍(thermocouples)들을 이용하여 측정한다. 제트엔진에서 일부 재료만으로 제한되는 터빈인렛온도(turbine inlet temperature; TIT)를 측정하는 것은 효과적이지 않다. 테일파이프 온도의 양호한 평균 가스 흐름에서 파이프 둘레에 부착된 6~10개의 열전쌍의 지시 값에서 얻을 수 있다. 이들 열전쌍은 어느 한 열전쌍의 결함(failure)이 발생했을 때 EGT 값의 오류(errors)를 방지할 수 있도록 병렬로 배선되어 있다. 이 같은 이유로 EGT 값의 결함(오류)으로 상업용 항공기의 비행을 포기하는 것은 비현실적이지만 이 상태에서 이륙하는 것 역시 현명한 방법은 아니다. 다시 말해서 열전쌍들의 병렬 배선(parallel wiring)에서는 이 같은 현상이 거의 발생하지 않기 때문이다.

조종사는 EGT 한계 내에서 대기하면서 상류 TIT 한계를 초과하지 않는지 관찰하여야 하고 반드시 규정치 이내에서 운용해야 한다. 연소실과 터빈을

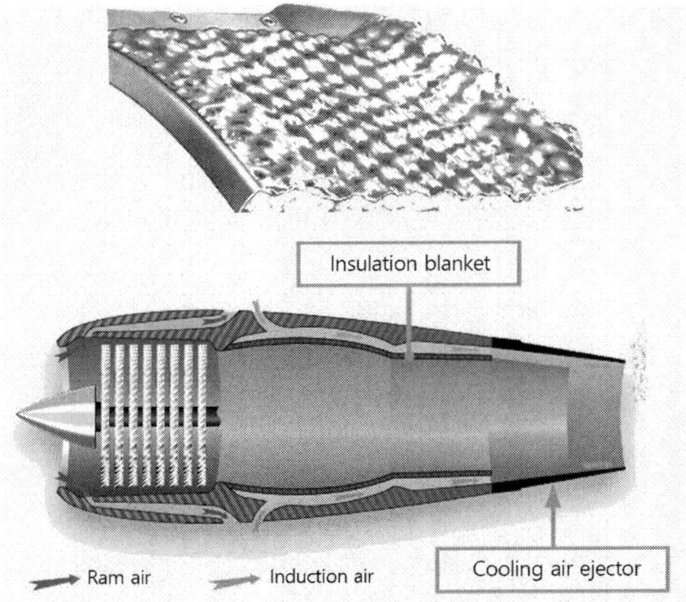

【그림7-21】 절연 블랭킷과 냉각 공기 통로. 절연 피복은 여러 층의 알루미늄 포일로 구성되어 있으며, 각각 섬유 유리 층이나 다른 적절한 재료로 분리되어 있어, 열복사로부터 동체를 보호하지만, 주로 배기 시스템의 열 손실을 줄이기 위해 사용된다. 열 손실의 감소는 엔진 성능을 향상시킨다.

통과하는 과정에서 배기가스 온도가 일부 감소하기는 했지만, 여전히 500~800℃ 또는 재연소기를 작동시켰을 때 배기가스는 1,500℃를 초과할 수 있다.

배기장치의 기본 설계 조건은 이처럼 높은 배기가스 온도에 견딜 수 있는 재료와 다른 구성품들에 열전이(heat transfer)가 되지 않도록 냉각장치가 필요하다. 일반적으로 배기장치의 재료는 니켈 또는 티타늄(nickel or titanium)이 주로 사용된다. 배기장치의 또 다른 설계요건은 온도의 변화 범위가 매우 커 여러 부품을 연결할 때는 수축과 팽창(contraction and expansion)으로 인한 비틀림과 손상을 방지할 수 있도록 고려되어야 한다.

배기장치의 냉각은 제트파이프 주변으로 공기가 흐르도록 설계한 환기 방식과 다른 부품으로 열 전이를 방지하기 위해서 배기장치를 절연 피복(insulating blanket)으로 감싸는 방법이 있다. 절연 피복은 통상 내피와 외피로 구성되어 있다. 내피는 절연재 섬유질로 채워지고 외피는 강도를 제공할 수 있도록 오톨도톨한 얇은 스테인리스강(stainless steel)으로 제작된다. 때로는 배기장치에 엔진 소음을 흡수할 수 있도록 흡음재(absorbent materials)와 함께 제작되기도 한다.

재연소기를 장착한 엔진에서는 더 높은 EGT가 발생할 수 있어 배기장치 전체를 이중벽 구조(double - wall construction)로 설계하여 배기가스가 추진 노즐을 통해서 배출되는 힘으로 벽 공간 사이로 냉각 공기흐름을 유도한다. 이들 공기흐름은 제트파이프의 내부 벽을 냉각시키는 작용을 하면서 동시에 외부 벽으로 열이 전이(transfer)되는 것을 방지한다.

【참고문헌】

1. Aircraft Engines and Gas Turbines, Kerrebrock J L, 1992, MIT Press
2. Aircraft maintenance & repair, 1998, Kroes, Watkins, Mc Graw Hill
3. Aircraft system for pilot, Dale De Remer, 2003, JEPPESEN
4. Encyclopedia of jet Aircraft Engines, Otis/Vosburt, 1997, JEPPESEN
5. Fighter Combat, Shaw R L, 1988, United States Naval Institute
6. Gas Turbine engine, Cohen H, Rogers G F C, 2001, Longman
7. Gas Turbine engines, R.E Birch, 2001, Jeppesen
8. Introduction to Flight, Anderson J D, 1989, McGraw-Hill Co
9. Jet Engines, Klaus Hunecke, 1997, Airlife
10. Jet Propulsion, Nicholas Cumpsty, 2009, Cambridge University Press
11. The Jet Engine, 1986, Rolls Royce
12. Aviation Maintenance Technical Handbook-Powerplant
13. Rolls & Royce, 인터넷 자료
14. Web Site:
    - Wikipedia, the free encyclopedia
    - Aircraft Engine Historical Society
    - F22 Rator.com
    - The Powerful Aircraft of Encyclopedia
    - F-15, 16.net
    - The Boeing Company
    - Fighter Jet

비행연구원

FLIGHT INSTITUTE